U0732404

国防工业出版社

"十二五"国家重点出版规划项目

《航天器和导弹制导、
导航与控制》丛书

Spacecraft
Guided Missile

顾问　陆元九

屠善澄　梁思礼

主任委员　吴宏鑫

副主任委员　房建成

刘付成 卢山 孙玥 等著

国防科技图书出版基金

椭圆轨道航天器
导航制导与控制技术

Navigation Guidance and Control Technology of Spacecraft on Elliptical Orbit

Preface
Orbit Design of Spacecraft on Elliptical Orbit
Formation Configuration Design of Elliptical Orbit
Autonomous Navigation Technology of Whole Space
Autonomous Navigation Technology of Regional Constellation
Relative Navigation Technology
Technology of Formation Configuration Maintenance on Elliptical Orbit
Autonomous Rendezvous Technology of Elliptical Orbit

国防工业出版社
National Defense Industry Press

图书在版编目(CIP)数据

椭圆轨道航天器导航制导与控制技术/刘付成等著.
—北京:国防工业出版社,2016.7
(航天器和导弹制导、导航与控制)
"十二五"国家重点出版规划项目
ISBN 978 - 7 - 118 - 10891 - 0

Ⅰ.①椭…　Ⅱ.①刘…　Ⅲ.①椭圆轨道—航天器—
航天导航　②椭圆轨道—航天器—制导　③椭圆轨道—
航天器—飞行控制　Ⅳ.①V412.4

中国版本图书馆 CIP 数据核字(2016)第 159938 号

椭圆轨道航天器导航制导与控制技术

编　著　者　刘付成　卢山　孙玥　等著
责　任　编　辑　肖　姝
出　版　发　行　国防工业出版社(010 - 88540717　010 - 88540777)
地　址　邮　编　北京市海淀区紫竹院南路 23 号,100048
经　　　售　新华书店
印　　　刷　三河市腾飞印务有限公司
开　　　本　710×1000　1/16
印　　　张　15
印　　　数　1 - 2000 册
字　　　数　218 千字
版　印　次　2016 年 7 月第 1 版第 1 次印刷

定　　价 75.00 元　　　　　　(本书如有印装错误,我社负责调换)

致读者

本书由国防科技图书出版基金资助出版。

国防科技图书出版工作是国防科技事业的一个重要方面。优秀的国防科技图书既是国防科技成果的一部分,又是国防科技水平的重要标志。为了促进国防科技和武器装备建设事业的发展,加强社会主义物质文明和精神文明建设,培养优秀科技人才,确保国防科技优秀图书的出版,原国防科工委于 1988 年初决定每年拨出专款,设立国防科技图书出版基金,成立评审委员会,扶持、审定出版国防科技优秀图书。

国防科技图书出版基金资助的对象是:

1. 在国防科学技术领域中,学术水平高,内容有创见,在学科上居领先地位的基础科学理论图书;在工程技术理论方面有突破的应用科学专著。

2. 学术思想新颖,内容具体、实用,对国防科技和武器装备发展具有较大推动作用的专著;密切结合国防现代化和武器装备现代化需要的高新技术内容的专著。

3. 有重要发展前景和有重大开拓使用价值,密切结合国防现代化和武器装备现代化需要的新工艺、新材料内容的专著。

4. 填补目前我国科技领域空白并具有军事应用前景的薄弱学科和边缘学科的科技图书。

国防科技图书出版基金评审委员会在总装备部的领导下开展工作,负责掌握出版基金的使用方向,评审受理的图书选题,决定资助的图书选题和资助金额,以及决定中断或取消资助等。经评审给予资助的图书,由总装备部国防工业出版社列选出版。

国防科技事业已经取得了举世瞩目的成就。国防科技图书承担着记载和弘扬这些成就,积累和传播科技知识的使命。在改革开放的新形势下,原国防科工委率先设立出版基金,扶持出版科技图书,这是一项具有深远意义的创举。此举势必促使国防科技图书的出版随着国防科技事业的发展更加兴旺。

设立出版基金是一件新生事物,是对出版工作的一项改革。因而,评审工作需要不断地摸索、认真地总结和及时地改进,这样,才能使有限的基金发挥出巨大的效能。评审工作更需要国防科技和武器装备建设战线广大科技工作者、专家、教授,以及社会各界朋友的热情支持。

让我们携起手来,为祖国昌盛、科技腾飞、出版繁荣而共同奋斗!

国防科技图书出版基金

评审委员会

国防科技图书出版基金
第七届评审委员会组成人员

主 任 委 员　潘银喜

副主任委员　吴有生　傅兴男　赵伯桥

秘 书 长　赵伯桥

副 秘 书 长　邢海鹰　谢晓阳

委员（按姓氏笔画排序）

才鸿年	马伟明	王小谟	王群书	甘茂治
甘晓华	卢秉恒	巩水利	刘泽金	孙秀冬
芮筱亭	李言荣	李德仁	李德毅	杨　伟
肖志力	吴宏鑫	张文栋	张信威	陆　军
陈良惠	房建成	赵万生	赵凤起	郭云飞
唐志共	陶西平	韩祖南	傅惠民	魏炳波

《航天器和导弹制导、导航与控制》
丛书编委会

顾　　　问　陆元九*　屠善澄*　梁思礼*

主 任 委 员　吴宏鑫*

副主任委员　房建成*
（执行主任）

委员（按姓氏笔画排序）

马广富	王 华	王 辉	王 巍*	王子才*
王晓东	史忠科	包为民*	邢海鹰	任 章
任子西	刘 宇	刘良栋	刘建业	汤国建
孙承启	孙柏林	孙敬良*	孙富春	孙增圻
严卫钢	李俊峰	李济生*	李铁寿	杨树兴
杨维廉	吴 忠	吴宏鑫*	吴森堂	余梦伦*
张广军*	张天序	张为华	张春明	张弈群
张履谦*	陆宇平	陈士橹*	陈义庆	陈定昌*

陈祖贵	周　军	周东华	房建成	孟执中 *
段广仁	侯建文	姚　郁	秦子增	夏永江
徐世杰	殷兴良	高晓颖	郭　雷 *	郭　雷
唐应恒	黄　琳 *	黄培康 *	黄瑞松 *	曹喜滨
崔平远	梁晋才 *	韩　潮	曾广商 *	樊尚春
魏春岭				

常务委员（按姓氏笔画排序）

任子西	孙柏林	吴　忠	吴宏鑫 *	吴森堂
张天序	陈定昌 *	周　军	房建成	孟执中 *
姚　郁	夏永江	高晓颖	郭　雷	黄瑞松 *
魏春岭				

秘　书　全　伟　宁晓琳　崔培玲　孙津济　郑　丹

注：人名有 * 者均为院士。

总 序

　　航天器（Spacecraft）是指在地球大气层以外的宇宙空间（太空），按照天体力学的规律运行，执行探索、开发或利用太空及天体等特定任务的飞行器，例如人造地球卫星、飞船、深空探测器等。导弹（Guided Missile）是指携带有效载荷，依靠自身动力装置推进，由制导和导航系统导引控制飞行航迹，导向目标的飞行器，如战略/战术导弹、运载火箭等。

　　航天器和导弹技术是现代科学技术中发展最快，最引人注目的高新技术之一。它们的出现使人类的活动领域从地球扩展到太空，无论是从军事还是从和平利用空间的角度都使人类的认识发生了极其重大的变化。

　　制导、导航与控制（Guidance Navigation and Control, GNC）是实现航天器和导弹飞行性能的系统技术，是飞行器技术最复杂的核心技术之一，是集自动控制、计算机、精密机械、仪器仪表以及数学、力学、光学和电子学等多领域于一体的前沿交叉科学技术。

　　中国航天事业历经 50 多年的努力，在航天器和导弹的制导、导航与控制技术领域取得了辉煌的成就，达到了世界先进水平。这些成就不仅为增强国防实力和促进经济发展起了重大作用，而且也促进了相关领域科学技术的进步和发展。

　　1987 年出版的《导弹与航天丛书》以工程应用为主，体现了工程的系统性和实用性，是我国航天科技队伍 30 年心血凝聚的精神和智慧成果，是多种专业技术工作者通力合作的产物。此后 20 余年，我国航天器和导弹的制导、导航与控制技术又有了突飞猛进的发展，取得了许多创新性成果，这些成果是航天器和导弹的制导、导航与控制领域的新理论、新方法和新技术的集中体现。为适应新形势的需要，我们决定组织撰写出版《航天器和导弹制导、导航与控制》丛书。本丛书以基础性、前瞻性和创新性研究成果为主，突出工程应用中的关键技术。这套丛书不仅是新理论、新方法、新技术的总结与提炼，而且希望推动这些理论、方法和技术在工程中推广应用，更希望通过"产、学、研、用"相结合的方式使我国制导、导航与控制技术研究取得更大进步。

本丛书分两部分：第一部分是制导、导航与控制的理论和方法；第二部分是制导、导航与控制的系统和器部件技术。

本丛书的作者主要来自北京航空航天大学、哈尔滨工业大学、西北工业大学、国防科学技术大学、清华大学、北京理工大学、华中科技大学和南京航空航天大学等高等学校，中国航天科技集团公司和中国航天科工集团公司所属的研究院所，以及"宇航智能控制技术"、"空间智能控制技术"、"飞行控制一体化技术"、"惯性技术"和"航天飞行力学技术"等国家级重点实验室，而且大多为该领域的优秀中青年学术带头人及其创新团队的成员。他们根据丛书编委会总体设计要求，从不同角度将自己研究的创新成果，包括一批获国家和省部级发明奖与科技进步奖的成果撰写成书，每本书均具有鲜明的创新特色和前瞻性。本丛书既可为从事相关专业技术研究和应用领域的工程技术人员提供参考，也可作为相关专业的高年级本科生和研究生的教材及参考书。

为了撰写好该丛书，特别聘请了本领域德高望重的陆元九院士、屠善澄院士和梁思礼院士担任丛书编委会顾问。编委会由本领域各方面的知名专家和学者组成，编著人员在组织和技术工作上付出了很多心血。本丛书得到了中国人民解放军总装备部国防科技图书出版基金资助和国防工业出版社的大力支持。在此一并表示衷心感谢！

期望这套丛书能对我国航天器和导弹的制导、导航与控制技术的人才培养及创新性成果的工程应用发挥积极作用，进一步促进我国航天事业迈向新的更高的目标。

丛书编委会

2010 年 8 月

《椭圆轨道航天器导航制导与控制技术》
编写委员会

主　　　　任　刘付成

副　主　任　卢　山　孙　玥

委　　　员　武海雷　谭龙玉　詹鹏宇

徐　帷　田少雄　侯月阳

王有峰　彭　杨　贾成龙

王奉文

前　言

　　自从 1957 年第一颗人造卫星上天伊始,人类探索太空的步伐就从未停止过,迄今为止全球已发射近 6000 颗卫星,目前在轨 900 多颗,这些卫星根据不同的任务需求大多分布在近地轨道、中轨道、地球同步轨道等近圆轨道。在不断提高卫星控制精度和能力的同时,以空间站为代表的交会对接技术也日趋成熟完善,并在人类开发空间的任务中发挥了重要作用。

　　纵观世界各国已发射的航天器,绝大多数运行在圆轨道或近圆轨道,这主要是综合考虑航天器实时定位、姿轨控制的难易程度以及地面测控站分布等因素后决定的。而另一类轨道——椭圆轨道近年来不断被各国开发利用,运行在该类轨道上的航天器与地球之间的距离在一个轨道周期内不断变化,在远地点运行速度慢,而经过近地点时的运行速度快。特别是近地点高度在近地轨道附近、远地点高度在地球同步轨道附近的大椭圆轨道,航天器可长时间运行在远地点附近。利用这一特性,航天器可在远地点对特定区域保持长时间的对地观测、通信等能力,特别是利用大倾角的大椭圆轨道,可实现圆轨道航天器无法实现的对地球上高纬度地区的长时间观测、通信,比较典型的例子就是俄罗斯的闪电(Molniya)系列通信卫星和美国的红外天基预警系统(SBIRS)。

　　严格来说,任何轨道都无法实现真正的圆轨道,但对于轨道偏心率非常小的近圆轨道,我们可以将其近似为圆轨道,从而简化航天器的定位与控制等任务要求。本书研究的重点是大椭圆轨道,特别是近地点高度在近地轨道附近、远地点高度在地球同步轨道附近此类具有较高实用价值的大椭圆轨道。

　　要利用好大椭圆轨道,航天器的导航、制导与控制(GNC)系统设计将面临一系列挑战。首先，根据不同任务需求，如何设计大椭圆轨道才能有针对性地发挥出航天器的优势，这是采用大椭圆轨道的前提。其次，大椭圆轨道航天器的轨道高度变化大，传统的适用于圆轨道的自主导航方式有很大局限性，特别是大椭圆轨道航天器运行到远地点附近时，无法利用GPS等导航卫星实现自主定位，因此大椭圆轨道航天器的自主导航必然需要寻求新的方法。同时，大椭圆轨道上的自主交会和编队飞行是进一步发挥大椭圆轨道价值的技术方向，但由于相对轨道动力学与圆轨道有本质的区别，航天器之间的相对运动制导和控制需要采用全新的方法。因此，针对椭圆轨道的导航、制导与控制技术研究必将推动世界航天技术进一步发展与完善。

本书内容分为8章。第1章主要介绍椭圆轨道的特点、应用发展前景以及值得研究的控制系统关键问题。第2、3章主要介绍针对不同任务需求的大椭圆轨道设计方法，以及椭圆轨道下编队飞行的构型设计方法。第4~6章主要介绍椭圆轨道上单个航天器的自主导航方法、区域星座的自主导航方法以及星间相对导航方法。第7、8章主要介绍椭圆轨道编队构型维持和交会对接的控制方法。

本书能够出版，特别感谢上海航天控制技术研究所和上海市空间智能控制技术重点实验室的支持，以及国防科技图书出版基金和上海市科技人才计划项目(项目编号：14XD1421400、14QB1401800)的资助。

本书是作者多年来从事航天工程技术研发的经验总结，可作为相关专业的高年级本科生和研究生的参考教材，同时也可为从事航天器GNC系统开发的研究人员和工程技术人员提供必要的专业知识和工程借鉴。限于作者的水平，书中难免有疏漏和不妥之处，敬请广大读者批评指正，不吝赐教。

作者

2016 年 1 月

目 录
CONTENTS

第 1 章
绪　论

▶1.1　椭圆轨道特点

运行于椭圆轨道上的航天器与地球之间的距离在一个轨道周期内不断变化,即航天器所在轨道的偏心率不为 0,在该条件下运行的航天器距离地球的最近点称为近地点,最远点称为远地点。

严格意义上说,地球卫星都是沿椭圆轨道运行的,不存在绝对的圆轨道,但对于轨道偏心率非常小的近圆轨道,我们可以将其近似为圆轨道,从而简化航天器的定位与控制等任务要求。本书研究的重点是大偏心率的椭圆轨道,而在此类椭圆轨道中,最有实际应用价值的是近地点高度在近地轨道附近、远地点高度在地球同步轨道附近的大椭圆轨道。

大椭圆轨道上的航天器在远地点运行速度慢,而经过近地点时的速度快,特别是近地点高度在近地轨道附近、远地点高度在地球同步轨道附近的大椭圆轨道,航天器可长时间运行在远地点附近。利用这一特性,航天器可在远地点对特定区域或特定目标执行相应的任务。

例如,利用大倾角的大椭圆轨道,当航天器运行到远地点附近时,可对地球上高纬度地区进行长时间的观测、通信,最长时间可达到一个轨道周期的 2/3,这是圆轨道上运行的航天器所无法实现的。由于俄罗斯大部分国土处于地球高纬度地区,其研发的闪电(Molniya)系列通信卫星就是利用大椭圆轨道这一特点,通过多颗卫星在大椭圆轨道上的分布式运行来实现对高纬度地区的持续通信。美国的红外天基预警系统(SBIRS)中也包含有多颗运行于大椭圆轨道上的卫星,以确保对高纬度地区的长时间观测、监视。

另一方面,由于大椭圆轨道的远地点在地球同步轨道附近,当航天器运行到远地点时,可对地球同步轨道上的卫星进行短暂的交会,而又由于大椭圆轨道的轨道周期和地球同步轨道不同,每次大椭圆轨道上的航天器运行到远地点时,其可交会的航天器目标点也在发生变化。利用这一特性,经过合理的轨道设计,就可利用大椭圆轨道实现对地球同步轨道特定目标群体的遍历。

可见,如果能充分、合理地利用大椭圆轨道的这些特点,可进一步拓展地球卫星的功能,当然这也给航天器的设计,特别是控制系统的设计带来了新的问题与挑战。

▷ 1.2 椭圆轨道卫星应用发展

利用椭圆轨道的特点,椭圆轨道卫星可在对地观测、空间导航等领域发挥巨大的作用,其巨大的应用潜力可以归结如下。

1) 对高轨卫星交会

高轨卫星广泛应用于通信、广播和气象等与人们日常生活息息相关的领域,具有重要的价值。利用大椭圆轨道远地端与高轨卫星存在交会的特点,对高轨卫星进行短时间近距离访问,通过高精度指向跟踪,可执行拍照、通信等多种轨道任务。

复杂空间环境中的高轨卫星可能出现故障而失去应用价值或报废,重新发射替代卫星会导致成本倍增,但若不及时修复或移除,将是对自然资源的一种极大浪费。因此,非常有必要对高轨卫星进行在轨服务。大椭圆轨道与高轨卫星的交会观测可为在轨服务提供所需的目标特性信息。此外,通过调整大椭圆轨道拱线,一次发射的单颗卫星就可实现对多个目标卫星的依次访问,具有良好的经济价值。

2) 局部区域观察

由于大椭圆轨道卫星的远地点在地球同步轨道附近,在远地点附近轨道角速度低,可以较长时间地穿越局部特定空间,有利于对局部区域的长期观察,这是相对于低轨卫星观察的优势;同时由于大椭圆轨道的周期只有高轨卫星周期的1/2,对局部重点区域两次观察的时间间隔短,这是相对于高轨卫星观察的优势。因此,大椭圆轨道卫星对发展局部区域的重点长时间观察具有重大意义。

3)构建导航星座群

椭圆轨道卫星具有远地点运动速度慢、覆盖区域大、特定区域服务时间长的优点[1],由椭圆轨道卫星组成的椭圆轨道星座群优势更加明显,已日渐得到应用。将于2020年实现全球导航的我国"北斗"二代全球导航系统[2],即采用了3颗椭圆轨道卫星以保证和增强导航系统对高纬度地区的覆盖。随着航天技术的不断发展,由椭圆轨道卫星构成的辅助导航星群、区域增强星座甚至是导航整星座也会不断出现,并且发挥无可替代的作用。

4)分布式编队替代单星功能

航天器编队飞行与合成孔径技术相结合,可形成大孔径的天基雷达和天基干涉仪,极大地提高雷达和干涉仪的分辨率。椭圆轨道航天器的相对运动轨迹虽复杂,但在某些情况下更有利于提高合成孔径的平面覆盖率。

相对圆轨道伴飞/绕飞而言,椭圆轨道异面伴飞/绕飞更具一般性,也更具挑战性。合理地调整伴飞/绕飞轨道与目标星轨道之间的夹角,可以从各个角度、全方位监视目标的健康状况。

1.3 椭圆轨道航天器控制系统的关键问题

相较于圆轨道航天器控制系统,椭圆轨道航天器的控制系统存在以下关键问题,在进行导航及轨道设计控制时需要重点注意。

(1)在大椭圆轨道交会高轨卫星的轨道设计中,由于大椭圆轨道从低轨转移到高轨,动力学变化明显,地球非球形、日月引力、太阳光压和大气阻力等摄动对大椭圆轨道绝对动力学的影响非常大。而且由于与地面的通信能力受限,需要大椭圆轨道卫星能够完全基于星上的设备对轨道进行实时预报。

在大椭圆轨道交会高轨卫星的轨道设计中,利用大椭圆轨道远地点与地球同步静止轨道存在交会点的特点,在其远地端对地球静止卫星进行短时间的近距离访问,期间可执行拍照、通信等多种轨道任务。但是由于大椭圆轨道交会高轨卫星时,相对速度非常大,交会时间有限,需要设计合理的轨道,确保交会过程中,两星的视线距变化率、视线角速度变化率等参数符合跟瞄设备自身的测量能力,保证相对跟瞄捕获到目标。

另外,单颗大椭圆轨道卫星通过调整拱线可实现对多颗共面的地球静止轨道卫星的遍历,其关键技术是选择拱线调整的方法,以满足多目标的遍历交会任务。

(2) 在大椭圆轨道单星绝对自主导航方法设计中,由于卫星轨道变化范围大,尤其是近地点动力学特性变化剧烈[3],单一的自主导航方式都存在着不同程度的问题。例如:基于星空天体观测的天文自主导航方法,卫星在轨运行过程中其地球敏感视场变化范围从十几度变化至近百度,在此期间地平仪很难准确捕获地球地心矢量;惯性导航方法由于是基于对惯性器件测量积分原理实现导航定位的,导航误差会随时间积累;基于全球卫星定位系统的导航方法,由于椭圆轨道卫星的轨道高度高于定位系统导航卫星,只能接收地球背面的导航卫星信号,且囿于地球遮挡和链路损耗其有效可见导航星不会超过4个,并且可见时段不长。因此,需要将天文导航、惯性导航和卫星导航有机组合起来,在椭圆轨道卫星不同运行段采用不同的组合方式,这样不仅能提高自主导航的精度,而且可增强导航系统的容错性和可靠性。

(3) 在大椭圆轨道星座群自主导航方法设计中,椭圆轨道星座群在不依赖于地面站测控的基础上,需要利用星间相互测量通信系统和星上自主测量设备测得信息,结合高精度轨道预报,通过信息融合最优估计得到整星座的长期高精度轨道参数,实现自主导航。但是,基于星间相互测距和测速的星座自主导航方式只能约束星座轨道参数估计误差沿不同方向发散的趋势,无法抑制星座卫星轨道参数估计误差沿同一方向发散的趋势(即估计误差的旋转发散和漂移发散趋势),因此需要在星间测距的基础上采用照相观测设备通过对其背景恒星的光学观测提供星座在惯性系下的绝对方向信息,从而对整星座旋转误差和漂移误差进行抑制,实现椭圆轨道星座群高精度自主导航。

(4) 在分布式编队构型设计方面,与圆轨道不同的是大椭圆轨道上构型更加多样化,椭圆轨道相对轨迹为空间扭曲封闭曲线,特殊情况下才形成平面且规则的轨迹。相对轨迹复杂性导致已有研究均对其缺乏系统而全面的认识,构型分析不够充分。另外,与圆轨道相比,J_2 项摄动力对椭圆轨道航天器影响大得多,受摄相对运动特性更加复杂。因此,需要针对椭圆轨道特有的运动特性,深入开展分布式编队构型的设计研究。

（5）在椭圆轨道相对导航与控制方面:由于轨道存在偏心率,椭圆轨道航天器以变轨道角速度运动,并且其角速度的变化规律并不能以一个时间函数的显式表示,而只能以微分方程的形式给出,对于时变的微分方程,方程的求解过程复杂,方程解的形式也复杂;由于方程的时变特性,控制系统也是时变的,这就给控制系统的设计带来挑战,以往适用于圆轨道的相对导航、相对位置控制方法均不再适用。因此要研究适用于时变系统的高精度相对导航与控制方法。

▶ 1.4　本书结构

第 1 章"绪论",主要介绍椭圆轨道的特点、应用发展前景以及值得研究的控制系统关键问题,使读者对椭圆轨道有个直观的了解,并认识运行于大椭圆轨道上的航天器的控制系统设计的关键问题。

第 2 章"大椭圆轨道航天器轨道设计"和第 3 章"椭圆轨道编队构型设计",主要涉及在椭圆轨道任务背景下的轨道设计问题。分别介绍了针对不同任务需求的大椭圆轨道设计方法,以及椭圆轨道下编队飞行的构型设计方法,即重点阐述了椭圆轨道下单星和多星运行的轨道问题。

第 4 章"全天域自主导航技术"、第 5 章"区域星座自主导航技术"和第 6 章"星间相对导航技术",主要涉及椭圆轨道下的导航问题。分别介绍了椭圆轨道上单个航天器的自主导航方法、区域星座的自主导航方法以及星间相对导航方法。通过这三章,读者可以了解到由于航天器运行于椭圆轨道带来的导航星信息不连续、相对轨道动力学变化等所牵引出的全天域自主定位问题、相对导航问题等是如何解决的。

第 7 章"椭圆轨道编队构型维持技术"和第 8 章"椭圆轨道自主交会技术",主要涉及椭圆轨道下的相对制导与控制问题。分别介绍了椭圆轨道编队构型维持和交会对接的控制方法,通过这两章的内容,读者可以清晰地了解到由于椭圆轨道相对动力学方程和圆轨道下方程的本质区别,在相对运动控制方法上所适合采用的新的方法,可为读者的相关设计工作提供参考。

参 考 文 献

[1] 吴诗其,胡剑浩. 卫星移动通信新技术[M]. 北京:国防工业出版社,2001.

[2] 刘建业,曾庆化,赵伟,等. 导航系统理论及应用[M]. 西安:西北工业大学出版社,2009.

[3] 李璟璟,李化义,李葆华. 大椭圆轨道卫星天文/雷达高度计组合导航方法[J]. 中国惯性技术学报,2012,20(3):300 – 305.

第 2 章
大椭圆轨道航天器轨道设计

▶ 2.1 引言

大椭圆轨道是一类远地点高度数倍于地球半径的大偏心率轨道,由于本身的轨道特性,卫星在远地点一侧运行速度慢,持续时间长,而且覆盖区域大,能够完成各种空间以及对地观测任务。如图 2-1 所示,还可利用椭圆轨道和高轨同步轨道存在交会点的特点,对地球静止卫星进行短时间的近距离访问,期间可执行拍照、通信等多种轨道任务。

本章针对椭圆轨道对高轨静止轨道卫星快速交会任务需求,开展椭圆轨道航天器轨道设计研究。首先,介绍椭圆轨道的基本特性,分析地球非球形摄动、日月引力摄动、大气阻力摄动和太阳光压摄动对椭圆轨道的影响;其次,针对椭圆轨道远地点与高轨静止轨道卫星交会任务需求,介绍椭圆轨道自主轨道预报方法;然后,介绍冻结椭圆轨道和小倾角椭圆轨道的漂移特性,分别设计椭圆冻结轨道和小倾角椭圆轨道;最后,为了实现对高轨不同相位目标的巡视[1],介绍两种椭圆轨道遍历高轨卫星的相位调整方法,并分析各自的优劣之处。

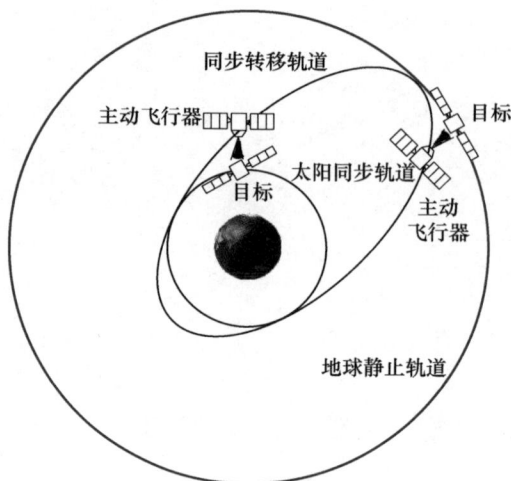

图 2 - 1 大椭圆轨道交会高轨示意图

▶ 2.2 椭圆轨道绝对动力学分析

◿ 2.2.1 椭圆轨道的基本特性

在研究人造卫星相对地球运动时,卫星尺寸远小于它和地球之间的距离,可以视其为质点。地球又可以近似地视为球形,也可看成质量集中在地心的质点。总之,卫星和地球近似地组成一个二体问题。

为描述卫星在空间的位置,定义赤道惯性坐标系 $OXYZ$:坐标原点 O 为地球中心;X 轴沿地球赤道面与黄道面的交线,指向春分点 γ;Z 轴指向北极;Y 轴在赤道平面上垂直于 X 轴,如图 2 - 2 所示。

在地球惯性坐标系中,卫星在理想状况下的运动可以用二体动力学方程进行描述,即

$$\begin{cases} \ddot{x} = -\dfrac{\mu x}{r^3} \\ \ddot{y} = -\dfrac{\mu y}{r^3} \\ \ddot{z} = -\dfrac{\mu z}{r^3} \end{cases} \qquad (2-1)$$

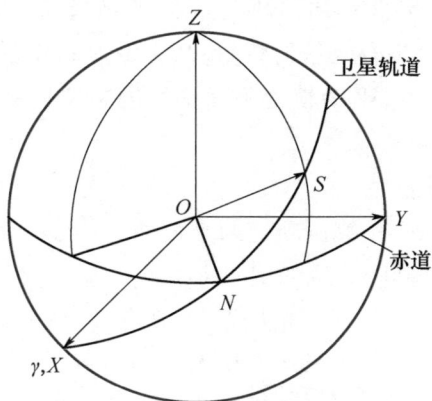

图 2-2　赤道惯性坐标系

式中:x,y,z 分别为地球惯性坐标系下的卫星坐标;r 为卫星到地心的距离,$r =$
$\sqrt{x^2 + y^2 + z^2}$;μ 为地球引力常数,$\mu = 398600.436 \text{km}^3/\text{s}^2$。

　　这是一个非线性微分方程,如给定 6 个初始条件,即 t_0 时刻卫星的位置和速度,则此方程组完全可解。这些初始条件确定 6 个积分常数,每个积分常数都描述卫星轨道的一种特性。

　　它们可以换算成卫星轨道的 6 个轨道根数,即轨道半长轴 a、椭圆偏心率 e、轨道倾角 i、升交点赤经 Ω、近地点幅角 ω 以及真近点角 θ 或平近点角 M。通过选择这 6 个根数可以满足轨道设计的要求。6 个轨道根数常用来描述卫星在空间中的运动特性。图 2-3 归纳了上述要素在空间坐标中的几何意义。

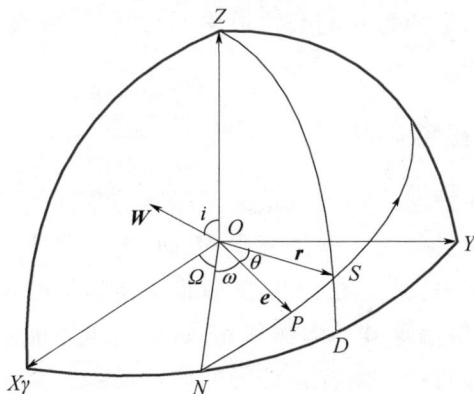

图 2-3　空间轨道根数描述

在图 2 - 3 中, $OXYZ$ 为赤道惯性坐标系, X 轴指向春分点 γ; ON 为卫星轨道的节线, N 为升交点; S 为卫星的位置; P 为卫星轨道的近地点; e 为偏心率矢量, 从地心指向近地点; W 为轨道平面法线的单位矢量, 沿卫星运动方向按右旋定义。

6 个轨道根数的定义为:

（1）轨道半长轴 a——椭圆轨道的半长轴。

（2）偏心率 e——椭圆轨道的偏心率。

（3）轨道倾角 i——轨道平面法线单位矢量 W 与 Z 轴的夹角。

（4）升交点赤经 Ω——节线 ON 与 X 轴的夹角。

（5）近地点幅角 ω——近地点到升交点的角距。

（6）真近点角 θ——卫星位置相对于近地点的角距。

卫星在惯性赤道坐标系中的位置矢量 r 和速度矢量 v 与卫星轨道根数是一一对应的, 已知任何一种参数, 就可以求得另一组参数。

根据轨道偏心率 e 的不同, 可以分为圆轨道 ($e=0$)、椭圆轨道 ($0<e<1$)、抛物线轨道 ($e=1$) 和双曲线轨道 ($e>1$)。

由椭圆半长轴 a 和椭圆偏心率 e 可得近地点心距 r_p 和远地点心距 r_a 为

$$\begin{cases} r_\mathrm{p} = a(1-e) \\ r_\mathrm{a} = a(1+e) \end{cases}$$

椭圆轨道周期 T 为

$$T = \frac{2\pi}{\mu^2} a^{3/2}$$

椭圆轨道周期与半径为 a 的圆轨道周期相同, 这说明椭圆轨道周期与偏心率无关。

2.2.2 椭圆轨道摄动

二体问题是基于地球为均匀质量的正球体的条件, 且忽略了其他力的作用。但椭圆轨道涉及复杂的空间环境: 一方面, 地球并非是理想的球体, 会受到非球形摄动力的影响; 另一方面, 椭圆轨道卫星运行时还会受到大气阻力、太阳光压、日月引力摄动等其他力的作用, 这些力也不能够忽略。因此, 卫星实际轨道与理想二体轨道之间存在较大的偏差, 在动力学分析中需要考虑这些摄动因素。

椭圆轨道卫星在摄动力影响下的基本动力学方程为

$$\ddot{\boldsymbol{r}} + \frac{\mu}{r^3}\boldsymbol{r} = \boldsymbol{f} \tag{2-2}$$

式中:$\boldsymbol{f}$ 为卫星受到的所有摄动加速度的集合。

$$\boldsymbol{f} = \Delta\boldsymbol{g} + \boldsymbol{f}_{\mathrm{sr}} + \boldsymbol{f}_1 + \boldsymbol{f}_{\mathrm{s}} + \boldsymbol{f}_{\mathrm{p}} \tag{2-3}$$

式中:$\Delta\boldsymbol{g}$ 为地球非球形引力加速度;$\boldsymbol{f}_{\mathrm{sr}}$ 为太阳光压加速度;$\boldsymbol{f}_1$ 为月球引力加速度;$\boldsymbol{f}_{\mathrm{s}}$ 为太阳引力加速度;$\boldsymbol{f}_{\mathrm{p}}$ 为轨控发动机的推力加速度。

在各种摄动中,地球扁率摄动是主要的摄动因素,在轨道的长期漂移和短周期振动方面起决定作用。大气阻力摄动在 1000km 轨道高度下会对轨道运动有较大影响;而太阳光压摄动一般要比日月摄动小至少一个量级,两者的影响在椭圆轨道任务中远小于 J_2 摄动的影响。

1. **地球非球形摄动**

一般卫星轨道要考虑的摄动有地球形状摄动,大气阻力摄动,日月摄动,太阳光压摄动,地磁摄动,潮汐(固体潮、海潮)摄动,地球反照辐射压摄动,调姿力与轨控喷气力摄动等。在诸多摄动因素中,地球引力场是最重要的,甚至对航天器运动起决定作用。地球引力场是保守力场,它所具有的位势通常被称为地球引力势。把地球视为匀质正球体时,其引力势 U 只是地心距 r 的函数:$U = U(r)$。但考虑其形状上的不规则和质量分布上的不均匀,其引力势就是地心距 r、经度 λ、纬度 φ(严格讲为地心纬度)的函数,即 $U = U(r, \lambda, \varphi)$。

多年来,利用地面重力资料和空间卫星资料测定出的地球引力场模型累计有十多种,使用比较广泛的有 WGS84,JGM2,JGM3 和 GEM - T1 四种地球引力场模型。

$$U = \frac{\mu}{r}\left[1 + \sum_{l=1}^{\infty}\sum_{m=0}^{l}\left(\frac{R_{\mathrm{e}}}{r}\right)^l P_{lm}\sin\varphi\left(C_{lm}\cos(m\lambda) + S_{lm}\sin(m\lambda)\right)\right]$$

$$\tag{2-4}$$

式中:P_{lm} 为规格化勒让德多项式及伴随多项式;C_{lm}、S_{lm} 为归一化势系数。需注意的是不同的引力场模型 μ,R_{e} 略有不同,这里取 $\mu = 398600.436 \ \mathrm{km}^3/\mathrm{s}^2$,$R_{\mathrm{e}} = 6378137\mathrm{m}$。

地球引力场 U 可以分成两部分:中心引力势 U_{c} 和摄动势 ΔU,即

$$U = U_{\mathrm{c}} + \Delta U$$

地球对卫星的引力加速度可以表示为

$$g = g_c + \Delta g = -\frac{\mu}{r^3}r + \mathrm{grad}\Delta U \qquad (2-5)$$

式中:g_c 为中心引力加速度;Δg 为摄动引力加速度。

现有的各种地球引力场模型中,扁率项系数 J_2 的量级为 10^{-3},其余的谐系数几乎都在 $10^{-7} \sim 10^{-6}$。除 J_2 项外,其他带谐项和田谐项也反映了地球的不规则性,但对空间一点的引力而言,其作用又是以一个整体来表现的,对卫星轨道的影响并不是简单地叠加。在一定的精度要求下,从某一项(对应于 n 取某一正整数)起,它们对卫星轨道的影响完全可以忽略。分析地球形状摄动对卫星轨道的影响时,不能只看其中一项的作用,而要看众多项的实际效果。对一个具体卫星,一般情况下取 J_2、J_3、J_4 和 J_{22}、J_{31}、J_{32}、J_{33}、J_{41}、J_{42}、J_{43}、J_{44} 这几个主要项就能达到较高的精度,能够满足动力学仿真和分析的要求。地球四阶带谐项、田谐项的数值如表 2-1 所列。

表 2-1 摄动项参数

n	$J_n \times 10^{-6}$	nm	$J_{nm} \times 10^{-6}$	$\lambda_{nm}/(°)$
2	1 082.63	22	1.81222	-14.545
3	-2.5356	31	2.20792	7.0805
4	-1.62336	32	0.37190	-17.4649
—	—	33	0.21984	21.2097
—	—	41	0.45600	-138.756
—	—	42	0.16806	31.0335
—	—	43	0.06030	-3.8459
—	—	44	0.00754	30.7920

在数学仿真中,通常只需考虑 4 阶地球非球形摄动的影响;而在理论分析中,只考虑二阶项 J_2 和 J_{22}。

对于椭圆轨道卫星,与地球扁率相关的 J_2 项摄动是卫星的主要摄动项,可表示为

$$
\begin{cases}
\dot{a} = 0 \\[4pt]
\dot{e} = 0 \\[4pt]
\dot{i} = 0 \\[4pt]
\dot{\Omega} = -\dfrac{3J_2 R_{\mathrm{E}}^2}{2p^2} n\cos i \\[10pt]
\dot{\omega} = \dfrac{3J_2 R_{\mathrm{E}}^2}{2p^2} n\left(2 - \dfrac{5}{2}\sin^2 i\right) \\[10pt]
\dot{M} = \dfrac{3J_2 R_{\mathrm{E}}^2}{2p} n\left(1 - \dfrac{3}{2}\sin^2 i\right)\sqrt{1-e^2}
\end{cases}
\tag{2-6}
$$

式中：R_{E} 为地球半径；n 为轨道平均角速度；p 为椭圆的半通径。

2. 日月摄动

除地球外的其他天体（主要是月球和太阳）的引力也会对卫星的运动产生摄动，其实质是其他天体对卫星的引力加速度与对地球的引力加速度之差引起轨道摄动。摄动引力加速度可以表达为

$$
\boldsymbol{f}_g = \sum_{i=1}^{n} \mu_i \left(\frac{\boldsymbol{p}_i}{p_i^3} - \frac{\boldsymbol{q}_i}{q_i^3} \right)
\tag{2-7}
$$

式中：μ_i 为第 i 个天体的引力常数；$\boldsymbol{p}_i$ 为从卫星到第 i 个天体的位置矢量；$\boldsymbol{q}_i$ 为从地心到第 i 个天体的位置矢量。若以 $\boldsymbol{r}$ 表示从地心到卫星的位置矢量，则地球、太阳与航天器的关系如图 2-4 所示。

$$
\boldsymbol{p}_i = \boldsymbol{q}_i - \boldsymbol{r}
\tag{2-8}
$$

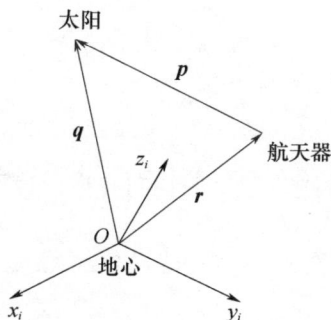

图 2-4　地球、太阳与航天器的关系

考虑月球（以下标 1 表示）和太阳（下标 s）引起的引力摄动，摄动加速度分别为

$$\begin{cases} \boldsymbol{f}_1 = \mu_1 \left(\dfrac{\boldsymbol{p}_1}{p_1^3} - \dfrac{\boldsymbol{q}_1}{q_1^3} \right) \\ \boldsymbol{f}_s = \mu_s \left(\dfrac{\boldsymbol{p}_s}{p_s^3} - \dfrac{\boldsymbol{q}_s}{q_s^3} \right) \end{cases} \tag{2-9}$$

式中：$\mu_1 = 4.902802627 \times 10^{12} \, \mathrm{m^3/s^2}$；$\mu_s = 1.32712440 \times 10^{20} \, \mathrm{m^3/s^2}$。

在计算太阳、月球位置时利用 J2000 地心平赤道坐标系，然后转化为卫星轨道运动坐标系下的分量进行计算。地球带谐项的摄动力与地球中心引力之比是 3.7×10^{-5}，日月摄动对椭圆轨道的摄动影响和地球带谐项的量级几乎相同，其对椭圆轨道有长期影响，因此在分析椭圆轨道特性时，必须要考虑日月摄动的影响。

3. 大气阻力摄动

大椭圆轨道覆盖广，可以覆盖低轨、中轨和高轨。大气阻力对于近地轨道，特别在低轨卫星的影响是十分显著的。由于椭圆轨道每圈会有部分弧度运行在低轨上，长时间的累积效应会有较大的影响。

大气对卫星所产生的阻力加速度 $\boldsymbol{f}_a$ 为

$$\boldsymbol{f}_a = \frac{1}{2} c_D \frac{A}{m} \rho v \boldsymbol{v} \tag{2-10}$$

式中：c_D 为阻力系数；A 为卫星沿速度方向的投影面积；m 为卫星质量；$\boldsymbol{v}$ 为卫星运动的速度矢量；v 为速度；ρ 为大气密度。

假定大气不随地球自转而旋转，则阻力加速度法向分量为 0，而径向及横向分量分别为

$$\begin{cases} F_R = -\dfrac{1}{2} k \rho v v_r \\ F_s = -\dfrac{1}{2} k \rho v v_\theta \end{cases} \tag{2-11}$$

式中：$k = c_D A / m$；v_r 和 v_θ 分别为卫星的径向和横向速度分量。

$$\begin{cases} v_r = \sqrt{\dfrac{\mu}{p}} e \sin\theta \\ v_\theta = \sqrt{\dfrac{\mu}{p}} (1 + e\cos\theta) \\ v = \sqrt{\dfrac{\mu}{p}} (1 + 2e\cos\theta + e^2)^{\frac{1}{2}} \end{cases} \tag{2-12}$$

大气密度常利用指数模型表示为

$$\rho = \rho_{\mathrm{p}}\exp\left(-\frac{r - r_{\mathrm{p}}}{H}\right) \qquad (2-13)$$

式中：ρ_{p} 为近地点的大气密度；r_{p} 为近地心距；H 为密度标高。

由于

$$\begin{cases} r = a(1 - e\cos E) \\ r_{\mathrm{p}} = a(1 - e) \end{cases} \qquad (2-14)$$

得

$$-(r - r_{\mathrm{p}}) = ae(\cos E - 1) \qquad (2-15)$$

于是

$$\rho = \rho_{\mathrm{p}}\exp\left(-\frac{ae}{H}\right)\exp\left(\frac{ae}{H}\cos E\right) \qquad (2-16)$$

4. 太阳光压摄动

太阳光照射在航天器表面时产生光压作用，会对在轨运行的航天器产生摄动影响。作用在单位面积 $\mathrm{d}A$ 上的总压强 p 在 n 方向（法线方向）和 τ 方向（切线方向）的表达式为

$$\begin{cases} p_n = P_{\mathrm{sun}}\cos\theta\left[(1 + C_{\mathrm{rs}})\cos\theta + \frac{2}{3}C_{\mathrm{rd}}\right] \\ p_{\tau} = P_{\mathrm{sun}}\sin\theta\cos\theta(1 - C_{\mathrm{rs}}) \end{cases} \qquad (2-17)$$

式中：C_{rs} 为全反射系数；C_{rd} 为漫反射系数；P_{sun} 为太阳光压参数；θ 为卫星平板法线与太阳光线的夹角。

而作用在整个星体表面的辐射压力则应是上述两个量的积分，即

$$f_{\mathrm{sr}} = \int_A (p_n + p_{\tau})\,\mathrm{d}A \qquad (2-18)$$

卫星的太阳能电池阵或太阳帆板都是平板结构，其辐射压力为

$$\begin{cases} f_{\mathrm{srn}} = p_n A \\ f_{\mathrm{sr\tau}} = p_{\tau} A \end{cases} \qquad (2-19)$$

需指出的是，卫星只有在受到太阳光照射时才会有太阳光压的干扰，因此在进行太阳光压计算时需判断卫星是否处于地影区，若处于地影区，则太阳光压摄动力为 0。

▶ 2.3 椭圆轨道自主轨道预报[2]

◁ 2.3.1 椭圆轨道自主预报

　　星载轨道预报在航天任务中起着至关重要的作用。通过星载轨道预报,可以对轨道进行优化设计,也可以为轨道机动提供依据,还可以为地面数据传输、监测、监控等做好准备[3]。为实现卫星轨道预报,目前主要采用解析法和数值法两种。

　　解析法是通过分析并得到影响轨道运动的主要干扰力的解析表达式来对轨道进行预报。其优点是计算简单迅速,占用计算资源少;其缺点是计算精度不高,且在空间环境发生变化时需要组合使用多种模型。SGP/SDP[4]算法是该种方法的典型代表。

　　数值法不需要得出轨道运动的解析表达式,而是通过建立影响轨道运动的详细动力学模型,采用特定的数值迭代算法进行递推得到轨道预报值。优点是计算精度高,能够适应复杂的动力学环境,不需要采用多种模型组合计算的方式;缺点是计算速度慢,需要合理简化动力学模型,并选用合适的迭代解算器。

　　随着星上处理器技术的发展及空间应用中对轨道预报精度要求的不断提高,越来越多的卫星采用数值法进行轨道预报。椭圆轨道的星载高精度预报与低轨轨道预报相比,具有其特殊性。

　　首先,由于椭圆轨道[5,6]从低轨转移到高轨时,空间动力学环境变化特别明显,需要建立准确合理的动力学模型。

　　其次,椭圆轨道与地面通信能力受限,基于地面站的轨道预报方法具有较大的局限性,卫星需要能够完全自主地进行实时轨道预报。

　　最后,轨道的自主预报能力要求在设计轨道预报算法时,对空间环境模型进行合理简化的同时,选择合适的解算器,从而满足轨道实时预报的要求。

　　如图 2-5 所示,椭圆星载轨道预报系统结构是基于数值迭代算法,在每步数值迭代过程中,首先根据当前轨道值计算对轨道产生影响的各种干扰力,然后调用解算器计算下一时刻的轨道值,并在当前时刻上增加一个步长。图 2-5 中 t 表示当前时刻,h 表示迭代步长。针对椭圆星载轨道预报的特点,合理简化轨道动力学模型并选择合适的解算器。

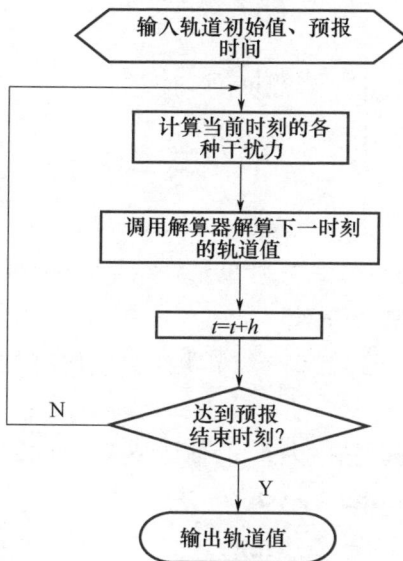

图 2 - 5　椭圆星载轨道预报系统结构

2.3.2　椭圆星载轨道预报算法

椭圆星载轨道预报对解算器有实时性的要求,所以解算器一般选用单步低阶形式,这里选择 4 个解算器:四阶龙格 - 库塔法(RK4)、五阶龙格 - 库塔法(RK5)、五阶 Runge - Kutta - Nyström 法(RKN5)和五阶 Dorm and and Prince 法(DP5)。

1. 四阶龙格 - 库塔法(RK4)

龙格 - 库塔法具有的一般形式如下[7]

$$\begin{cases} y(t+h) = y(t) + h\sum_{i=1}^{4} b_i k_i \\ k = f(t + c_i h, y(t) + h\sum_{j=1}^{i-1} a_{ij} k_j) \end{cases} \qquad (2-20)$$

对于四阶龙格 - 库塔法,其表示式如下

$$y_{n+1} = y_n + \frac{1}{6}(K_1 + 2K_2 + 2K_3 + K_4) \qquad (2-21)$$

式中：

$$\begin{cases} K_1 = hf(t_n, y_n) \\ K_2 = hf\left(t_n + \dfrac{h}{2}, y_n + \dfrac{K_1}{2}\right) \\ K_3 = hf\left(t_n + \dfrac{h}{2}, y_n + \dfrac{K_2}{2}\right) \\ K_4 = hf(t_n + h, y_n + K_3) \end{cases} \qquad (2-22)$$

RK4 法的目的是得到精度为 h^4 的估计结果，它的截断误差为 const $\cdot h^5$。

2. 五阶龙格 – 库塔法（RK5）

五阶龙格 – 库塔法与式（2 – 22）具有相似的结构，其系数可参见文献 [7]。

RK5 法的目的是得到精度为 h^5 的估计结果，它的截断误差为 const $\cdot h^6$。

3. 五阶 Runge – Kutta – Nyström 法

Runge – Kutta – Nyström 表达式如下

$$\begin{cases} r(t_0 + h) = r_0 + hv_0 + h^2 \sum_{i=1}^{s} b_i k_i \\ \hat{r}(t_0 + h) = r_0 + hv_0 + h^2 \sum_{i=0}^{5} \hat{b}_i k_i \\ \hat{v}(t_0 + h) = v_0 + h \sum_{i=0}^{s} \hat{b}_i k_i \\ k_I = a\left(t_0 + c_i h, r_0 + c_i hv_0 + h^2 \sum_{j=0}^{i-1} b_{ij} k_j\right) \end{cases} \qquad (2-23)$$

五阶系统的参数可见文献[8]。这里同样选用定步长计算部分，其具有的精度为 h^5，每次迭代需要计算的函数为 6 个。

4. 五阶 Dorm and and Prince 法

五阶 Dorm and and Prince 法与式（2 – 22）同样具有相同的结构。由于其参数较为复杂，这里不列出，可参见文献[7]。这里选用定步长计算部分，其具有的精度为 h^5，每次迭代需要计算的函数为 6 个。

表 2 – 2 给出了四阶龙格 – 库塔法、五阶龙格 – 库塔法、五阶 Runge – Kutta – Nyström 法和五阶 Dorm and and Prince 法的每步迭代所需计算的函数量以及最终迭代的精度。

表 2 - 2　单步法性能比较

单步法类别	每步函数计算量	精度
RK4	4	$O(h^4)$
RK5	6	$O(h^5)$
RKN5	6	$O(h^5)$
DP5	6	$O(h^5)$

　　通过比较多个单步法的性能可以看出:在计算量方面 RK4 法较小,而在精度方面 RK5 法、DP5 法和 RKN5 法占有优势。但实际选择时由于 RK4 法计算量小、可靠性高,已经在国外多个卫星中得到使用,在实际工程中得到了检验。轨道预报需得到任意时刻的轨道数值,而 RK4 法是定步长的解算器,因此需要一个插值方法。本书选择常用的五阶 Hermite 插值方法。通过四阶龙格 - 库塔定步长积分和五阶 Hermite 插值相配合,既能够保证得到任意时刻足够精度的轨道数值,也保证有较高的计算效率。

2.3.3　椭圆轨道动力学模型分析与简化

1. 椭圆轨道动力学模型精度要求

　　为对椭圆轨道动力学模型进行合理简化,首先需要分析椭圆星载轨道预报对动力学模型精度的要求。设 Δs 为轨道误差,轨道预报的时间为 t,要求该时间内椭圆星载轨道预报误差小于 Δs。

　　轨道动力学模型,与真实模型之间存在着未建模误差以及简化动力学模型误差。未建模动力学模型和简化动力学模型对轨道的影响可以认为是存在一个加速度偏差。加速度偏差的存在将会使得轨道预报与真实轨道之间存在着差别 $\Delta s'$,如果设加速度偏差为 Δa,该差别可以表示为

$$\Delta s' = \frac{1}{2}\Delta a \cdot t^2 \qquad (2-24)$$

而 $\Delta s'$ 是 Δs 的组成部分,设两者之间的比例关系为 k,则有

$$\Delta s' = k \cdot \Delta s \qquad (2-25)$$

则可得到对动力学建模误差的要求,即

$$\frac{1}{2}\Delta a \cdot t^2 = \Delta s' \leqslant k\Delta s \qquad (2-26)$$

　　式(2-26)即为椭圆星载轨道预报对动力学模型精度的要求,当动力学模

型中误差项引起的量级小于上述要求时,都可以忽略。

2. 椭圆轨道动力学模型简化

已知椭圆星载轨道预报对动力学模型精度要求后,需进一步分析椭圆轨道不同轨道高度的动力学特性。假设卫星的质量为50kg,迎风面等效面积为1m²,完全反射系数为0.4,完全漫反射系数为0.3,完全吸收系数为0.3。大气旋转速度为0.00007292rad/s,大气阻力系数为2,太阳辐射等效面积也为1m²,可以得到椭圆轨道不同轨道高度各影响力所具有的动力学特性,如表2-3所列。

表2-3 椭圆轨道不同高度动力学特性

轨道高度/km	重力/N	日月引力/N	太阳辐射力/N	大气阻力/N
300	447.6	0.00003782	5.472×10^{-6}	1.302×10^{-3}
800	387.3	0.00004064	5.472×10^{-6}	2.011×10^{-7}
1300	338.4	0.00004345	5.472×10^{-6}	7.759×10^{-8}
1800	298.3	0.00004627	5.472×10^{-6}	1.476×10^{-8}
2300	264.9	0.00004908	5.472×10^{-6}	0
3300	212.9	0.00005470	5.472×10^{-6}	0
4300	174.9	0.00006031	5.472×10^{-6}	0
9300	81.1	0.00008824	5.472×10^{-6}	0
19300	30.2	0.0001434	5.472×10^{-6}	0
24300	21.2	0.0001706	5.472×10^{-6}	0
29300	15.7	0.0001976	5.472×10^{-6}	0
39300	9.6	0.0002508	5.472×10^{-6}	0
49300	6.4	0.0003027	5.472×10^{-6}	0

在得到椭圆轨道不同高度动力学特性后,即可结合椭圆轨道动力学模型精度要求对模型进行合理的简化。

为便于分析,这里取轨道预报的要求为5个小时内精度在300m以内。将此要求代入式(2-26)(同时取 $k = 0.1$)可得椭圆动力学模型精度要求为

$$\Delta a < \frac{1}{5.4 \times 10^6} \text{m/s}^2 \qquad (2-27)$$

在式(2-27)和表2-3的基础上,适当简化椭圆轨道动力学模型。

首先是重力场模型与阶数。这里重力场模型采用 GEM-1,重力场模型阶

数的选择通过分析重力场阶数对轨道动力学影响得到。重力场阶数对轨道动力学影响通过分析两组轨道初值情况下不同重力场阶数的误差特性得到。GEM – 1 模型最高阶数为 36×36,因此选择重力场阶数为 36×36 时轨道数值作为标准参考。重力场阶数引起的误差总体趋势是随着阶数提高而减小的,但是当阶数较小时,产生的误差还是比较大,所以最终选择的阶数为 36×36。

对于日月摄动,由于其幅值较大,在椭圆轨道预报中不能忽略,但是星历的计算可以采用解析法。解析法相对于数值法精度较差,但由此产生的误差量级是日月引力摄动的 1/100 左右。

对于太阳辐射影响,由于太阳和卫星之间的距离较远,椭圆轨道中太阳辐射通量可近似认为相同。

当轨道高度小于 2000km 时,需要考虑大气阻力的影响;当大于这个高度时,可以忽略大气阻力的影响。大气摄动中的大气密度模型采用改进的 Harris – Priestger 模型,通过事先存储既定高度 h_i 处的最大密度和最小密度,并对表格中的密度数值进行插值计算得到。

对于日月引力摄动和大气阻力摄动系数,由卫星轨道的实测数据进行拟合,确定最佳系数,实时地由地面注入或者根据卫星轨道高度的不同作为已知参数写进计算程序中。

2.4　远地点交会轨道设计

利用大椭圆轨道远地点和高轨静止轨道卫星存在交会的特点,对高轨静止轨道卫星进行短时间的近距离访问,期间可执行观测和通信等多种任务。本节首先分析椭圆轨道漂移特性,然后分别设计冻结椭圆轨道参数和小倾角椭圆轨道参数,实现椭圆轨道卫星对高轨静止轨道卫星的快速交会,同时在对目标进行跟踪观测时,需要确保视线距变化率、视线角速度变化率等参数满足跟瞄设备自身的测量能力要求,以保证跟瞄能够捕获到目标。

对远地点交会轨道设计需要采取以下策略:

(1)首先在不考虑摄动影响下,设计满足锁定交会轨道的初始参数。

(2)然后考虑 J_2 摄动影响,修正初步设计的轨道参数。

(3)最后考虑工程约束,根据跟瞄单机性能指标对轨道参数进行修正。

大椭圆轨道对高轨静止轨道卫星接近访问时,需要确定能满足对静止轨道周期性锁定访问的椭圆轨道。

如图2-6所示,航天器 T 运行于地球静止轨道,假设椭圆轨道上的航天器 C 在 T_0 时刻与 T 在 G 点相遇,如果 T 每运行 M 圈,相应 C 恰好运行了 N 圈($N>M$),则两者还能在 G 点相遇,则称该椭圆轨道为地球静止轨道航天器的锁定轨道。

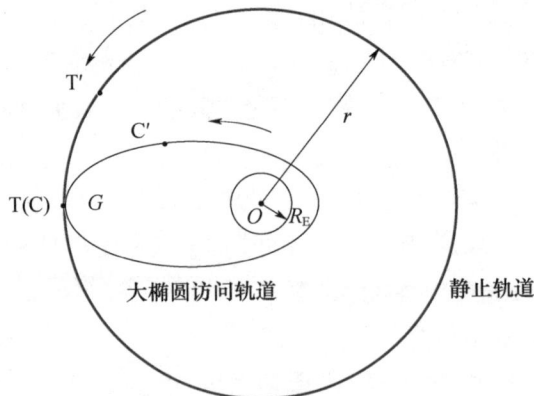

图2-6　椭圆锁定轨道示意图

在远地点交会轨道设计过程中,要求远地点交会时,远地点高度比地球静止轨道高度低55km,静止轨道参数如表2-4所列。

表2-4　高轨静止轨道卫星

轨道根数	半长轴 a/km	偏心率 e	轨道倾角 i/(°)	近地点幅角 ω/(°)	升交点赤经 Ω/(°)
数值	42165.258	0.0005224	6.4954	285.0568	63.8179

假设跟瞄单机性能指标最大探测距离为150km,视线角变化率范围为 $-2°/s \sim +2°/s$,视线距变化率范围为 $-2km/s \sim +2km/s$,因此从目标进入150km 相对距离内开始,分析交会的时长、视线距变化率、视线方位角和高低角变化率等参数,使交会轨道满足跟瞄单机的探测能力要求。

2.4.1　椭圆轨道漂移特性分析

考虑两种特殊椭圆轨道:冻结椭圆轨道和小倾角椭圆轨道。冻结椭圆轨道是指轨道倾角为63.43°的椭圆轨道,该轨道的特点是近地点幅角不会受 J_2

项影响而发生漂移,而小倾角椭圆轨道是指倾角接近 0°的椭圆轨道。

　　假设两种椭圆轨道的初始轨道参数如表 2 - 5 所列,本节针对这两种特殊的椭圆轨道进行漂移特性分析。

表 2 - 5　两种椭圆轨道卫星的初始轨道参数

轨道根数	a/m	e	$i/(°)$	$\Omega/(°)$	$\omega/(°)$	$\theta/(°)$
冻结椭圆轨道	24556497	0. 7146	63. 43	63. 8179	180	75. 3624
小倾角椭圆轨道	26562448	0. 58533	0. 01	63. 8179	180	94. 4

　　假设椭圆轨道仿真初始时刻为 2012 年 7 月 1 日,仿真终端时刻为 2012 年 7 月 30 日,仿真步长为 60s,分别对 J_2 项摄动、日月摄动和高精度轨道预报模型(HPOP)精确模型摄动进行仿真分析。

1. 冻结椭圆轨道漂移特性分析

　　首先,应考虑 J_2 项对其轨道根数的影响。其次,由于地球带谐项的摄动力与地球中心引力之比是 3.7×10^{-5},而日月摄动对椭圆轨道的摄动影响和地球带谐项的量级几乎相同,其对椭圆轨道有长期影响,在分析椭圆轨道特性时,必须考虑日月摄动的影响。在计算太阳、月球位置时利用 J2000.0 地心平赤道坐标系,然后转化为卫星轨道运动坐标系下的分量进行计算。最后,在考虑对椭圆轨道影响最大的两项摄动(J_2 项摄动和日月摄动)后,还要考虑尽可能多的因素对椭圆轨道漂移特性的影响。

　　所得 J_2 项摄动加速度、大气阻力摄动、太阳光压摄动和日月摄动因素影响如表 2 - 6 所列。

表 2 - 6　各摄动因素影响比较

摄动因素		影响量级/(m/s^2)	周期性
J_2 项摄动	近地点	10^{-2}	是
	远地点	10^{-7}	
大气阻力摄动	近地点	10^{-7}	是
	远地点	10^{-13}	
太阳光压		10^{-8}	否
日月摄动		10^{-6}	是

　　通过对地球非球形 J_2 项摄动、大气阻力摄动、太阳光压摄动以及日月摄动等摄动力进行仿真,可以得到如下结论:

(1) 与圆轨道不同,椭圆轨道 J_2 项摄动加速度的大小在近地点和远地点相差 5 个数量级。J_2 项摄动对冻结椭圆轨道半长轴、偏心率、轨道倾角和近地点幅角的长期项没有影响,短周期项表现为以一定的幅值和频率上下振荡,但是对冻结椭圆轨道的升交点赤经会有显著的影响,其变化率的一阶长期项呈现负值变化,即 J_2 摄动使升交点西退。

(2) 在近地点处,摄动加速度以地球非球形 J_2 项摄动加速度为主,大气阻力摄动、太阳光压摄动、日月摄动等比地球非球形 J_2 项摄动加速度小;而在远地点处,大气阻力摄动较小,可以忽略,地球非球形 J_2 项摄动、日月摄动加速度、太阳光压摄动影响程度差不多。

(3) 日月摄动对于冻结大椭圆轨道而言,会使半长轴振荡呈周期性变化,但影响量级在 1km 内;日月摄动会使偏心率逐渐减少,一天的平均变化量约为 0.001;使轨道倾角发生周期性振荡;使升交点赤经减少,一天的平均变化量约为 $0.0006°$;近地点幅角则是振荡性的增加。

(4) 考虑各种摄动条件对于冻结大椭圆轨道的影响,轨道半长轴主要受 J_2 项摄动影响,长期项为 0,短周期以一定幅值振荡;轨道倾角由于受日月摄动和 J_2 项共同作用,周期性的振荡减少;轨道倾角的一阶长期和二阶长期项均为零,它的变化只存在周期项,具体体现为轨道倾角在一定的范围内摆动;升交点赤经的一阶长期变化项为负值,一天的平均变化量约为 $0.17°$,主要是由 J_2 项摄动引起的;近地点幅角短期内以一定的幅值周期性的变化,长期内逐渐增加。

2. 小倾角椭圆轨道漂移特性分析

在各种摄动力作用下,实际轨道会逐渐偏离设计轨道[8]。随着时间推移,这种偏离达到一定程度时,实际轨道将不能满足任务要求。执行交会任务前,轨道机动飞行器可能需要在小倾角椭圆停泊轨道上长时间自由飞行,各种摄动力对轨道倾角的影响将使椭圆停泊轨道无法保持在赤道面内,小倾角椭圆轨道机动飞行器将失去其独有优势,需要通过轨道控制将其保持在设计轨道附近。杨维廉[9]给出了太阳同步轨道受摄变化解析模型及轨道控制策略,Soop[10]研究了地球同步轨道的倾角漂移现象与物理机理。

J_2 摄动对轨道半长轴没有影响;日月摄动对椭圆轨道的半长轴有周期性的影响,周期性变化范围在 0.7km 内,影响非常微弱;太阳光压对轨道半长轴影响微弱,30 天内振荡减少 0.08km;高精度摄动模型中半长轴振幅在 24km 内,主要是由地球非球形摄动引起的。

J_2 摄动对卫星轨道偏心率没有影响;日月摄动使椭圆轨道偏心率振荡性减小,30 天内减小 0.000847,影响非常微弱;太阳光压会使椭圆轨道偏心率增大,30 天内增加 0.000048,比日月摄动小一个量级;高精度摄动模型中偏心率振荡性减小,振幅约为 0.0005,30 天减少 0.001。

J_2 摄动对轨道倾角没有影响;日月摄动使椭圆轨道倾角单调性增大,一天的平均变化量约为 0.0037°;太阳光压会使椭圆轨道倾角单调性减小,但影响非常小;高精度摄动模型中轨道倾角单调增加,30 天内增加 0.1°。

在 J_2 项摄动影响下,升交点赤经变化率的一阶长期项是负值,即 J_2 项摄动会使升交点西退,一天的变化量约为 0.151°;日月摄动会使升交点赤经振荡性增加,30 天的增加量约为 10°;太阳光压会使升交点赤经振荡性减小,一天变化量约为 0.0034°;高精度摄动模型中升交点赤经开始振荡性增加,变化率较大,之后开始振荡,变化幅度变小。

在 J_2 项摄动影响下,近地点幅角变化率的一阶长期项是正值,一天的变化量约为 0.3°,使椭圆轨道的拱线发生快速改变,可以实现对高轨目标的自然遍历;日月摄动会使近地点幅角振荡性减少,30 天的减少量约为 9°;太阳光压会使近地点幅角振荡性增加,但影响非常小;高精度摄动模型中近地点幅角开始振荡性减少,变化率较大,之后开始振荡,变化幅度变小。

通过对地球非球形 J_2 项摄动、日月摄动和太阳光压等摄动力分析,得出的结论主要如下:

(1) J_2 项摄动对于小倾角大椭圆轨道的半长轴、偏心率和轨道倾角都没有影响,升交点赤经逐渐减小,近地点幅角显著增大,从而导致轨道拱线发生漂移。

(2) 日月摄动对于小倾角椭圆轨道半长轴影响量级在 0.7km 内;使其偏心率振荡性减少;轨道倾角单调性增加;升交点赤经振荡性增加;近地点幅角振荡性减少。

(3) 太阳光压摄动在短时间内对于轨道根数的影响非常微弱,30 天内半长轴振荡减少 0.08km,椭圆轨道偏心率增大,椭圆轨道倾角单调性减小,升交点赤经振荡性减小,近地点幅角振荡性增加。

（4）综合各种摄动对小倾角椭圆轨道的影响，轨道半长轴振幅在 24km 内，轨道偏心率会振荡性减小，轨道倾角会单调增加；近地点幅角和升交点赤经的变化较大，特别在倾角为 0°附近升交点赤经和近地点幅角变化更加明显。

后面将以具体的算例为基础，对椭圆轨道的设计方法进行介绍。

⊿ 2.4.2　冻结椭圆轨道设计

1. 轨道初步设计

为了兼顾低轨和高轨航天器同时观测的需求，大椭圆轨道的近地点设计为太阳同步轨道高度，考虑到太阳同步轨道高度大部分在 500 ~ 1000km，那么近地点高度可以定为 500 ~ 1000km。对于远地点，设计远地点高度比地球静止轨道高度低 55km，即 35738km。

设 T_1 为锁定轨道周期，T_0 为圆轨道的周期，由锁定轨道定义可知

$$NT_1 = T_0$$

锁定轨道的长半轴和近地点地心距分别为

$$a_1 = N^{-\frac{2}{3}} r, r_p = 2a_1 - r \qquad (2-28)$$

由于锁定轨道的地心距 r_p 不能小于地球半径 R_E，要求 $r_p > R_E$，故有

$$N < \left(\frac{2r}{r + R_E}\right)^{\frac{3}{2}} = 2.29 \qquad (2-29)$$

这是 N 取值的约束条件。

在远地点固定的情况下，改变近地点高度对应的周期比值，如表 2-7 所列。

表 2-7　近地点高度与周期比关系表

近地点高度/km	631	1373	1883	2255	2539	4643
与静止轨道周期比	4/9	5/11	6/13	7/15	8/17	1/2

由表 2-7 可知，当近地点高度为 631km 时，椭圆轨道与静止轨道周期之比为 4/9，即每 4 天两星会合一次，这个轨道可以同时对低轨和高轨卫星进行观测任务。当 $N = 9/4$ 时，长半轴 $a_1 = (9/4)^{-\frac{2}{3}} \times 42165258 = 24556497$m。

偏心率由半长轴和远地点地心距确定，其中远地点地心距的计算需要考虑过捷点距离。由于主动星和目标星在赤道面交会，为了保证主动星到达赤

道面时和目标星到达赤道面时相距 55km,只需使得主动星远地点高度低于目标星 55km 即可,经计算,得到主动星的偏心率 $e=0.7146$。

由于主动星和目标星在赤道面交会,在上述轨道根数设计的基础上,轨道倾角可以任意选择,但是为了保证 J_2 摄动下不会漂移,选择 $i=63.43°$。

为保证主动航天器远地点在赤道面与目标航天器交会,取升交点赤经 Ω 一样,近地点幅角应为 0° 或 180°,而同步转移轨道近地点幅角一般为 180°,因此设计椭圆轨道 $\Omega=63.818°$,近地点幅角 $\omega=180°$。

假设交会点主动星正好在目标星正下方,进行初始真近点角的设计。得到主动星初始真近点角 $\theta_c=75.11°$。

设计近地点高度为 630km,远地点低于静止轨道 55km,且交会点主动星正好在目标星正下方。针对高低轨设计的两星的轨道参数,如表 2-8 所列。

表 2-8　针对高低轨设计的两星轨道参数

名称 \ 参数	a/m	e	$i/(°)$	$\Omega/(°)$	$\omega/(°)$	$\theta/(°)$
目标星	42165258	0.0005224	6.4954	63.8179	285.0568	0
主动星	24556497	0.7146	63.43	63.8179	180	75.11

仿真时间:450000s(约 5 天时间,交会两次),仿真步长:2s,可以得到两星在 150km 内交会过程中视线距及其变化率。

由图 2-7 和图 2-8 可知,第一次交会时,两星相距在 150km 以内视线距变化率逐渐从 -2414m/s 变化到 2402m/s。交会时间为 112s;第二次交会时,两星相距在 150km 以内视线距变化率逐渐从 -2412m/s 变化到 2392m/s,交会时间为 110s。根据初步设计的轨道参数,可以实现主动星每运行九圈与目标星交会一次,且均满足 55km 的过捷点距离。

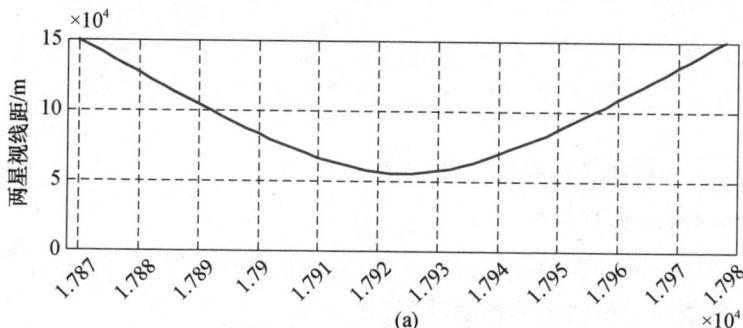

(a)

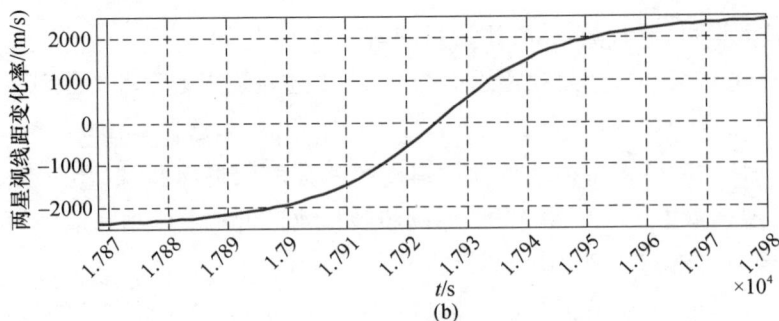

图 2 - 7　第一次两星视线距及其变化率曲线

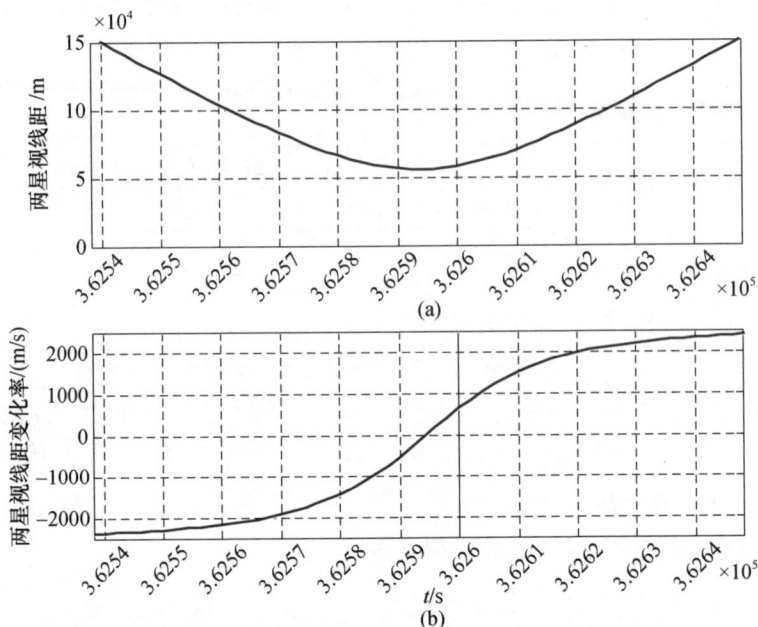

图 2 - 8　第二次两星视线距及其变化率曲线

2. J_2 摄动影响下的轨道参数修正

1）J_2 项摄动影响分析

在轨道设计的过程中必须考虑摄动的影响，其中，与地球扁率有关的 J_2 项摄动是人造地球卫星的主要摄动项，其模型为

$$
\begin{cases}
\dot{a} = 0 \\[4pt]
\dot{e} = 0 \\[4pt]
\dot{i} = 0 \\[4pt]
\dot{\Omega} = -\dfrac{3J_2 R_{\mathrm{E}}^2}{2p^2} n\cos i \\[10pt]
\dot{\omega} = \dfrac{3J_2 R_{\mathrm{E}}^2}{2p^2} n\left(2 - \dfrac{5}{2}\sin^2 i\right) \\[10pt]
\dot{M} = \dfrac{3J_2 R_{\mathrm{E}}^2}{2p^2} n\left(1 - \dfrac{3}{2}\sin^2 i\right)\sqrt{1 - e^2}
\end{cases}
\qquad (2-30)
$$

在地球扁率摄动影响下,轨道半长轴的一阶长期项、二阶长期项和一阶长周期项均为 0,因此卫星轨道半长轴的变化主要为一阶短周期项,具体体现为轨道半长轴以固定的频率和振幅上下振动;偏心率的长期变化项为 0,因此卫星轨道偏心率只存在周期变化项,其中一阶短周期项占主要地位;轨道倾角的一阶长期项和二阶长期项均为 0,它的变化只存在周期项,具体体现为轨道倾角在一定的范围内摆动。对于 $i = 63.43°$ 的顺行轨道,升交点赤经变化率的一阶长期项是负值,即地球扁率摄动会使升交点西退,量级为 $1°$;当 $i = 63.43°$ 时,地球扁率对近地点幅角的长期影响消失,但由于摄动力的影响,轨道倾角在临界倾角附近变化,近地点幅角在 $180°$ 附近周期性变化。

根据初步设计所采用的仿真参数,在 Simulink 模型中加入摄动进行仿真。目标星轨道参数和主动星轨道参数见表 2-8。仿真时间:450000s(约 5 天时间,交会两次),仿真步长:2s,可以得到两星在 150km 内交会过程中视线距及其变化率。

由图 2-9 和图 2-10 可知,第一次交会时,两星过捷点距离为 50km,两星相距在 150km 以内,视线距变化率逐渐从 -2414m/s 变化到 2402m/s,交会时间为 112s。第二次交会时,两星过捷点距离为 1300km,与 55km 的相差较大。这是由于在模型中引入了 J_2 项摄动,使得所设计的交会轨道不能实现锁定访问,因此需要考虑 J_2 项摄动情况下对轨道参数进行修正。

2)轨道参数修正

考虑 J_2 项摄动时近地点幅角变化率的计算公式为

$$
\dot{\omega} = \frac{3J_2 R_{\mathrm{E}}^2}{2p^2} n\left(2 - \frac{5}{2}\sin^2 i\right)
\qquad (2-31)
$$

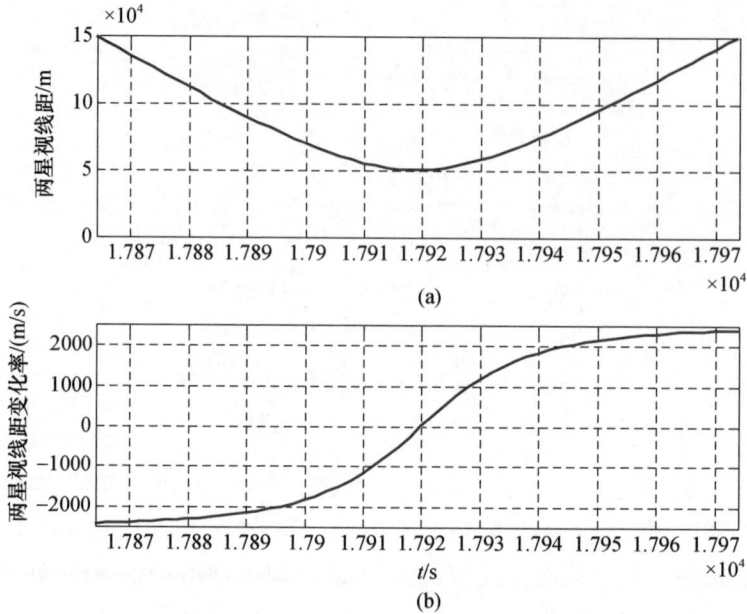

图 2-9　第一次两星视线距及其变化率曲线

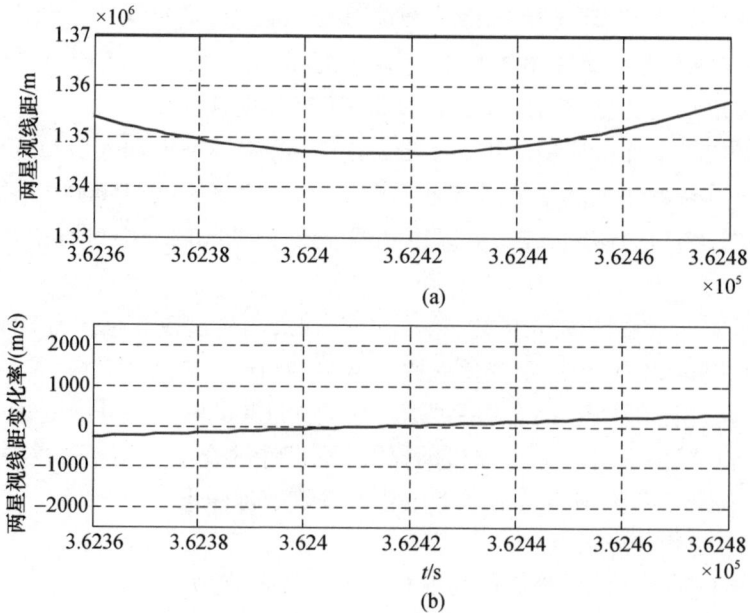

图 2-10　第二次两星视线距及其变化率曲线

选取倾角为 63.43°可以避免拱线 ω 的漂移,地球扁率摄动产生的升交点漂移量约为 $-4.7°$。轨道面由于摄动不可避免地产生进动,交会轨道由于逐渐西退而无法锁定静止轨道目标。如果采用轨道机动的方法调整升交点赤经,需要在垂直于轨道平面的方向上施加相当大的速度增量,工程上要付出很大代价。因此,考虑通过调整轨道半长轴来减少速度增量。

设 T_1 为锁定轨道的周期,T_0 为目标静止轨道的周期,$T_1/T_0 = 4/9$,在这四天时间内,椭圆轨道的升交点赤经的漂移量为 $\Delta\Omega = \dot{\Omega} \cdot 9T_1$,其中,$\dot{\Omega}$ 为地球扁率引起的升交点赤经平均变化率。

由于轨道面向西进动,为使得主动航天器与目标静止卫星在赤道面交会,目标静止卫星需满足如下关系式,即

$$\omega_E \cdot 9T_1 = M_2 - M_1 \qquad (2-32)$$

式中:ω_E 为目标静止卫星的平均轨道角速度;T_1 为椭圆轨道的周期;M_1、M_2 分别为第一次交会和第二次交会目标星平近点角。

可以得到满足升交点变化条件的半长轴方程,使用牛顿迭代法可以求得半长轴 $a = 24547.897\text{km}$,比初始设计的半长轴减小 8.5km,相应的新轨道周期为 38279s,而初始设计 Kepler 轨道周期为 38296.6,周期减小 17.6s,修正幅度较小,但可以补偿轨道长期进动带来的影响。

偏心率由半长轴和远地点地心距确定,其中半长轴已作修正,远地点地心距仍考虑比目标星到达赤道面时的高度低 55km,因此需对偏心率重新进行计算,得到主动星偏心率 $e = 0.7152$,地球扁率摄动对轨道偏心率无长期影响,只有短周期波动影响。

根据上述修正的轨道参数进行仿真,使得初始时刻主动星在目标星正下方 55km 处。仿真时间:700000(约 8 天时间,交会三次),仿真步长:2s,目标星轨道参数和主动星轨道参数如表 2-9 所列。

表 2-9　轨道修正后的两星轨道参数

名称 \ 参数	a/m	e	$i/(°)$	$\Omega/(°)$	$\omega/(°)$	$\theta/(°)$
目标星	42165258	0.0005224	6.4954	63.8179	285.0568	74.9432
主动星	24547897	0.7152	63.43	63.8179	180	180

通过仿真,可以得到两星在 150km 内交会过程中视线距及其变化率如

图 2 – 11 和图 2 – 12 所示。

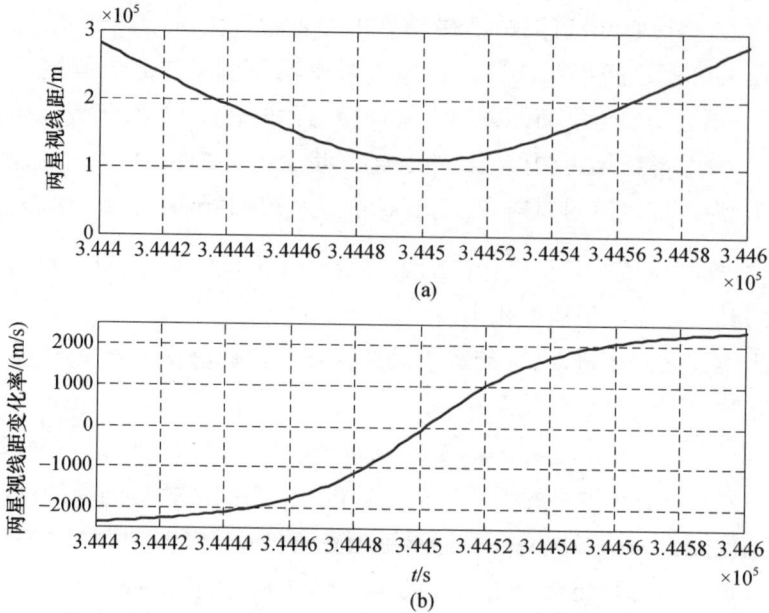

图 2 – 11　第二次交会两星视线距及其变化率

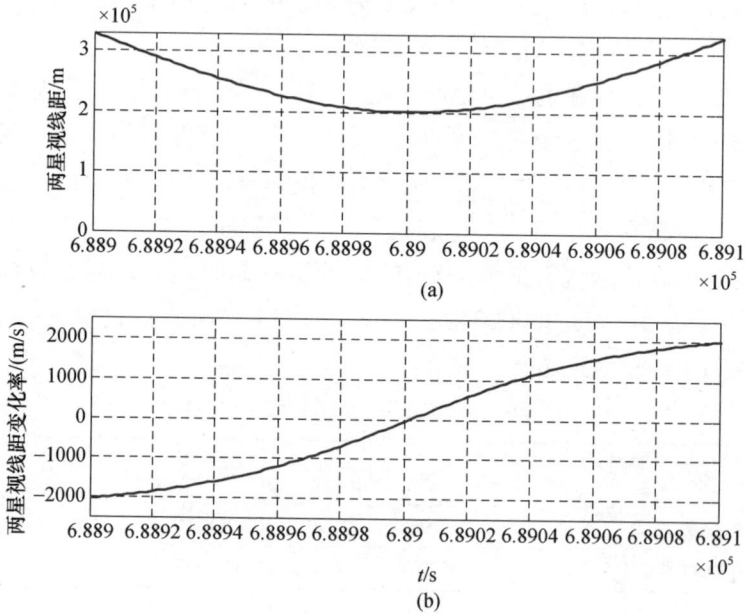

图 2 – 12　第三次交会两星视线距及其变化率

　　由图 2 - 11 和图 2 - 12 可以看出,第二次交会时,两星过捷点距离为
111km。第三次交会时,两星过捷点距离为 200km。由于轨道参数采用了理论
修正,第二次交会和第三次交会的过捷点距离分别为 111km 和 200km,距离设
计的 55km 过捷点距离有所差距。因此,在轨道参数理论修正的基础上,还要
进行手动修正,从而满足设计要求。

　　由于第二次交会时,当目标星到达赤道面时,主动星相位超前约 0.4°,没
有同时到达赤道面,并且由于目标星轨道倾角为 6.4954°,主动星轨道倾角为
63.43°,存在着较大的轨道倾角差,当两星存在着相位差时,过捷点距离实际
包含了出轨道面的距离,从而导致出现 110km 过捷点距离的情况。因此,可以
考虑通过增大半长轴,使主动星周期变长,使得目标星到达赤道面时,主动星
也尽可能地到达赤道面,从而达到在赤道面交会的目的,同时可以满足过捷点
距离的要求。表 2 - 10 为通过逐步增大半长轴,仿真得到的两次交会的距离
信息。

表 2 - 10　不同半长轴修正值情况下的过捷点距离

Δa/m	e	第一次交会过捷点距离 r_1/km	第二次交会过捷点距离 r_2/km
500	0.715205	54	96
1000	0.715210	53	81
1500	0.715216	52	68
2000	0.715222	51	57.8
2500	0.715228	50	51
3000	0.715234	49	49

　　由表 2 - 10 可知,当半长轴增大 2500m 时,第一次交会过捷点距离为
50km,第二次交会过捷点距离为 50.9km,交会时间为 110s。第三次交会时,两
星过捷点距离为 54km,交会时间为 110s。由此可知,通过对半长轴的修正可
以较好地改善访问轨道的性能,满足每次交会的过捷点距离要求。

　　3) 工程约束下的轨道参数修正

　　考虑到工程上跟瞄单机的指标约束,假设跟瞄单机视线角变化率范围为
-2°/s ~ +2°/s,视线距变化率范围: -2km/s ~ +2km/s。

（1）初步方法。

若在交会时主动星正好在目标星下方，可以保证在交会点两星相距最近，但这样会造成两星相对角度变化过大、过快，平台姿态控制系统很难跟踪上目标。当两星正好在远地点交会时，方位角 α 在交会点附近变化趋势如图 2－13 所示。

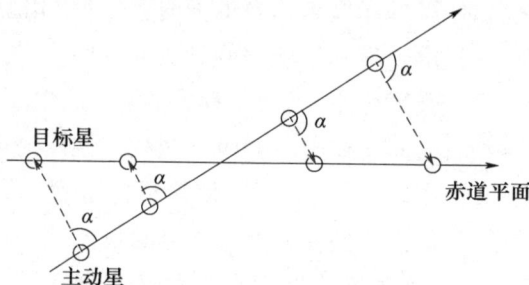

图 2－13　交会点附近方位角变化趋势

由图 2－13 可以看出，在交会前后由于两星速度成固定比例，所以方位角也成固定值，而交会瞬间时刻两星方位角有 180°的变化，其变化率也很大。

在交会点两星的高度角变化趋势如图 2－14 所示。

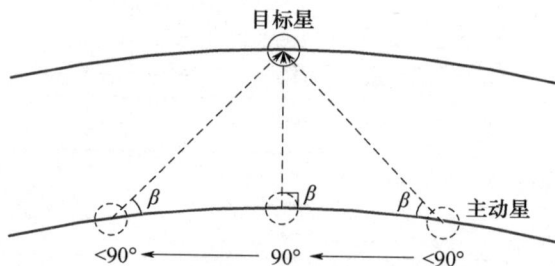

图 2－14　交会点附近高低角变化趋势

可以看出，在目标星正下方时高度角理论值为 90°，此时其变化率也很大。采用初始轨道根数如表 2－9 所列的一组仿真参数进行仿真，可知两星相距在 150km 以内，视线距变化率逐渐从 －2420m/s 变化到 2420m/s，交会时间为 112s；方位角从 －73°变化到 71°，方位角速度最大为 2.9°/s；高低角从 －4.2° 变化到 14.2°，高低角速度最大为 0.27°/s。视线距变化率和方位角角速度均超出了目前相对跟瞄设备和星体姿态控制的能力。

　　针对上述出现的问题分两种情况进行优化设计:一种是当主动星达到远地点时,使目标星的位置滞后一段距离;第二种是超前一段距离。这样可以较好地改善两星的方位角和俯仰角变化率,减小对姿控系统的压力。

　　(2) 目标星滞后方法。

　　交会过程原理如图 2 - 15 所示。由图 2 - 15 可知,由于主动星提前通过交会点,使得方位角的变化分布到了整个交会过程中,两星最小距离也相对增大,这样方位角变化率会明显减小。同时对于高低角,由于目标不会出现在主动星正上方,因此高低角变化范围会变小,相应其变化率也会减小。目标星滞后方法如图 2 - 16 所示。

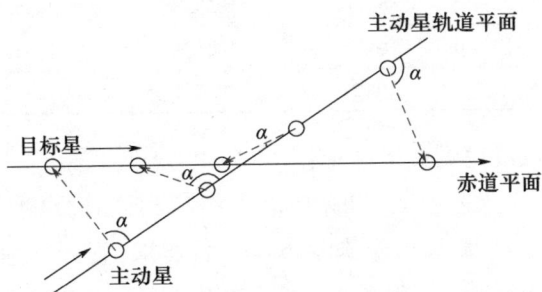

图 2 - 15　目标星滞后方法交会点附近方位角变化趋势

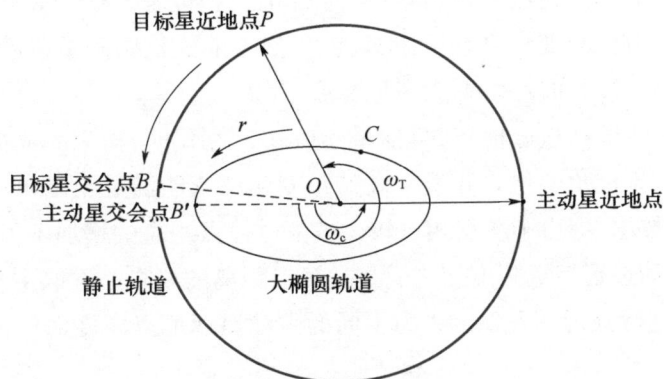

图 2 - 16　目标星滞后方法

　　通过选取不同的轨道倾角,可得到满足过捷点距离以及跟瞄单机性能要求的倾角。仿真结果如表 2 - 11 所列。

表 2 – 11　不同滞后相位、不同轨道倾角影响下的访问轨道性能

相位落后	主动星轨道倾角/(°)	过捷点距离/m	视线距变化率/(m/s)	最大方位角变化率/(°/s)	最大高低角变化率/(°/s)
0.1°	28.3	56.24	1660.8	8.3	1.28
	37.5	56.83	1864.8	7.58	1.33
	40.6	56.99	1941.9	7.55	1.37
0.2°	28.3	67.4	1660	2.47	0.62
	37.5	72.8	1863.68	2.25	0.558
	40.6	74.28	1940.7	2.24	0.551
0.3°	28.3	86.1	1658.7	1.45	0.33
	37.5	98.2	1861.8	1.32	0.27
	40.6	101.2	1938.8	1.31	0.26

由表 2 – 11 可以得到如下结论：

① 当主动星到达远地点，目标星落后 0.1° 相位时，对于不同的主动星轨道倾角，过捷点距离基本都能满足 55km 的要求，视线距变化率也能满足 –2km/s ~ +2km/s 的范围，但最大方位角变化率远远超出了跟瞄单机 –2°/s ~ +2°/s 的性能指标。

② 当主动星到达远地点，目标星落后 0.2° 相位时，对于不同的主动星轨道倾角，最大方位角变化率有所改善，但仍然不能满足跟瞄单机的性能指标，同时过捷点距离增加较大，不能满足要求。

③ 当主动星到达远地点，目标星落后 0.3° 相位时，对于不同的主动星轨道倾角，最大方位角变化率和最大高低角变化率都能满足跟瞄单机的视线角变化率范围要求，但由于落后相位较大带来过捷点距离的增加不可忽略，可以通过抬高主动星远地点高度使之满足过捷点距离的要求。选取主动星轨道倾角为 28.3° 进行分析。表 2 – 12 为不同的主动星远地点高度对应的访问轨道性能。

由表 2 – 12 可以看到，通过抬高远地点高度，可以有效改善过捷点距离，当主动星远地点高度低于目标星 15km 时，过捷点距离为 55.03km，最大视线距变化率为 1664.9m/s，最大方位角变化率为 1.81°/s，最大高低角变化率为 0.20°/s，均满足跟瞄单机的性能指标。

表 2-12　不同的主动星远地点高度影响下的访问轨道性能

主动星远地点低于目标星高度/km	过捷点距离/m	视线距变化率/(m/s)	最大方位角变化率/(°/s)	最大高低角变化率/(°/s)
55	86.1	1658.7	1.45	0.33
34	68.3	1662	1.62	0.31
24	60.8	1663.6	1.71	0.26
20	58.1	1664.2	1.76	0.24
15	55.03	1664.9	1.81	0.20
14	54.4	1665	1.82	0.19

为减小方位角变化率,对椭圆轨道的设计进行修改,使得主动星到达远地点时,目标星相位落后 0.3°,两星最近距离仍然为 55km。

此时两星相据在 150km 以内,视线距变化率逐渐从 -1664.9m/s 变化到 1664.9m/s。总时间为 168s。在 150km 以内,方位角从 203°变化到 63.8°,方位角速度最大为 1.81°/s;高低角从 5.6°变化到 16.5°,高低角速度最大为 0.2°/s。采用交会点滞后方法后,方位角角速度、角加速度较小,有利于相对跟瞄和星体姿态的正常运行。

(3) 目标星超前方法。

目标星超前交会过程原理如图 2-17 所示。

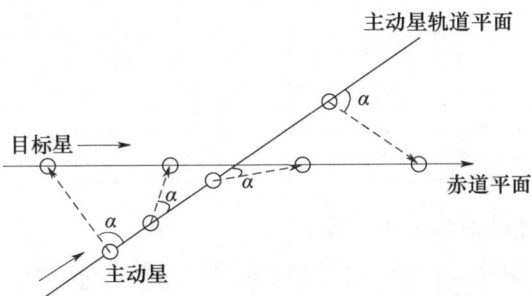

图 2-17　目标星超前方法交会点附近方位角变化趋势

同理,可以看出由于目标星提前通过交会点,使得方位角的变化分布到了整个交会过程中,两星最小距离也相对增大,这样方位角变化率会明显减小。同时对于高低角,由于目标不会出现在主动星正上方,因此高低角变化范围会变小,相应其变化率也会减小。目标星超前法如图 2 - 18 所示。

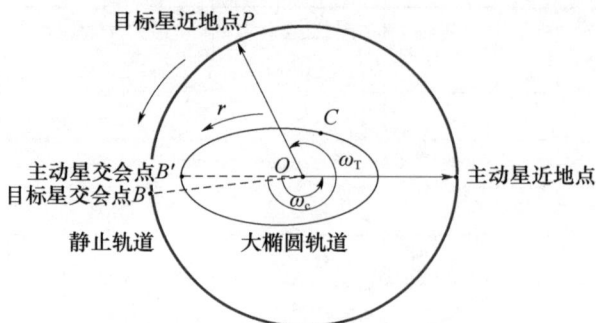

图 2 - 18　目标星超前方法

设计方法同目标星滞后方法。仿真结果如表 2 - 13 所列。

表 2 - 13　不同超前相位、不同轨道倾角影响下的访问轨道性能

	主动星 轨道倾角/(°)	过捷点 距离/m	视线距变化率 /(m/s)	最大方位角 变化率/(°/s)	最大高低角 变化率/(°/s)
相位 超前0.1°	19	61.7	1508	3.16	0.75
	28.3	69.8	1659	2.23	0.55
	37.5	76.3	1863	2.03	0.48
	40.6	77.9	1940	2.02	0.47
相位 超前0.2°	19	71.7	1507	1.93	0.47
	28.3	89.2	1658.4	1.36	0.29
	37.5	102.4	1861.5	1.24	0.24
	40.6	105.7	1938	1.23	0.23

由表 2 - 13 可以得到如下结论:

① 当主动星到达远地点,目标星超前 0.1° 相位时,对于不同的主动星轨道倾角,视线距变化率都能满足 -2km/s ~ +2km/s 的范围,但过捷点距离和最大方位角变化率超出了跟瞄单机 -2°/s ~ +2°/s 的性能指标。

② 当主动星到达远地点,目标星超前 0.2° 相位时,对于不同的主动星轨道倾角,最大方位角变化率有所改善,能够满足跟瞄单机的性能指标,但过捷点距离增加较大,不能满足要求,可以通过抬高主动星远地点高度使之满足过

捷点距离的要求。选取大椭圆轨道倾角为 28.3°进行分析。表 2 - 14 为不同的主动星远地点高度对应的访问轨道性能。

表 2 - 14　不同的主动星远地点高度影响系的访问轨道性能

主动星远地点低于目标星高度/km	过捷点距离/m	视线距变化率/(m/s)	最大方位角变化率/(°/s)	最大高低角变化率/(°/s)
55	89.2	1658.4	1.36	0.29
21	55.2	1411	1.7	0.24

可以看到，通过抬高远地点高度，可以有效改善过捷点距离，当主动星远地点高度低于目标星 21km 时，过捷点距离为 55.2km，最大视线距变化率为 1411m/s，最大方位角变化率为 1.7°/s，最大高低角变化率为 0.24°/s，均满足跟瞄单机的性能指标。远地点高度 35760km，近地点高度 596km，两星最近时相距 55km，且主动星到达远地点时，目标星相位超前 0.2°。

通过仿真可以看出，两星相距在 150km 以内，视线距变化率逐渐从 -1411m/s 变化到 1409.8m/s，总时间为 184s；方位角从 -134°变化到 6.1°，方位角速度最大为 1.7°/s；高低角从 9.5°变化到 23.8°，高低角速度最大为 0.24°/s。采用交会点超前方法后，方位角角速度、角加速度较小，有利于相对跟瞄和星体姿态的正常运行。

（4）方法比较。

对比前述的初步方法以及滞后和超前优化方法，对视线距变化率、视线角变化率和交会时间等指标进行对比，如表 2 - 15 所列。

表 2 - 15　交会方法指标对比

系统方法	视线距变化率/(m/s)	最大方位角变化率/(°/s)	最大高低角变化率/(°/s)	交会时间/s
初步方法	1660	12.8	1.4	167
滞后方法	1664.9	1.81	0.2	168
超前方法	1411	1.7	0.24	184

由表 2 - 15 可知，初步方法的最大视线角变化率为 12.8°/s，相对跟瞄设备无法实现对目标的视线跟踪；滞后方法和超前方法通过将交会点进行偏置，即使目标星的位置滞后或超前一段距离，视线距变化率基本没有改变，从目标

进入 150km 相对距离内的交会时间也变化不大,但最大方位角变化率和最大高低角变化率得到了明显减小,满足相对跟瞄设备 $-2°/s \sim +2°/s$ 的视线角变化率范围要求。因此,在视线稳定跟踪的情况下,相对跟瞄设备可以在姿态控制精度的范围内捕获到目标。通过比较滞后和超前两种方法的技术指标,宜采用目标星超前方法作为椭圆轨道的设计方法。

2.4.3 小倾角椭圆轨道设计

在冻结椭圆轨道设计任务中,当目标星运行 4 圈时,追踪星运行 9 圈后,可以实现和静止轨道卫星的锁定访问。此方法既能与静止轨道卫星锁定访问,又能兼顾低轨太阳同步轨道卫星的锁定访问。但由于 4 天实现与静止轨道的交会很难满足实际的任务要求,可选择一天实现与静止轨道的交会。此时椭圆轨道周期近似为 12h,两者周期比约为 2∶1。

1. 初始轨道设计

设静止轨道标称半长轴 $r = 42165.258$km,椭圆轨道远地点在椭圆轨道下方 55km,则椭圆轨道的远地点 $r_p = 42110.258$km。由于静止轨道卫星和椭圆轨道卫星的周期比为 2∶1,则大椭圆轨道卫星的半长轴 $a = 2^{-2/3} r = 26562.448$km,其近地点轨道高度约为 4642.38km,由椭圆轨道的远地点和半长轴可得偏心率 $e = (p - a)/a = 0.58533$。

地球静止轨道卫星的轨道倾角为 0°,为了方便与静止轨道交会任务,椭圆轨道倾角也选择为 0°。

为了保证主动航天器远地点在赤道面与目标航天器交会,两星取相同的升交点赤经 Ω,近地点幅角应为 0° 或 180°,而同步转移轨道近地点幅角一般为 180°,因此设计椭圆轨道卫星近地点幅角为 180°。

设计的两星的初始轨道根数如表 2-16 所列。

表 2-16 初始轨道根数

轨道根数	a/m	e	i/(°)	Ω/(°)	ω/(°)	θ/(°)
目标星	42165258	0.0005224	0	63.8179	285.0568	0
追踪星	26562448	0.58533	0	63.8179	180	94.4

2. 小倾角椭圆轨道漂移特性分析

通过对椭圆轨道漂移特性的分析可知,椭圆轨道涉及复杂的空间环境,可能受到地球非球形、大气阻力、日月引力、太阳光压等摄动因素的影响。其中地球扁率摄动是主要摄动因素,在轨道的长期漂移和短周期振动方面起决定作用。

大气阻力摄动只在 1000km 轨道高度以下对轨道运动有影响,由于椭圆轨道卫星近地点轨道高度约为 4642.38km,远大于 1000km,此时可忽略大气阻力的影响。

日月摄动和太阳光压摄动在高轨轨道量级接近 J_2 项摄动,对椭圆轨道有长期影响。而太阳光压摄动一般要比日月摄动小至少一个量级,在椭圆轨道任务中二者影响远小于 J_2 摄动。在此情况下,可以只考虑日月摄动以获得较为精确的设计结果。

综上,访问轨道设计中只考虑地球扁率摄动和日月摄动两方面的影响。

在 J_2 摄动影响下,椭圆轨道半长轴、偏心率和轨道倾角都呈现周期性变化,其中半长轴变化范围为 26555~26578km,变化幅度约为 23km;偏心率变化范围为 0.58518~0.58568,变化幅度约为 0.0005,由于偏心率变化很小,可忽略其影响;椭圆轨道升交点赤经在 120000s(约 1 天 9 小时)由 63.82° 减少到 63.64°;近地点幅角变化幅度则由 180° 增加到 180.33°。

因此在 J_2 项摄动下,椭圆轨道的半长轴、偏心率和轨道倾角都呈现周期性变化;小倾角的升交点赤经变化大,且会逐渐减少;近地点幅角变化幅度也比较大,且会逐渐增大。

3. 小倾角远地点交会时视线距和视线角度变化曲线

1)不考虑轨道摄动

设两星的初始轨道根数如表 2-16 所列,仿真时间取 120000s,不考虑任何摄动的影响,仿真得到两次交会时视线距及变化率如图 2-19 和图 2-20 所示。

由图 2-19 和图 2-20 可以看出,当两次交会过程中两星相距在 150km 以内时,视线距变化率逐渐从 -1022.6m/s 变化到 1020.6m/s,交会时间为 256s。根据初步设计的轨道参数,可以使主动星运行两圈与目标星交会一次,过捷点距离为 54km,均满足过捷点距离要求。

2)考虑 J_2 摄动

设两星的初始轨道根数如表 2-16 所列,仿真时间取 120000s(步长为

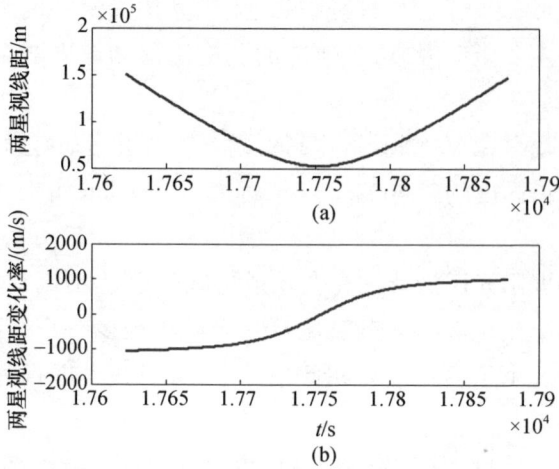

图 2-19 第一次交会两星视线距及其变化率

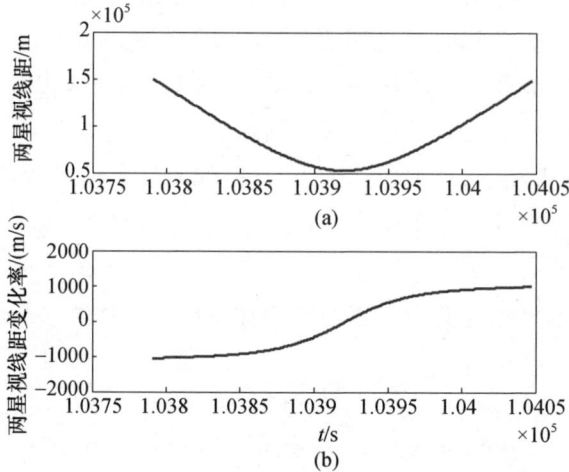

图 2-20 第二次交会两星视线距及其变化率

1s），对于地球静止轨道卫星和椭圆卫星而言，J_2 项是其主要摄动项，因此考虑在 J_2 项摄动下交会的视线距及变化率曲线。

由图 2-21~图 2-24 可以看出，第一次交会两星相距在 150km 以内时，视线距变化率逐渐从 -997m/s 变化到 994m/s，交会时间为 250s。且第一次交会时两星过捷点距离为 62km，与不加摄动的 55km 的过捷点距离相差较大，这是因为从开始到交会仿真时间由 J_2 项摄动所带来的影响。第二次交会两星相距在 150km 以内时，视线距变化率逐渐从 -1007m/s 变化到 1005m/s，交会时间为 252s。第二次交会时过捷点距离为 58.9km。

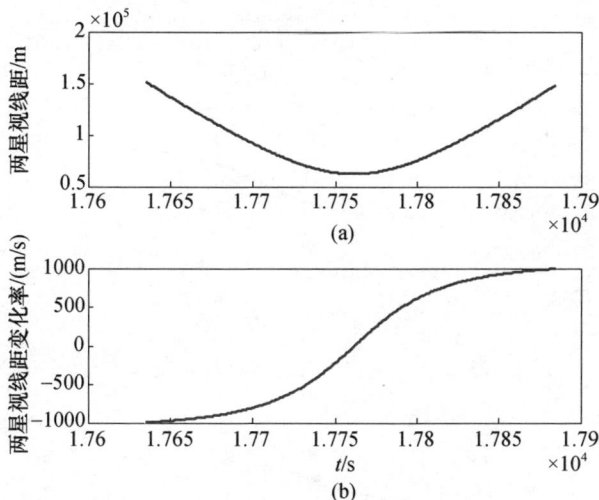

图 2-21　第一次交会时两星视线距及其变化率

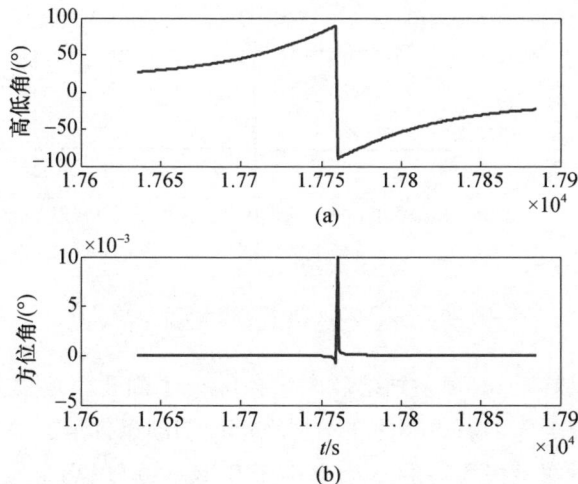

图 2-22　第一次交会两星高低角方位角变化

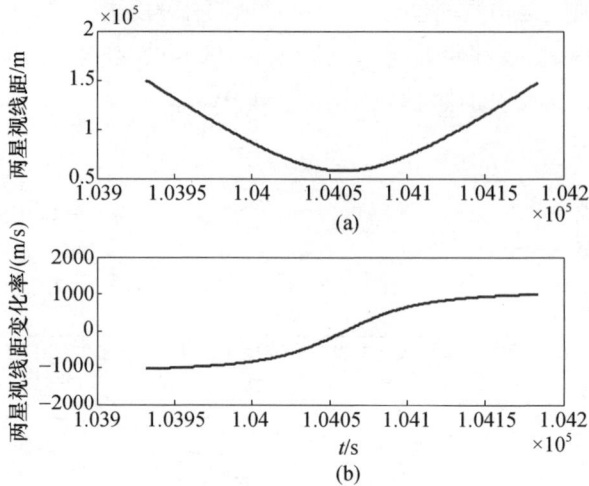

图 2 – 23　第二次交会时两星视线距及其变化率

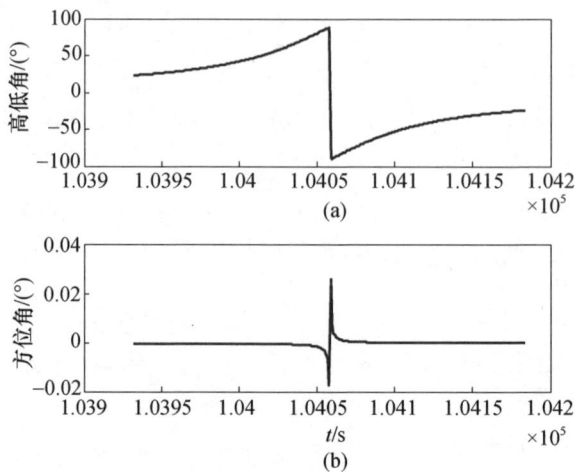

图 2 – 24　第二次交会时高低角、方位角变化

由此可知,从第一次交会到第二次交会的一个静止轨道周期内,J_2项摄动使过捷点距离减少 3.1km。因此在不加轨道控制的条件下,两星会逐渐靠近。

两次交会时两星视线角的变化率小于 0.1°/s,可以满足跟瞄设备视线角变化率要求。两星在两次交会时方位角几乎为零,高低角在 50°~90°,因此需要进行轨道预报,提前进行姿态调整使跟瞄设备能够跟瞄到目标星。

由于小倾角椭圆轨道与静止轨道卫星几乎共面,其交会时两星的相对视线距变化在 1000m/s 范围内,能够满足跟瞄特性的要求,此时无需采用目标星超前方法或滞后方法。但是每圈都要进行轨道修正,以满足过捷点距离约为 55km 的要求。

小倾角椭圆相对于冻结轨道椭圆而言,其相对视线距变化率和相对角速度变化率都有较大的变化,但是也存在轨道漂移问题,椭圆轨道的拱线会发生改变,难以实现对静止轨道的锁定访问。但是也可以利用漂移特性实现对高轨卫星的巡视,也可通过轨道机动来实现对固定静止轨道卫星的观测交会。

2.5　遍历高轨卫星的椭圆轨道交会策略

采用单颗椭圆轨道对同一圆轨道上多颗目标进行有效地接近和近距离观察,一般的解决方法是通过采用多次较大的空间机动及相对运动控制,以实现对目标航天器的交会。这种方法将会带来燃料消耗大、地面测控系统负担重等缺点。而通过改变椭圆的拱线实现对同面多颗卫星的依次交会,则目标卫星的燃料消耗会相对较少。

本节在单目标访问轨道设计的基础上,研究针对不同地球静止轨道目标遍历的轨道设计和控制问题。单颗访问器可以通过轨道机动,改变椭圆轨道的升交点赤经,即椭圆轨道的拱线,实现对多个目标的锁定访问,如图 2 - 25 所示。

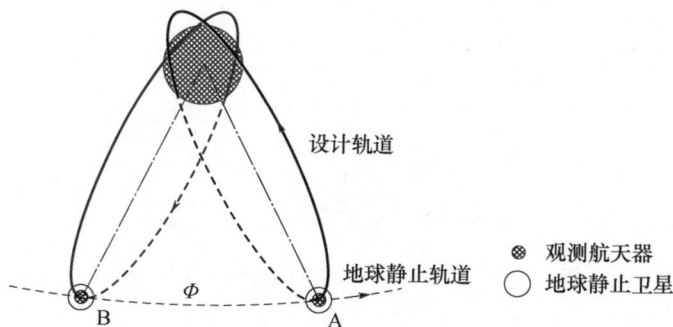

图 2 - 25　改变航天器远地点的经度位置

改变拱线有两种方法:一种是施加垂直于轨道面的速度增量改变升交点赤经;另一种是通过升降轨调相。

施加垂直于轨道面的速度增量改变升交点赤经的方法,是把施加的速度增量 Δv 看作摄动加速度 f 与时间间隔 Δt 的乘积,即 $\Delta v = f\Delta t$,则有如下摄动微分方程

$$\begin{cases} \Delta\Omega = \dfrac{1}{\sqrt{\mu p}\,\sin i}\,r\sin(\omega + \theta)\cdot\Delta v_{\text{h}} \\[4mm] \Delta i = \dfrac{1}{\sqrt{\mu p}}\,r\cos(\omega + \theta)\cdot\Delta v_{\text{h}} \end{cases} \qquad (2-33)$$

由式(2-33)可知,大幅改变升交点赤经所需速度增量 Δv_{h} 相当大,在实际工程中很难直接实现,并且也会引起其他轨道参数如轨道倾角的改变。

升降轨调相的方法是在近地点和远地点分别施加切向的速度增量 Δv_i 调整轨道半长轴实现相位的调整,该方法不改变轨道倾角 i 和近地点角 ω。如图2-26所示,轨道0为地球静止轨道,轨道3为访问航天器的工作轨道。经过 Δt 时间,访问器通过调相机动从 D 点转移到 H 点,期间静止轨道运行整圈数 N。其中轨道1为滞后调节转移轨道,轨道2为超前调节转移轨道。

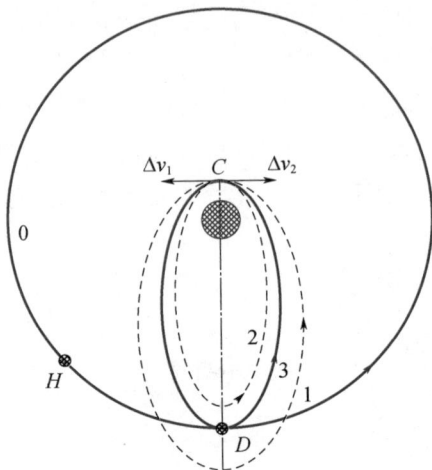

图2-26　改变航天器远地点的经度位置方法

仿真计算相位差为90°(目标星滞后)的两种调相转移轨道策略下,不同 N 取值所对应的椭圆轨道半长轴、椭圆轨道周期、交会时间及整个交会过程中所需要的速度增量(在图2-26中 Δv_1 和 Δv_2 之和),设目标星轨道半径为42165.8km,大椭圆轨道周期为目标星轨道周期的一半,如表2-17所列。

表 2 – 17　相位差为 90°时升轨和降轨调节机动仿真结果

圈数	升轨				降轨			
N	a_1/km	T/h	$\Delta t/\text{h}$	$\Delta v/(\text{m/s})$	a_1/km	T/h	$\Delta t/\text{h}$	$\Delta v/(\text{m/s})$
1	34807	17.95	29.92	460.79	21927	8.98	29.92	423.43
2	29438	13.96	53.86	191.67	24300	10.47	53.86	185.00
3	28305	13.16	77.79	121.10	25066	10.97	77.79	118.41
4	27813	12.82	101.73	88.52	25444	11.22	101.73	87.08
5	27538	12.63	125.66	69.76	25670	11.37	125.66	68.86
6	27362	12.51	149.60	57.56	25820	11.47	149.60	56.94
7	27240	12.43	173.54	49.99	25927	11.54	173.54	48.55
8	27150	12.37	197.47	42.64	26006	11.59	197.47	42.31
9	27081	12.32	221.40	37.75	26069	11.64	221.41	37.49
10	27027	12.28	245.34	33.87	26118	11.67	245.34	33.65

通过对比表 2 – 17 内数据可知,在相同机动时间条件下,使用轨道 2 超前调节所需速度增量较低。

类似上面的仿真,可以计算相位差为 45°(目标星滞后)的两种调相转移轨道策略下,不同 N 取值所对应的椭圆轨道半长轴、椭圆轨道周期、交会时间及整个交会过程中所需要的速度增量(图 2 – 26 中 Δv_1 和 Δv_2 之和),如表 2 – 18 所列。

表 2 – 18　相位差为 45°时升轨和降轨调节机动仿真结果

圈数	升轨				降轨			
N	a_1/km	T/h	$\Delta t/\text{h}$	$\Delta v/(\text{m/s})$	a_1/km	T/h	$\Delta t/\text{h}$	$\Delta v/(\text{m/s})$
1	30823	14.96	26.93	270.58	19418	7.48	26.93	745.00
2	28019	12.97	50.86	102.28	23129	9.72	50.86	296.09
3	27441	12.57	74.80	63.07	24300	10.47	74.80	185.00
4	27192	12.40	98.74	45.60	24876	10.85	98.74	134.55
5	27052	12.30	122.67	35.70	25217	11.07	122.67	105.73
6	26964	12.24	146.61	29.34	25444	11.22	146.61	87.08
7	26902	12.20	170.54	24.90	25605	11.33	170.54	74.02
8	26857	12.17	194.48	21.63	25726	11.41	194.48	64.37
9	26823	12.14	218.41	19.12	25820	11.47	218.41	56.94
10	26795	12.13	242.35	17.13	25894	11.52	242.35	51.06

通过对比表 2 – 18 内数据可知,在相同机动时间条件下,使用轨道 1 滞后调节所需速度增量较低。

对于相位差为 –45°(目标星超前)的两种调相转移轨道策略,不同 N 取值所对应的椭圆轨道半长轴、椭圆轨道周期、交会时间及整个交会过程中所需要的速度增量(图 2 – 26 中 Δv_1 和 Δv_2 之和),如表 2 – 19 所列。

表 2 – 19   相位差为 –45°时升轨和降轨调节机动仿真结果

圈数	升轨					降轨				
N	a_1/km	T/h	Δt/h	Δv/(m/s)	N_1	a_1/km	T/h	Δt/h	Δv/(m/s)	N_1
1	—	—	—	—	—	21927	8.98	20.94	423.43	1
2	36715	19.45	50.86	536.62	2	2.5066	10.97	44.88	118.41	3
3	31842	15.71	74.80	324.00	4	25670	11.37	68.82	68.86	5
4	30135	14.46	98.74	232.31	6	25927	11.54	92.75	48.55	7
5	29262	13.84	122.67	181.11	8	26069	11.64	116.69	37.49	9
6	28733	13.46	146.61	148.42	10	26159	11.70	140.62	30.53	11
7	28377	13.21	170.54	125.73	12	26221	11.74	164.56	25.75	13
8	28121	13.04	194.48	109.06	14	26267	11.77	188.49	22.27	15
9	27929	12.90	218.41	96.29	16	26302	11.79	212.43	19.62	17
10	27779	12.80	242.35	86.20	18	26329	11.81	236.37	17.53	19

在表 2 – 19 中,N 表示调整前的圈数,N_1 表示调整后的圈数。通过对比可以发现相同机动时间的条件下,使用轨道 1 滞后调节所需速度增量较低。

通过对不同相位差的仿真,可知在目标星滞后情况下,当两星相位差较大时,使用轨道 2 超前调节所需速度增量较低;当两星相位差较小时,使用轨道 1 滞后调节所需速度增量较低。在目标量超前情况下结论则相反。

参 考 文 献

[1] 卢山,徐帷,武海雷. 一种大椭圆轨道卫星交会高轨卫星期间的高精度视线跟踪姿态控制方法[C]. 全国第十六届空间及运动体控制技术学术会议,2014:288 – 293.

[2] 施梨,张世杰,叶松. 大椭圆星载轨道预报系统设计[J]. 航天控制,2010,28(6):43 – 48.

[3] 卢山,徐世杰. 卫星远距离伴飞的变结构控制[J]. 航天控制,2007,25(6):56 – 61.

[4] Hoots F R,Roehrich R L. Spacetrack report No. 3[C]. AIAA /AAS Astrodynamics Special-

ist Conference,2006:1984 – 2071.

[5] 蒙波,韩潮. 高精度航天器轨道预报仿真软件的研制[J]. 计算机仿真,2008,25(1):62 – 65,73.

[6] 孟占峰. 地月转移轨道的 Vinti 多圆锥截线轨道预报方法[J]. 科技导报,2008,26(4):47 – 51.

[7] Bettis D G. A runge – kutta nystrom algorithm[C]. Conference on Celestial Mechanics,1972:229 – 233.

[8] Rim H J,Schutz B E,Webb C. Orbit maintenance and characteristics for a sar satellite[C]. AIAA/AAS Astrodynamics Specialist Conference and Exhibit,1998:AIAA – 98 – 4394.

[9] 杨维廉. 太阳同步回归轨道的长期演变与控制[J]. 航天器工程,2008,17(2):26 – 30.

[10] Soop E M. Handbook of Geostationary Orbit[M]. Dordrecht:Kluwer Academic,Publishers,1994.

第 3 章
椭圆轨道编队构型设计

▶**3.1　引言**

　　在第 2 章中,我们结合实例介绍了面向不同任务需求的大椭圆轨道设计方法,这些方法针对的都是单颗星的运行轨道。本章我们将介绍在椭圆轨道上多颗星进行编队飞行时的轨道设计方法,即编队飞行的相对构型设计方法。

　　与圆轨道编队不同,椭圆轨道上轨道角速度是时变的,动力学方程是时变的微分方程,因此椭圆轨道编队构型设计相比于圆轨道要复杂得多。从代数法方面分析,圆轨道 C－W 方程中不存在时变量,因此只要初始相对运动状态满足编队条件,不考虑摄动影响的情况下会保持该状态不变,而椭圆轨道相对运动方程存在时变量,相对位置是和真近点角一一对应的,因此形成编队的条件较苛刻;从几何法方面分析,对圆轨道而言,航天器运行角速度不变,两航天器的真近点角之差保持不变,只需要调整其他几个轨道根数差值即可,而椭圆轨道上主动星和目标星的真近点角之差随时间不断变化,采用相对轨道根数分析要复杂得多,因此有必要研究椭圆轨道上编队构型的设计问题。

　　代数法以两航天器绝对位置矢量描述的基本运动方程为基础,通过假设和简化处理,在坐标系中建立相对运动模型;几何法编队构型设计是以经典轨道根数差值表示的相对运动方程为基础。本章分别从代数法和几何法两种方法出发,设计椭圆轨道编队构型。

首先基于代数法推导出基于运动学方程的适合任意偏心率参考轨道的相对运动模型,并给出在无摄动条件下两星相对运动轨迹呈稳定的周期性空间封闭曲线的初始条件,以及绕飞和伴飞的编队构型设计。然后基于几何法给出椭圆轨道精确相对运动模型和适用于近距离编队的一阶近似相对运动模型,在此基础上分别设计直线、圆和椭圆三种典型编队构型。

▶ 3.2　基于代数法的编队构型设计

✍ 3.2.1　相对动力学方程

1. 坐标系定义

建立轨道动力学的模型,需要描述目标星和主动星在空间的位置、速度矢量信息。因此,必须要选用合适的空间参考坐标系。

1）J2000 地心惯性坐标系 S_i

坐标系原点定义在地球质心,x 轴指向 J2000.0 平春分点,z 轴指向 J2000.0 平天极,y 轴与 x、z 轴构成右手坐标系。

2）质心轨道坐标系 S_o

原点在卫星质心,z 轴沿径向指向地球,x 轴垂直于 z 轴且沿速度方向,y 轴符合右手定则,即沿轨道面负法线方向。

2. 相对轨道动力学

考虑如下在 J2000 地心惯性坐标系下的绝对轨道动力学方程,即

$$\begin{cases} \dfrac{\mathrm{d}v_x}{\mathrm{d}t} = -\dfrac{\mu}{r^3}x + f_x, \ \dfrac{\mathrm{d}x}{\mathrm{d}t} = v_x \\[2mm] \dfrac{\mathrm{d}v_y}{\mathrm{d}t} = -\dfrac{\mu}{r^3}y + f_y, \ \dfrac{\mathrm{d}y}{\mathrm{d}t} = v_y \\[2mm] \dfrac{\mathrm{d}v_z}{\mathrm{d}t} = -\dfrac{\mu}{r^3}z + f_z, \ \dfrac{\mathrm{d}z}{\mathrm{d}t} = v_z \\[2mm] r = (x^2 + y^2 + z^2)^{1/2} \end{cases} \quad (3-1)$$

式中:x、y、z 为航天器的位置分量;v_x、v_y、v_z 为航天器的速度分量;f_x、f_y、f_z 为航天器所受的各种扰动力加速度以及主动控制力加速度;μ 为地球引力常数。

在目标星轨道坐标系中,两星的相对运动方程的矢量表示形式为

$$\frac{d^2 \Delta \boldsymbol{r}}{dt^2} = \frac{d^2 \boldsymbol{r}_c}{dt^2} - \frac{d^2 \boldsymbol{r}_t}{dt^2} = -\frac{\mu}{r_c^3} \boldsymbol{r}_c + \frac{\mu}{r_t^3} \boldsymbol{r}_t + \boldsymbol{u} \qquad (3-2)$$

式中:$\boldsymbol{r}_t$ 和 $\boldsymbol{r}_c$ 分别为目标星和主动星相对地球的位置矢量;$\Delta \boldsymbol{r}$ 为主动星相对于目标星的位置矢量;$\boldsymbol{u}$ 为主动星的控制加速度;μ 为地球引力常数。

将式(3-2)在目标星轨道坐标系中展开,可得到精确的两星相对动力学方程为

$$\begin{cases} \ddot{x} - 2\dot{\theta}\dot{z} - \ddot{\theta}z - \dot{\theta}^2 x = -\dfrac{\mu x}{[(r_t - z)^2 + y^2 + x^2]^{3/2}} + u_x \\[4mm] \ddot{y} = -\dfrac{\mu y}{[(r_t - z)^2 + y^2 + x^2]^{3/2}} + u_y \\[4mm] \ddot{z} + 2\dot{\theta}\dot{x} + \ddot{\theta}x - \dot{\theta}^2 z = \dfrac{\mu(r_t - z)}{[(r_t - z)^2 + y^2 + x^2]^{3/2}} - \dfrac{\mu}{r_t^2} + u_z \end{cases} \qquad (3-3)$$

式中:$\dot{\theta}$ 为目标星真近点角的角速度;$\ddot{\theta}$ 为其角加速度;x、y、z 为主动星相对于目标星的位置坐标。

由于两航天器相对距离与目标星的地心距相比是小量,故可以将引力项线性化,保留一阶小量,即可得到 Lawden 方程,其具体表达形式为

$$\begin{cases} \ddot{x} - \ddot{\theta}z - \dot{\theta}^2 x - 2\dot{\theta}\dot{z} + \mu x/r_t^3 = u_x \\[3mm] \ddot{y} + \mu y/r_t^3 = u_y \\[3mm] \ddot{z} - \dot{\theta}^2 z + \ddot{\theta}x + 2\dot{\theta}\dot{x} - 2\mu z/r_t^3 = u_z \end{cases} \qquad (3-4)$$

式(3-4)即为 Lawden 方程。方程中 $\dot{\theta}$ 和 $\ddot{\theta}$ 可以根据目标星的轨道偏心率和地心距得到

$$\dot{\theta} = \sqrt{\frac{\mu(1 + e\cos\theta)}{r_t^3}}, \quad \ddot{\theta} = -2\frac{\dot{r}_t \dot{\theta}}{r_t} \qquad (3-5)$$

上述 Lawden 方程是在时域内对相对轨道动力学方程进行推导得到的,由于基于时域的相对轨道动力学方程比较复杂,且目标星轨道角速度和地心距

是关于真近点角的函数,不便于伴飞构型设计及控制律的设计,可将时域状态空间表达式转换成真近点角域的形式。转换方程如下式所示,即

$$(\dot{\bullet}) = (\bullet)'\dot{\theta}, (\ddot{\bullet}) = (\bullet)''\dot{\theta}^2 + \ddot{\theta}\dot{\theta}'(\bullet)' \qquad (3-6)$$

其中$(\dot{\ })$以时间为变量,$(\ )'$以真近点角为变量。转换后的表达式变为

$$\begin{bmatrix} v(\theta) \\ a(\theta) \end{bmatrix} = \begin{bmatrix} \boldsymbol{\Phi}_{vv}(\theta) & \boldsymbol{\Phi}_{va}(\theta) \\ \boldsymbol{\Phi}_{av}(\theta) & \boldsymbol{\Phi}_{aa}(\theta) \end{bmatrix} \begin{bmatrix} x(\theta) \\ v(\theta) \end{bmatrix} + \begin{bmatrix} \boldsymbol{B}_1(\theta) \\ \boldsymbol{B}_2(\theta) \end{bmatrix} u(\theta) \qquad (3-7)$$

式中:

$$\boldsymbol{\Phi}_{vv}(\theta) = \begin{bmatrix} 0 & 0 & 0 \\ 0 & 0 & 0 \\ 0 & 0 & 0 \end{bmatrix}, \boldsymbol{\Phi}_{va}(\theta) = \begin{bmatrix} 1 & 0 & 0 \\ 0 & 1 & 0 \\ 0 & 0 & 1 \end{bmatrix} \qquad (3-8)$$

$$\boldsymbol{\Phi}_{av}(\theta) = \begin{bmatrix} \dfrac{e\cos\theta}{1 + e\cos\theta} & 0 & -\dfrac{2e\sin\theta}{1 + e\cos\theta} \\ 0 & \dfrac{-1}{1 + e\cos\theta} & 0 \\ \dfrac{2e\sin\theta}{1 + e\cos\theta} & 0 & \dfrac{3 + e\cos\theta}{1 + e\cos\theta} \end{bmatrix} \qquad (3-9)$$

$$\boldsymbol{\Phi}_{aa}(\theta) = \begin{bmatrix} \dfrac{2e\sin\theta}{1 + e\cos\theta} & 0 & 2 \\ 0 & \dfrac{2e\sin\theta}{1 + e\cos\theta} & 0 \\ -2 & 0 & \dfrac{2e\sin\theta}{1 + e\cos\theta} \end{bmatrix} \qquad (3-10)$$

$$\boldsymbol{B}_1(\theta) = \begin{bmatrix} 0 & 0 & 0 \\ 0 & 0 & 0 \\ 0 & 0 & 0 \end{bmatrix}, \boldsymbol{B}_2(\theta) = \dfrac{(1 - e^2)^3}{(1 - e\cos\theta)^4 n^2} \begin{bmatrix} 1 & 0 & 0 \\ 0 & 1 & 0 \\ 0 & 0 & 1 \end{bmatrix} \qquad (3-11)$$

式(3-7)为基于真近点角域的 T-H 方程,可用于描述任何偏心率情况下的相对轨道动力学方程。可以看出,轨道平面内(x, z)的运动和轨道平面外$(y$方向$)$的运动是解耦的。式(3-7)的解析解为[1]

$$\begin{cases} x(\theta) = \left[d_1 + \dfrac{d_4}{1 + e\cos\theta} + 2d_2 eH(\theta)\right] + \sin\theta\left[\dfrac{d_3}{1 + e\cos\theta} + d_3\right] + \\ \qquad\qquad \cos\theta\left[d_1 e + 2d_2 e^2 H(\theta)\right] \\ y(\theta) = -\sin(\theta)\dfrac{d_5}{1 + e\cos\theta} - \cos(\theta)\dfrac{d_6}{1 + e\cos\theta} \\ z(\theta) = -\sin(\theta)\left[d_1 e + 2d_2 e^2 H(\theta)\right] + \cos\theta\left[\dfrac{d_2 e}{(1 + e\cos\theta)^2} + d_3\right] \end{cases} \quad (3-12)$$

对式(3-12)求导可得

$$\begin{cases} \dot{x}(\theta) = \left[-\dfrac{d_4 e\sin\theta}{(1 + e\cos(\theta))^2} + 2d_2 e\dot{H}(\theta)\right] + d_3\cos\theta\dfrac{2 + e\cos\theta}{1 + e\cos\theta} + \\ \qquad\quad \dfrac{d_3 e\sin^2\theta}{(1 + e\cos\theta)^2} - \sin\theta(ed_1 + 2d_2 H(\theta)) + 2d_2 e^2\cos(\theta)\dot{H}(\theta) \\ \dot{y}(\theta) = -\dfrac{d_5(e + \cos\theta)}{(1 + e\cos\theta)^2} + \dfrac{d_6\sin\theta}{(1 + e\cos\theta)^2} \\ \dot{z}(\theta) = -\cos\theta\left[d_1 e + 2d_2 e^2 H(\theta)\right] - 2\sin\theta d_2 e^2\dot{H}(\theta) - \\ \qquad\quad \sin\theta\left\{\dfrac{d_2 e}{(1 + e\cos(\theta))^2} + d_3\right\} + \cos\theta\left\{\dfrac{2d_2 e^2\sin\theta}{(1 + e\cos(\theta))^3}\right\} \end{cases} \quad (3-13)$$

式中:d_i 为积分常数,与初始条件有关;$H(\theta)$ 为非周期项,是引起非周期性相对运动的主要因素,其表达式为

$$H(\theta) = \int_{\theta_0}^{\theta_t} \frac{\cos\theta}{(1 + e\cos\theta)^3}\mathrm{d}\theta$$

$$= -(1 - e^2)^{-5/2}\left[\frac{3Ee}{2} - (1 + e^2)\sin E + \frac{e}{2}\sin E\cos E + d_H\right] \quad (3-14)$$

$$\cos E = \frac{E + \cos\theta}{1 + e\cos\theta} \quad (3-15)$$

式中:E 为偏近点角。式(3-12)与式(3-13)用于描述任意偏心率情况下,两星自然相对运动轨迹表达式和相对速度表达式。从表达式中可见,用于描述椭圆轨道相对运动的表达式非常复杂,式中除了含有周期项外,还含有长期项和非周期项,因而相对运动轨迹也比较复杂。

☑ 3.2.2 周期性相对运动

从3.2.1节的推导分析可得,若式(3-12)和式(3-13)中含 $H(\theta)$ 的项不

为 0,两星的自然相对运动不是周期性运动,因而有必要研究两星自然相对运动为周期性运动的条件。

令真近点角为 0,由式(3－12)和式(3－13)可以得到[2]

$$\begin{cases} x(0) = (1+e)d_1 + \dfrac{1}{(1+e)}d_4,\ y(0) = -\dfrac{d_6}{(1+e)},\ z(0) = \dfrac{e}{(1+e)^2}d_2 + d_3 \\[2mm] x'(0) = \dfrac{2e}{(1+e)^2}d_2 + \dfrac{(2+e)}{(1+e)}d_3,\ y'(0) = -\dfrac{d_5}{(1+e)},\ z'(0) = -ed_1 \end{cases}$$

$$(3-16)$$

由式(3－16)可以解得

$$\begin{bmatrix} d_1 \\ d_2 \\ d_3 \\ d_4 \\ d_5 \\ d_6 \end{bmatrix} = \begin{bmatrix} 0 & 0 & 0 & 0 & 0 & -\dfrac{1}{e} \\ 0 & 0 & -\dfrac{(2+e)(1+e)^2}{e^2} & \dfrac{(1+e)^3}{e^2} & 0 & 0 \\ 0 & 0 & \dfrac{2(1+e)}{e} & -\dfrac{(1+e)}{e} & 0 & 0 \\ (1+e) & 0 & 0 & 0 & 0 & \dfrac{(1+e)^2}{e} \\ 0 & 0 & 0 & 0 & -(1+e) & 0 \\ 0 & -(1+e) & 0 & 0 & 0 & 0 \end{bmatrix} \begin{bmatrix} x(0) \\ y(0) \\ z(0) \\ x'(0) \\ y'(0) \\ z'(0) \end{bmatrix}$$

$$(3-17)$$

为了研究方便,式(3－17)化为

$$\begin{bmatrix} d_1 \\ d_2 \\ d_3 \\ d_4 \\ d_5 \\ d_6 \end{bmatrix} = \begin{bmatrix} 0 & 0 & 0 & 0 & 0 & \omega_{16} \\ 0 & 0 & \omega_{23} & \omega_{24} & 0 & 0 \\ 0 & 0 & \omega_{33} & \omega_{34} & 0 & 0 \\ \omega_{41} & 0 & 0 & 0 & 0 & \omega_{46} \\ 0 & 0 & 0 & 0 & \omega_{55} & 0 \\ 0 & \omega_{62} & 0 & 0 & 0 & 0 \end{bmatrix} \begin{bmatrix} x(0) \\ y(0) \\ z(0) \\ x'(0) \\ y'(0) \\ z'(0) \end{bmatrix} \qquad (3-18)$$

同理,令式(3－14)和式(3－15)中真近点角为 2π,可得

$$
\begin{bmatrix} x(2\pi) \\ y(2\pi) \\ z(2\pi) \\ x'(2\pi) \\ y'(2\pi) \\ z'(2\pi) \end{bmatrix} =
\begin{bmatrix}
(1+e) - \dfrac{6\pi e^2(1+e)}{(1-e^2)^{5/2}} & 0 & \dfrac{1}{(1+e)} & 0 & 0 \\[2mm]
0 & 0 & 0 & 0 & 0 & -\dfrac{1}{(1+e)} \\[2mm]
0 & \dfrac{e}{(1+e)^2} & 1 & 0 & 0 & 0 \\[2mm]
0 & \dfrac{2e}{(1+e)^2} & \dfrac{(2+e)}{(1+e)} & 0 & 0 & 0 \\[2mm]
0 & 0 & 0 & 0 & -\dfrac{1}{(1+e)} & 0 \\[2mm]
-e & -\dfrac{6\pi e^3(1+e)}{(1-e^2)^{5/2}} & 0 & 0 & 0 & 0
\end{bmatrix}
\begin{bmatrix} d_1 \\ d_2 \\ d_3 \\ d_4 \\ d_5 \\ d_6 \end{bmatrix}
$$

$$(3-19)$$

记作

$$
\begin{bmatrix} x(2\pi) \\ y(2\pi) \\ z(2\pi) \\ x'(2\pi) \\ y'(2\pi) \\ z'(2\pi) \end{bmatrix} =
\begin{bmatrix}
p_{11} & p_{12} & 0 & p_{14} & 0 & 0 \\
0 & 0 & 0 & 0 & 0 & p_{26} \\
0 & p_{32} & p_{33} & 0 & 0 & 0 \\
0 & p_{42} & p_{43} & 0 & 0 & 0 \\
0 & 0 & 0 & 0 & p_{55} & 0 \\
p_{61} & p_{62} & 0 & 0 & 0 & 0
\end{bmatrix}
\begin{bmatrix} d_1 \\ d_2 \\ d_3 \\ d_4 \\ d_5 \\ d_6 \end{bmatrix}
$$

$$(3-20)$$

式(3-18)代入式(3-20)可以得到

$$
\begin{bmatrix} x(2\pi) \\ y(2\pi) \\ z(2\pi) \\ x'(2\pi) \\ y'(2\pi) \\ z'(2\pi) \end{bmatrix} =
\begin{bmatrix}
p_{14}\omega_{41} & 0 & p_{12}\omega_{23} & p_{12}\omega_{24} & 0 & p_{11}\omega_{16}+p_{14}\omega_{46} \\
0 & p_{26}\omega_{62} & 0 & 0 & 0 & 0 \\
0 & 0 & p_{32}\omega_{23}+p_{33}\omega_{33} & p_{32}\omega_{24}+p_{33}\omega_{34} & 0 & 0 \\
0 & 0 & p_{42}\omega_{23}+p_{43}\omega_{33} & p_{42}\omega_{24}+p_{43}\omega_{34} & 0 & \\
0 & 0 & 0 & 0 & p_{55}\omega_{55} & 0 \\
0 & 0 & p_{62}\omega_{23} & p_{62}\omega_{24} & 0 & p_{61}\omega_{16}
\end{bmatrix}
\begin{bmatrix} x(0) \\ y(0) \\ z(0) \\ x'(0) \\ y'(0) \\ z'(0) \end{bmatrix}
$$

$$(3-21)$$

将 $p_{11} \sim p_{66}$ 及 $\omega_{11} \sim \omega_{66}$ 的值代入,可以得到

$$\begin{bmatrix} x(2\pi) \\ y(2\pi) \\ z(2\pi) \\ x'(2\pi) \\ y'(2\pi) \\ z'(2\pi) \end{bmatrix} = \begin{bmatrix} 1 & 0 & p_{12}\omega_{23} & p_{12}\omega_{24} & 0 & 0 \\ 0 & 1 & 0 & 0 & 0 & 0 \\ 0 & 0 & 1 & 0 & 0 & 0 \\ 0 & 0 & 0 & 1 & 0 & 0 \\ 0 & 0 & 0 & 0 & 1 & 0 \\ 0 & 0 & p_{62}\omega_{23} & p_{62}\omega_{24} & 0 & 1 \end{bmatrix} \begin{bmatrix} x(0) \\ y(0) \\ z(0) \\ x'(0) \\ y'(0) \\ z'(0) \end{bmatrix} \qquad (3-22)$$

根据运动方程的解析式可以得出,如果两航天器之间存在周期性的运动,则两个航天器保持封闭轨迹的条件为

$$\begin{cases} x(2\pi) = x(0) \\ z'(2\pi) = z'(0) \end{cases} \qquad (3-23)$$

由式(3-19)~式(3-23)可以得到

$$\frac{x'(0)}{z(0)} = -\frac{\omega_{23}}{\omega_{24}} = -\frac{2+e}{1+e} \qquad (3-24)$$

式(3-24)即为两航天相对运动轨迹为封闭曲线所必须满足的条件,$x'(0)$为目标星真近点角为0时,x方向上两航天器的相对速度;$z(0)$为目标星真近点角为0时,z方向上两航天器的相对位置。

把式(3-24)代入式(3-17)可以得到$d_2 = 0$,则式(3-12)化为

$$\begin{cases} x(\theta) = \left[d_1 + \dfrac{d_4}{1+e\cos\theta} \right] + \sin\theta \left[\dfrac{d_3}{1+e\cos\theta} + d_3 \right] + ed_1\cos\theta \\ y(\theta) = -\sin(\theta)\dfrac{d_5}{1+e\cos\theta} - \cos(\theta)\dfrac{d_6}{1+e\cos\theta} \\ z(\theta) = -ed_1\sin(\theta) + d_3\cos\theta \end{cases} \qquad (3-25)$$

式(3-13)化为

$$\begin{cases} \dot{x}(\theta) = -\dfrac{ed_4\sin\theta}{(1+e\cos\theta)^2} + d_3\cos\theta\dfrac{2+e\cos\theta}{1+e\cos\theta} + \dfrac{d_3e\sin^2\theta}{(1+e\cos\theta)^2} - ed_1\sin\theta \\ \dot{y}(\theta) = -\dfrac{d_5(e+\cos\theta)}{(1+e\cos\theta)^2} + \dfrac{d_6\sin\theta}{(1+e\cos\theta)^2} \\ \dot{z}(\theta) = -ed_1\cos\theta - d_3\sin\theta \end{cases}$$

$$(3-26)$$

当$e = 0$时,上式条件等同于时间域下的$\dot{x}_0 = 2z_0 n$,这与基于 C-W 方程推导的圆形参考轨道编队飞行的周期性运动条件相同。

式(3-25)和式(3-26)为描述参考轨道为椭圆轨道自然伴飞的位置、速度数学表达式,这两个表达式满足两星相对运动为周期性运动、相对运动轨迹为封闭曲线的条件。从这两个表达式可以看出,椭圆轨道相对运动轨迹是关于目标星的真近点角的函数,真近点角与相对运动轨迹上的点是一一对应的,这也说明了进入自然伴飞时目标星的真近点角一定的情况下,主动星只有到达这个真近点角相对应的相对轨迹上的点,并满足此真近点角对应的相对位置、速度条件,才能进入稳定的自然伴飞。由此可见,在椭圆轨道下形成自然伴飞的条件非常苛刻。这是椭圆轨道自然伴飞轨迹与圆轨道自然伴飞的不同点之一,因为圆轨道目标星的真近点角与相对运动轨迹不是一一对应的,因而圆轨道下形成自然伴飞的条件比较宽松。

☑ 3.2.3 相对运动轨迹特性分析

与圆参考轨道的相对轨迹不同,当椭圆参考轨道编队飞行卫星满足周期性运动条件时,相对运动轨迹并不是某一固定类型的空间曲线,这使得椭圆参考轨道编队飞行的模态较参考轨道为圆形时更为复杂。二体条件下椭圆参考轨道两航天器间相对运动轨迹演变为空间扭曲曲线,呈现出更加丰富的形状特性,且仅在特殊情况下才能得到平面规则轨迹。

y 方向的运动方程和 z 方向的运动方程可以变为[2]

$$\begin{cases} y(\theta) = -r_y \sin(\theta + \beta)/(1 + e\cos\theta) \\ z(\theta) = r_z \cos(\theta + \alpha) \end{cases} \qquad (3-27)$$

式中:

$$\begin{cases} r_y = \sqrt{d_5^2 + d_6^2} \\ \sin\beta = d_6 / \sqrt{d_5^2 + d_6^2} \\ \cos\beta = d_5 / \sqrt{d_5^2 + d_6^2} \\ r_z = \sqrt{d_1^2 e^2 + d_3^2} \\ \sin\alpha = d_1 e / \sqrt{d_1^2 e^2 + d_3^2} \\ \cos\alpha = d_3 / \sqrt{d_1^2 e^2 + d_3^2} \end{cases} \qquad (3-28)$$

从上述表达式可以判断出主动星 z 方向的运动必然经过 $z=0$ 点,在 y 方向的运动必然经过 $y=0$ 点。但是沿 x 方向的运动较为复杂,由于 x 方向的运动存在常值漂移项,所以 x 方向的相对运动不是必然围绕原点的,而可能具有一定的平移量。当该平移量到达一定的数值时,x 方向的相对运动轨迹就会全部位于原点的一侧,而不是在原点的两侧正负交替的振荡,这样就可以实现在目标星后方的长期伴飞。

当积分常数 d_i 变化时,对应着相应的初始条件的变化,相对轨迹的空间形状变化表现为"转动"、"扭转"和"平移"。在轨道平面内,d_2 与相对运动的周期性有关,d_1 和 d_4 与 x 向相对运动的中心位置有关,而 d_1 和 d_3 与轨道面内相对运动轨迹的形状有关,d_5 和 d_6 与轨道面外的运动有关。

⊠ 3.2.4 绕飞构型设计

1. 斜三角形绕飞构型

从构型表达式可以证明:

(1) 当 $d_1 = 0$ 时,$z(\theta) = z(2\pi - \theta)$,且 $z(0) \neq 0$,$z(\pi) \neq 0$ 为极值点,$[z(0) + z(\pi)]/2 = 0$、$z(\pi/2) = z(3\pi/2) = 0$。封闭曲线在 z 方向的最大距离为 $2|d_3|$。

(2) 当 $d_6 = 0$ 时,$y(\theta) = -y(2\pi - \theta)$,$y(\pi/2) + y(3\pi/2) = 0$,$y(0) + y(\pi) = 0$,通过求导可得满足下列方程的 θ 处存在极值:

$$d_5(e + \cos\theta) = 0 \tag{3-29}$$

即当 $\theta = \arccos(-e)$,封闭曲线在 y 方向上取到最大值,最大距离为 $2\left| d_5 \dfrac{\sin(\theta)}{1 + e\cos\theta} \right|$。

(3) 当 $d_1 = d_4 = 0$ 时,$x(\theta) = -x(2\pi - \theta)$,$x(0) = x(\pi) = 0$,通过求导可得满足下列方程的 θ 处存在极值:

$$e^2 \cos^3\theta + 2e\cos^2\theta + 2\cos\theta + e = 0 \tag{3-30}$$

(4) 当 $d_1 = d_2 = d_4 = d_6 = 0$ 时,两星相对运动轨迹变为

$$\begin{cases} x(\theta) = d_3\sin\theta \dfrac{2 + e\cos\theta}{1 + e\cos\theta} \\ y(\theta) = -d_5 \dfrac{\sin\theta}{1 + e\cos\theta} \\ z(\theta) = d_3\cos\theta \end{cases} \tag{3-31}$$

速度表达式变为

$$
\begin{cases}
\dot{x}(\theta) = d_3\cos\theta\dfrac{2 + e\cos\theta}{1 + e\cos\theta} + \dfrac{d_3 e\sin^2\theta}{(1 + e\cos\theta)^2} \\[4mm]
\dot{y}(\theta) = -\dfrac{d_5(e + \cos\theta)}{(1 + e\cos\theta)^2} \\[4mm]
\dot{z}(\theta) = -d_3\sin\theta
\end{cases}
\tag{3-32}
$$

取 $d_3 = 450$，$d_5 = 730$，通过仿真可得在目标星轨道系下的构型图如图 3 - 1 所示。

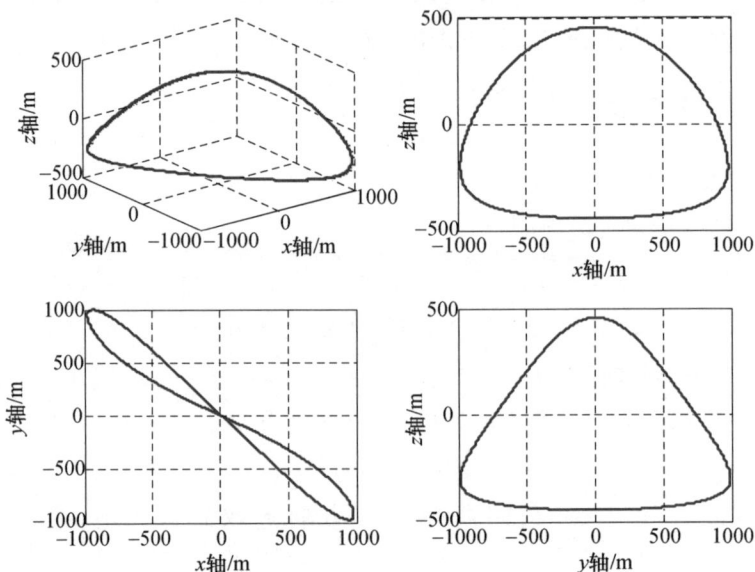

图 3 - 1 斜三角形绕飞构型

从图 3 - 1 可以看到，在满足 $d_1 = d_2 = d_4 = d_6 = 0$，$d_3 = 450$，$d_5 = 730$ 的条件下，两星绕飞所形成的空间相对轨迹的空间构型为斜三角形，绕飞相对轨迹在 $x - z$ 平面和在 $y - z$ 平面的投影为不规则的椭圆，在平面 $x - y$ 的投影为倾斜的 8 字。

2. 空间 8 字形绕飞构型

从构型表达式可以证明：

（1）当 $d_1 = 0$ 时，$z(\theta) = z(2\pi - \theta)$，且 $z(0) \neq 0$、$z(\pi) \neq 0$ 为极值点，$z(0) + z(\pi) = 0$，$z(\pi/2) + z(3\pi/2) = 0$。封闭曲线 z 方向的最大距离为 $2|d_3|$。

（2）当 $d_5 = 0$ 时，$y(\theta) = y(2\pi - \theta)$，且 $y(0) \neq 0$，$y(\pi) \neq 0$ 为极值点，$y(\pi/2) = y(3\pi/2) = 0$，封闭曲线在 y 正方向上的最大距离为 $d_6/(1 - e)$，负方向上

的最大距离为 $d_6/(1+e)$，可见 y 轴方向运动轨迹是不对称的。

（3）当 $d_1 = d_4 = 0$ 时，$x(\theta) = -x(2\pi-\theta)$，$x(0) = x(\pi) = 0$，满足下列方程的 θ 处存在极值：

$$e^2\cos^3\theta + 2e\cos^2\theta + 2\cos\theta + e = 0 \tag{3-33}$$

（4）当 $d_1 = d_2 = d_4 = d_5 = 0$ 时，两星相对运动轨迹变为

$$\begin{cases} x(\theta) = d_3\sin\theta\dfrac{2+e\cos\theta}{1+e\cos\theta} \\[2mm] y(\theta) = -d_6\dfrac{\cos\theta}{1+e\cos\theta} \\[2mm] z(\theta) = d_3\cos\theta \end{cases} \tag{3-34}$$

速度表达式变为

$$\begin{cases} \dot{x}(\theta) = d_3\cos\theta\dfrac{2+e\cos\theta}{1+e\cos\theta} + \dfrac{d_3 e\sin^2\theta}{(1+e\cos\theta)^2} \\[3mm] \dot{y}(\theta) = -\dfrac{d_6\sin\theta}{(1+e\cos\theta)^2} \\[3mm] \dot{z}(\theta) = -d_3\sin\theta \end{cases} \tag{3-35}$$

取 $d_3 = 450$，$d_6 = 320$，通过仿真可得构型图如图 3-2 所示。

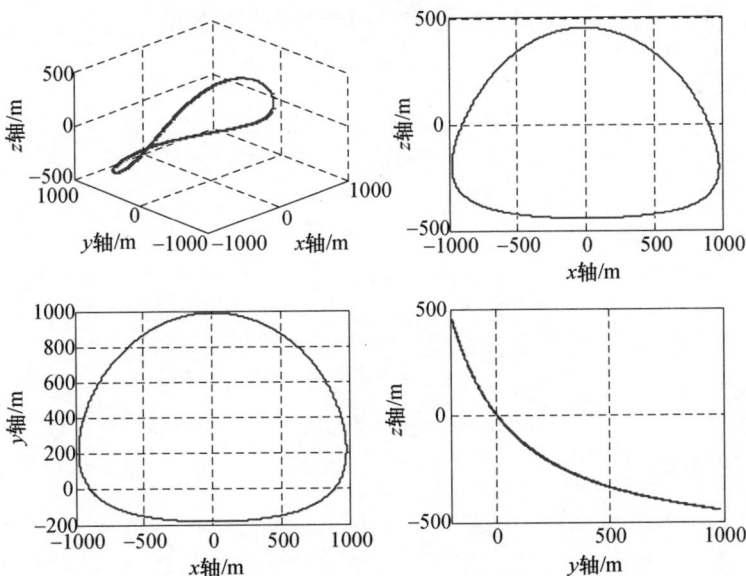

图 3-2　8 字形绕飞构型

从图 3 - 2 可以看到,在满足 $d_1 = d_2 = d_4 = d_5 = 0, d_3 = 450, d_6 = 320$ 的条件下,两星绕飞所形成的空间相对轨迹的空间构型为 8 字,绕飞相对轨迹在 $x - z$ 平面和在 $x - y$ 平面的投影为不规则的椭圆,在 $y - z$ 平面的投影为双曲线的一部分。

☑ 3. 2. 5 伴飞构型设计

1. 斜三角形伴飞构型

从构型表达式可以证明:

(1) 当 $d_3 = 0$ 时,$z(\theta) = -z(2\pi - \theta)$,且 $z(\pi/2) \neq 0$、$z(3\pi/2) \neq 0$ 为极值点,$z(\pi/2) + z(3\pi/2) = 0, z(0) + z(\pi) = 0, z$ 方向的最大距离为 $2|d_1 e|$。

(2) 当 $d_6 = 0$ 时,$y(\theta) = -y(2\pi - \theta), y(\pi/2) + y(3\pi/2) = 0, y(0) + y(\pi) = 0$,通过求导可得满足下列方程的 θ 处存在极值:

$$d_5(e + \cos\theta) = 0 \qquad\qquad (3 - 36)$$

即当 $\theta = \arccos(-e)$,封闭曲线在 y 方向上取到最大值,最大距离为 $2\left| d_5 \dfrac{\sin(\theta)}{1 + e\cos\theta} \right|$。

(3) 当 $d_3 = d_4 = 0$ 时,$x(\theta) = x(2\pi - \theta), x(0) = d_1 + d_1 e$、$x(\pi) = d_1 - d_1 e$ 为极值点,$x(\pi/2) = x(3\pi/2) = d_1$。

(4) 当 $d_2 = d_3 = d_4 = d_6 = 0$ 时,两星相对运动轨迹变为

$$\begin{cases} x(\theta) = d_1 + d_1 e\cos\theta \\[2mm] y(\theta) = -d_5 \dfrac{\sin\theta}{1 + e\cos\theta} \\[2mm] z(\theta) = -d_1 e\sin\theta \end{cases} \qquad (3 - 37)$$

速度表达式变为

$$\begin{cases} \dot{x}(\theta) = -d_1 e\sin\theta \\[2mm] \dot{y}(\theta) = -\dfrac{d_5(e + \cos\theta)}{(1 + e\cos\theta)^2} \\[2mm] \dot{z}(\theta) = -d_1 e\cos\theta \end{cases} \qquad (3 - 38)$$

轨道平面内有

$$\left(\frac{x - d_1}{d_1 e} \right)^2 + \left(\frac{z}{d_1 e} \right)^2 = 1 \qquad (3 - 39)$$

即相对运动轨迹是中心在 $(d_1, 0)$,半径为 $|d_1 e|$ 的圆。

取 $d_1 = -1000, d_5 = 730$，通过仿真可得构型图如图 3 - 3 所示。

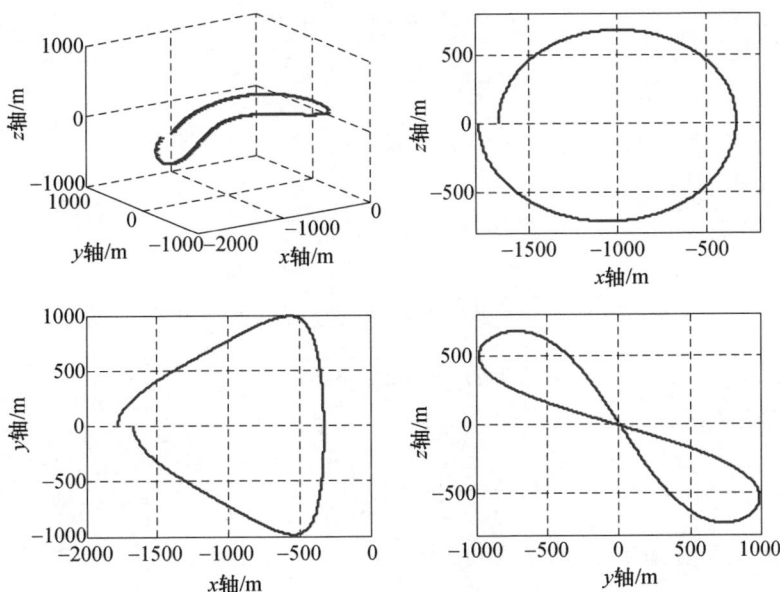

图 3 - 3　斜三角形伴飞构型

从图 3 - 3 可以看到，在满足 $d_2 = d_3 = d_4 = d_6 = 0, d_1 = -1000, d_5 = 730$ 的条件下，伴飞所形成的空间相对轨迹为斜三角形，伴飞相对轨迹在平面 $y - z$ 的投影为倾斜的 8 字，在 $x - z$ 平面和在 $x - y$ 平面的投影为不规则的椭圆，该椭圆在 x 方向是不闭合的，这是由于 T - H 方程省略掉的非线性项带来了长期漂移。

2. 8 字形伴飞构型

从构型表达式可以证明：

(1) 当 $d_3 = 0$ 时，$z(\theta) = -z(2\pi - \theta)$，且 $z(\pi/2) \neq 0$、$z(3\pi/2) \neq 0$ 为极值点，$z(\pi/2) + z(3\pi/2) = 0, z(0) + z(\pi) = 0, z$ 方向的最大距离为 $2|d_1 e|$。

(2) 当 $d_5 = 0$ 时，$y(\theta) = y(2\pi - \theta)$，且 $y(0) \neq 0, y(\pi) \neq 0$ 为极值点，$y(\pi/2) = y(3\pi/2) = 0$，封闭曲线在 y 正方向上的最大距离为 $d_6/(1 - e)$，负方向上的最大距离为 $d_6/(1 + e)$，可见 y 轴方向运动轨迹是不对称的。

(3) 当 $d_3 = d_4 = 0$ 时，$x(\theta) = x(2\pi - \theta)$，$x(0) = d_1 + d_1 e$、$x(\pi) = d_1 - d_1 e$ 为极值点，$x(\pi/2) = x(3\pi/2) = d_1$。

（4）当 $d_3 = d_4 = d_5 = 0, d_1 = d_6 \neq 0$ 时，两星相对运动轨迹变为

$$
\begin{cases}
x(\theta) &= d_1 + d_1 e\cos\theta \\
y(\theta) &= -d_6 \dfrac{\cos\theta}{1 + e\cos\theta} \\
z(\theta) &= -d_1 e\sin\theta
\end{cases}
\tag{3-40}
$$

速度表达式变为

$$
\begin{cases}
\dot{x}(\theta) &= -d_1 e\sin\theta \\
\dot{y}(\theta) &= \dfrac{d_6\sin\theta}{(1 + e\cos\theta)^2} \\
\dot{z}(\theta) &= -d_1 e\cos\theta
\end{cases}
\tag{3-41}
$$

轨道平面内有

$$
\left(\frac{x - d_1}{d_1 e}\right)^2 + \left(\frac{z}{d_1 e}\right)^2 = 1
\tag{3-42}
$$

即相对运动轨迹是中心在 $(d_1, 0)$，半径为 $| d_1 e |$ 的圆。

取 $d_1 = -1000, d_6 = 320$，通过仿真可得构型图如图 3-4 所示。

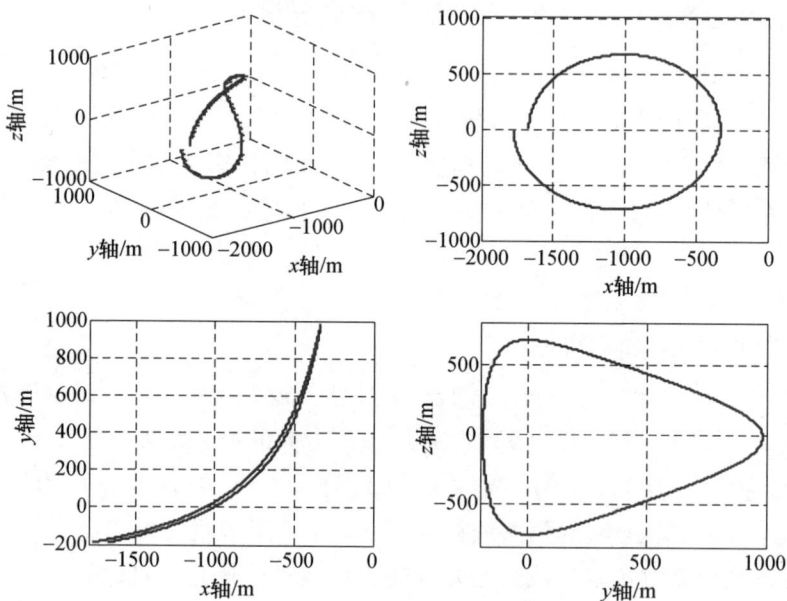

图 3-4　8 字形伴飞构型

从图 3 - 4 可以看到,在满足 $d_2 = d_3 = d_4 = d_5 = 0, d_1 = -1000, d_6 = 320$ 的条件下,伴飞所形成的空间相对轨迹为 8 字形,绕飞相对轨迹在 $x - y$ 平面的投影为双曲线的一部分, $x - z$ 平面和在 $y - z$ 平面的投影为不规则的椭圆,轨迹在 x 方向上也是不闭合的。

从伴飞结果来看,两种伴飞构型在伴飞开始一个周期后,追踪星 x 轴的漂移距离已经超过了 100m。发生漂移的原因,从理论上分析,主要是 T - H 方程经过了线性化处理,省略了相对距离的高阶小量,而非线性项存在着长期漂移项、常值偏移项和周期项,因此会产生比较大的误差。

绕飞或伴飞构型与积分常数 $d_i(i = 1,2,3,4,5,6)$ 的取值有着密切的关系,而这些积分常数是取决于初始条件,所以可以通过调整积分常数来改变伴飞构型。如果采用绕飞构型,卫星在绕飞过程中不能进入以目标星中心为原点、以目标星最大包络为半径的圆形安全区域内,控制时多了一个约束条件,增加了任务的复杂性;如果采用伴飞构型,在非线性项的影响下相对运动轨迹不闭合,曲线沿速度方向长期漂移。

研究表明相对运动轨迹具有如下特性:

(1) 在满足一定条件下,相对轨迹运动具有周期性,在不考虑摄动情况下,绕飞构型不会发散,呈稳定的周期性空间封闭曲线,但伴飞构型由于线性化带来的误差会发散。

(2) 相对运动在轨道面内的两方向上的运动相互耦合,与轨道面外的相对运动是解耦的。

(3) 由于参考轨道为椭圆,相对运动轨迹关于时间存在不均匀性。

3.3　基于几何法的编队构型设计

3.3.1　精确相对运动模型

定义主动星质心轨道坐标系 S_{oc},其原点 O 位于主动星中心, x 轴与主动星地心矢量重合, z 轴沿轨道平面正法线方向,即与动量矩矢量一致。 y 轴在轨道平面内,垂直于 x 轴,且指向运动方向为正。

图 3 - 5 中,以地心 O 为中心的单位球为地心天球,主动星 C 和目标星 T 的单位球面投影分别为 C' 和 T', r_c 和 r_t 分别为主动星、目标星的地心位置矢

量,$\boldsymbol{\rho}$ 和 $\boldsymbol{\rho}'$ 分别为两者间及其投影间相对位置矢量。以主动星轨道坐标系 $\boldsymbol{S}_{oc}$ 为参考坐标系,研究两星投影相对位置矢量 $\boldsymbol{\rho}'$ 的变化规律[3]。

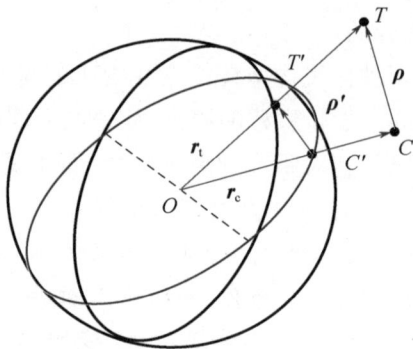

图 3-5 单位球面相对矢量投影

设地心赤道惯性坐标系到主动星、目标星地心轨道坐标系的转移矩阵分别为 $\boldsymbol{M}_I^C$ 和 $\boldsymbol{M}_I^T$,形式如下

$$\boldsymbol{M}_I^C = \boldsymbol{R}_Z(u_c)\boldsymbol{R}_X(i_c)\boldsymbol{R}_Z(\Omega_c) \tag{3-43}$$

$$\boldsymbol{M}_I^T = \boldsymbol{R}_Z(u_t)\boldsymbol{R}_X(i_t)\boldsymbol{R}_Z(\Omega_t) \tag{3-44}$$

其中 $\boldsymbol{R}_m(\theta)$ 表示绕 m 轴转过角度 θ 的初等转换矩阵,具体表达式为

$$\boldsymbol{R}_X(\theta) = \begin{pmatrix} 1 & 0 & 0 \\ 0 & \cos\theta & \sin\theta \\ 0 & -\sin\theta & \cos\theta \end{pmatrix},$$

$$\boldsymbol{R}_Z(\theta) = \begin{pmatrix} \cos\theta & \sin\theta & 0 \\ -\sin\theta & \cos\theta & 0 \\ 0 & 0 & 1 \end{pmatrix} \tag{3-45}$$

当不考虑摄动及主动控制因素时,投影相对位置矢量 $\boldsymbol{\rho}'$ 表示如下

$$\begin{pmatrix} x' \\ y' \\ z' \end{pmatrix} = \boldsymbol{M}_I^C (\boldsymbol{M}_I^T)^{\mathrm{T}} \begin{pmatrix} 1 \\ 0 \\ 0 \end{pmatrix} - \begin{pmatrix} 1 \\ 0 \\ 0 \end{pmatrix} \tag{3-46}$$

式中:$[x',y',z']^{\mathrm{T}}$ 为投影矢量 $\boldsymbol{\rho}'$ 在坐标系 $\boldsymbol{S}_{oc}$ 中的分量列阵。在对主动星、目标星间相对距离未作任何近似的前提下,相对运动方程进一步整理为[4]

$$
\begin{cases}
\begin{aligned}
x' = & -1 + \cos^2\frac{i_c}{2}\cos^2\frac{i_t}{2}\cos(\Delta u + \Delta\Omega) + \sin^2\frac{i_c}{2}\sin^2\frac{i_t}{2}\cos(\Delta u - \Delta\Omega) + \\
& \sin^2\frac{i_c}{2}\cos^2\frac{i_t}{2}\cos(2u_c + \Delta u + \Delta\Omega) + \cos^2\frac{i_c}{2}\sin^2\frac{i_t}{2}\cos(2u_c + \Delta u - \Delta\Omega) + \\
& \frac{1}{2}\sin i_c \sin i_t[\cos\Delta u - \cos(2u_c + \Delta u)] \\
y' = & \cos^2\frac{i_c}{2}\cos^2\frac{i_t}{2}\sin(\Delta u + \Delta\Omega) + \sin^2\frac{i_c}{2}\sin^2\frac{i_t}{2}\sin(\Delta u - \Delta\Omega) - \\
& \sin^2\frac{i_c}{2}\cos^2\frac{i_t}{2}\sin(2u_c + \Delta u + \Delta\Omega) - \cos^2\frac{i_c}{2}\sin^2\frac{i_t}{2}\sin(2u_c + \Delta u - \Delta\Omega) + \\
& \frac{1}{2}\sin i_c \sin i_t[\sin\Delta u + \sin(2u_c + \Delta u)] \\
z' = & -\sin i_c \sin\Delta\Omega\cos(u_c + \Delta u) - (\sin i_c \cos i_t \cos\Delta\Omega - \cos i_c \sin i_t)\sin(u_c + \Delta u)
\end{aligned}
\end{cases}
$$

$$(3-47)$$

式(3-47)是未经过任何近似简化的两航天器相对运动方程,其中,
$\sigma_c(a_c, e_c, i_c, \Omega_c, \omega_c, f_c)$ 和 $\sigma_t(a_t, e_t, i_t, \Omega_t, \omega_t, f_t)$ 分别表示主动星、目标星六个经典轨道根数——半长轴、偏心率、倾角、升交点赤经、近地点纬度幅角和真近点角;u_c 和 u_t 表示纬度幅角,且 $u_c = \omega_c + f_c$,$u_t = \omega_t + f_t$;$\Delta\sigma(\Delta a, \Delta e, \Delta i, \Delta\Omega, \Delta\omega, \Delta f)$ 表示两航天器相对轨道根数,且 $\Delta a = a_t - a_c$、$\Delta e = e_t - e_c$、$\Delta i = i_t - i_c$、$\Delta\Omega = \Omega_t - \Omega_c$、$\Delta\omega = \omega_t - \omega_c$ 和 $\Delta f = f_t - f_c$,相对纬度幅角满足 $\Delta u = u_t - u_c = \Delta\omega + \Delta f$。

真实相对位置矢量 $\boldsymbol{\rho}$ 与投影相对位置 $\boldsymbol{\rho}'$ 满足关系式 $\boldsymbol{\rho} = r_t \cdot \boldsymbol{\rho}' + (r_t - r_c)\boldsymbol{I}$,且 $\boldsymbol{I} = [1 \quad 0 \quad 0]^T$,则真实相对位置矢量 $\boldsymbol{\rho}$ 表示为

$$
\begin{cases}
x = r_t(1 + x') - r_c \\
y = r_t y' \\
z = r_t z'
\end{cases}
\tag{3-48}
$$

式中:$[x \quad y \quad z]^T$ 为矢量 $\boldsymbol{\rho}$ 在主动星质心坐标系中的分量列阵;r_c 和 r_t 分别为主动星、目标星的地心距。

从相对运动方程中可以看出,与代数法描述的相对运动不同,几何法推导得到的方程的全部子项都具备周期性,不含有非周期项,这是因为在几何法推导过程中没有经过任何简化,而代数法是基于线性化处理过的 Lawden 方程推

导得到的。

下面推导主动星、目标星间的相对速度关系。根据旋转坐标系矢量导数公式 $\dfrac{\mathrm{d}\boldsymbol{\rho}}{\mathrm{d}t}=\dfrac{\mathrm{d}'\boldsymbol{\rho}}{\mathrm{d}t}+\boldsymbol{\omega}\times\boldsymbol{\rho}$，可得参考坐标系中两航天器单位球面投影间相对速度矢量 $\boldsymbol{v}'$ 如下[3]：

$$\begin{pmatrix} \dot{x}' \\ \dot{y}' \\ \dot{z}' \end{pmatrix} = \frac{v_{ut}}{r_t}\cdot M_I^C\,(M_I^T)^{\mathrm{T}} \begin{pmatrix} 0 \\ 1 \\ 0 \end{pmatrix} - \frac{v_{uc}}{r_c}\cdot \begin{pmatrix} 0 \\ 1 \\ 0 \end{pmatrix} - \begin{pmatrix} 0 & -\omega & 0 \\ \omega & 0 & 0 \\ 0 & 0 & 0 \end{pmatrix} \begin{pmatrix} x' \\ y' \\ z' \end{pmatrix} \quad (3-49)$$

式中：v_{uc} 和 v_{ut} 分别为主动星、目标星沿航向速度分量，其表达式为

$$v_{uc} = \sqrt{\frac{\mu}{p_c}}(1 + e_c\cos f_c),\; v_{ut} = \sqrt{\frac{\mu}{p_t}}(1 + e_t\cos f_t) \qquad (3-50)$$

$\boldsymbol{v}$ 为主动星、目标星真实相对速度矢量，v_{rc} 和 v_{rt} 分别为主动星、目标星沿径向速度分量，其表达式为

$$v_{rc} = \sqrt{\frac{\mu}{p_c}}e_c\sin f_c,\; v_{rt} = \sqrt{\frac{\mu}{p_t}}e_t\sin f_t \qquad (3-51)$$

真实相对速度矢量 $\boldsymbol{v}$ 表达式如下

$$\begin{cases} \dot{x} = r_t\dot{x}' + v_{rt}x' + v_{rt} - v_{rc} \\ \dot{y} = r_t\dot{y}' + v_{rt}y' \\ \dot{z} = r_t\dot{z}' + v_{rt}z' \end{cases} \qquad (3-52)$$

式(3-48)和式(3-52)即为二体条件下椭圆轨道主动星、目标星间的完整相对运动模型。该模型未对主动星、目标星间相对距离及参考轨道偏心率引入任何近似，理论上属精确相对运动方程，可用于任意偏心率参考轨道上任意相对距离航天器间相对运动的高精度仿真。

⚔ 3.3.2　一阶近似相对运动模型

精确相对运动模型的高精度导致模型展开式相对复杂，很难直接用于编队构型设计。可以将精确模型中主动星真近点角 f_c 按偏心率 e_c 进行级数展开，得到满足不同任务偏心率要求的近似模型；另外，保留主动星、目标星相对距离的一阶或二阶项，简化精确模型，可得满足不同任务相对距离要求的近似

模型。因为一阶近似模型主要用来研究近距离编队飞行,而二阶近似模型更多用于远距离编队飞行。针对本书的研究重点,我们仅在下面内容中研究相对距离的一阶近似,得到一阶近似相对运动模型。

根据椭圆轨道运动的基本关系式[5],保留相对轨道根数的一阶小量,可以将相对运动方程简化为如下一阶近似相对运动模型[6]

$$
\begin{cases}
x = \dfrac{r_c}{a_c}\Delta a - a_c \cos f_c \Delta e + \dfrac{a_c e_c}{\sqrt{1-e_c^2}} \sin f_c \Delta M \\[3mm]
y = r_c \left[\dfrac{\sin f_c}{1-e_c^2}(2 + e_c \cos f_c)\Delta e + \cos i_c \Delta\Omega + \Delta\omega + \left(\dfrac{a_c}{r_c}\right)^2 \sqrt{1-e_c^2}\Delta M \right] \\[3mm]
z = r_t(\sin u_t \Delta i - \sin i_c \cos u_t \Delta\Omega)
\end{cases}
$$

$$(3-53)$$

从航天器相对于主航天器的三个方向速度分量分别为

$$
\begin{cases}
\dot{x} = -\dfrac{v_{rc}}{2a_c}\Delta a + \sqrt{\dfrac{\mu}{a}}\left(\dfrac{a_c}{r_c}\right)^2\left[\sin f_c\sqrt{1-e_c^2}\Delta e + e_c\cos f_c\Delta M\right] \\[3mm]
\dot{y} = -\dfrac{3v_{uc}}{2a_c}\Delta a + \dfrac{\Delta e}{1-e_c^2}\{v_{rt}\sin f_c(2+e_c\cos f_c) + v_{uc}[2\cos f_c(1+e_c\cos f_c)-e_c]\} + \\[3mm]
\qquad v_{rt}(\cos i_c\Delta\Omega + \Delta\omega) + \dfrac{a_c}{r_c}\sqrt{1-e_c^2}\left[v_{rt}\dfrac{a_c}{r_c} - v_{uc}\dfrac{2e_c\sin f_c}{1-e_c^2}\right]\Delta M \\[3mm]
\dot{z} = [v_{rt}\sin u_t + v_{ut}\cos u_t]\Delta i + \sin i_c[-v_{rt}\cos u_t + v_{ut}\sin u_t]\Delta\Omega
\end{cases}
$$

$$(3-54)$$

其中,在任意时刻 t,两航天器的平近点角之差 $\Delta M(t)$ 可以表示为

$$\Delta M(t) = n_t(\Delta t + t_0 - \tau_t) - n_c(\Delta t + t_0 - \tau_c) = \Delta n\Delta t + \Delta M_0$$

$$(3-55)$$

式中:n_c 和 n_t 为平均角速度;τ_c 和 τ_t 为过近地点的时刻;ΔM_0 为初始时刻 t_0 两航天器的平近点角之差;$\Delta t = t - t_0$;$\Delta n = n_t - n_c$。

3.3.3　编队构型设计

两航天器进行周期性相对运动的必要条件是轨道半长轴相等,即 $a_c = a_t$,$\Delta a = 0$,那么 $n_c = n_t$,$\Delta M = \Delta M_0$,在该条件下的相对运动方程可以简化为

$$\begin{cases} x = -a_c\cos f_c\Delta e + \dfrac{a_c e_c}{\sqrt{1-e_c^2}}\sin f_c\Delta M_0 \\[3mm] y = r_c\left[\dfrac{\sin f_c}{1-e_c^2}(2+e_c\cos f_c)\Delta e + \cos i_c\Delta\Omega + \Delta\omega + \left(\dfrac{a_c}{r_c}\right)^2\sqrt{1-e_c^2}\,\Delta M_0\right] \\[3mm] z = r_t(\sin u_t\Delta i - \sin i_c\cos u_t\Delta\Omega) \end{cases}$$

$$(3-56)$$

下面利用上述方程进行编队构型的设计,得到主动星相对于目标星的几种特殊相对运动轨迹:直线、圆、椭圆[7]。

1. 直线构型

(1)两星的近地点幅角不等,其余轨道要素均相等,方程简化为

$$y = r_c\Delta\omega \qquad (3-57)$$

由于 r_c 是时变的,相对运动轨迹为 y 方向上的一段线段。

(2)两星的轨道倾角不等,其余轨道要素均相等,方程简化为

$$z = r_t\sin u_t\Delta i \qquad (3-58)$$

由于 r_t、u_t 是时变的,相对运动轨迹为 z 方向上的一段线段。

2. 圆构型

只有平近点角不同,其余轨道要素均相等,方程简化为

$$\begin{cases} x = \dfrac{a_c e_c}{\sqrt{1-e_c^2}}\sin f_c\Delta M_0 \\[3mm] y = r_c\left(\dfrac{a_c}{r_c}\right)^2\sqrt{1-e_c^2}\,\Delta M_0 \end{cases} \qquad (3-59)$$

令 $k = \dfrac{a_c e_c}{\sqrt{1-e_c^2}}\Delta M_0$,由于 $r_c = \dfrac{a_c(1-e_c^2)}{1+e_c\cos f_c}$,则可以推导出,

$$\begin{cases} x = k\sin f_c \\[2mm] y = k\cos f_c + \dfrac{a_c}{1-e_c^2}\Delta M_0 \end{cases} \qquad (3-60)$$

不难看出,当真近点角改变时,相对运动轨迹是圆构型,圆心坐标为 $\left(0,\dfrac{a_c}{1-e_c^2}\Delta M_0\right)$,半径大小为 k。

3. 椭圆构型

当两星的升交点赤经和近地点幅角不同时,方程简化为

$$\begin{cases} y = r_c(\cos i_c \Delta\Omega + \Delta\omega) \\ z = -r_t \sin i_c \cos u_t \Delta\Omega \end{cases} \tag{3-61}$$

令 $k_1 = a_t(1-e_t^2)(\Delta\omega + \cos i_c \Delta\Omega)$、$k_2 = a_t(1-e_t^2)\cos\omega_t \sin i_c \Delta\Omega$、$k_3 = a_t(1-e_t^2)\sin\omega_t \sin i_c \Delta\Omega$,由于 Δr 相对于 r_c 为小量,因此 $r_c \approx r_t$,方程进一步可以改写成

$$\begin{cases} y = \dfrac{k_1}{1+e_t\cos f_t} \\ z = -\dfrac{k_2}{1+e_t\cos f_t}\cos f_t + \dfrac{k_3}{1+e_t\cos f_t}\sin f_t \end{cases} \tag{3-62}$$

消去 f_t,得到

$$\left[k_1 z - \frac{k_1 k_2}{e_s}y + \frac{k_2}{e_s}y\right]^2 + \left[\left(\frac{1}{e_s^2}-1\right)y^2 - \frac{2k_1}{e_s^2}y + \frac{k_1^2}{e_s^2}\right]k_3^2 = 0 \tag{3-63}$$

由于方程判别式 $\Delta > 0$,因此相对运动轨迹是垂直于轨道面的一个椭圆方程。

参 考 文 献

[1] Gokhan,Jonathan P H. Relative dynamics & control of spacecraft formations in eccentric orbits[C]. AIAA Guidance, Navigation, and Control Conference and Exhibit,2000:14-17.

[2] 卢翔. 大椭圆轨道异面绕飞技术研究[D]. 上海:上海航天技术研究院,2009.

[3] 安雪滢. 椭圆轨道航天器编队飞行动力学及应用研究[D]. 长沙:国防科学技术大学,2006.

[4] Vadali S R. An Analytical Solution for relative motion of Satellites[C]. In:5th International Conference on Dynamics and Control of Systems and Structures in Space,2002:309-316.

[5] 刘林. 航天器轨道理论[M]. 北京:国防工业出版社,2000.

[6] 安雪滢,杨乐平,张为华,等. 大椭圆轨道航天器编队飞行相对运动分析[J]. 国防科技大学学报,2005,27(2):1-4.

[7] 王功波,郗晓宁. 基于相对轨道根数的几种大椭圆轨道编队构形[J]. 国防科学技术大学学报,2009,31(2):10-14.

第 4 章
全天域自主导航技术

▶4.1　引言

　　大椭圆轨道航天器自主导航是指航天器在不依赖于地面站测控的情况下,仍能实时在轨确定航天器的轨道参数,一旦在轨航天器实现自主导航,则降低了航天器运行时对地面站的依赖作用,大大提高了生存能力,即便出现地面跟踪测量在一段时间内被迫中断的恶劣情况,仍可保持飞行任务的连续性,故大椭圆轨道航天器自主导航是系统实现自主运行、完成任务的首要条件。在当前航天器自主导航技术中,适用于大椭圆轨道运行航天器的自主导航方法主要有以下三种:基于星空天体观测的天文自主导航、基于惯性导航系统的自主导航以及基于全球卫星定位系统的自主导航。针对大椭圆轨道不同轨道段的任务需求,使用不同的导航方法或者几种导航系统的组合,可满足大椭圆轨道航天器的自主导航要求[1]。

　　基于星空天体观测的天文导航系统(CNS)是一种古老传统的导航方法,最早应用于航海远行中,已有数千年的历史,近些年随着空天技术的发展,CNS被广泛应用于航空航天领域,并且具有较好的导航效果。天文导航的基本原理是通过天体敏感器(包括恒星敏感器、太阳敏感器、红外地平仪等)测量天体的方位信息实现定位定姿,具有自主性强、误差不随时间积累、姿态测量精度高等优点[2]，因此对于自主性能要求高的大椭圆轨道航天器而言是不可缺少的自主导航系统。

惯性导航系统(SINS)根据牛顿运动力学原理发展而来，是基于物体惯性的原理工作的，而惯性是任何物体固有的属性，因此 SINS 导航系统不需要任何外来信息，同时也不向外辐射任何信息，单依靠物体本身的属性就可以实现全天候、全球范围的导航，具有无源、自主、隐蔽、导航信息输出全面、连续等优点[3]，是一种理想的军用自主导航系统。对于空间自由段飞行的航天器而言，SINS 系统无法敏感由引力引起的加速度信息，对导航解算没有任何帮助，故这种情形下 SINS 系统一般只用于航天器的姿态确定解算，只有当航天器发生机动加速时，才调用整套 SINS 系统编排解算航天器的轨道参数。对于运行于同步转移大椭圆轨道上的航天器而言，其从低轨段至高轨段的大椭圆轨道飞行过程中，需经过多次中途轨道修正，因此配备 SINS 系统实时跟踪解算航天器机动加速过程中轨道参数变化是不可缺少的。但是，由于 SINS 系统是基于对惯性器件测量量积分的原理实现导航定位的，因此其导航误差会随时间积累。

全球卫星定位系统(GNSS)包括现有正在运行的 GPS 导航系统和将来即将完成布置的俄罗斯 GLONASS 导航系统、欧洲 GALLIEO 导航系统和中国"北斗"二代导航系统，其基本原理为根据接收到的导航信号直接解算出位置和速度，其误差是有界的，不随时间积累，具有很好的长期稳定性。但是 GPS 导航系统主动权不在自己手中，尽管在可见的将来 GLONASS、GALLIEO 和"北斗"二代导航系统都将布置完备，用户可以通过接收多系统导航星信号来提高精度和容错性能，但导航系统的导航星座可能受损或故障。因此，基于 GNSS 的导航方法虽然精度高，但不具备绝对的自主性和安全性；另外由于基于 GNSS 的导航解算数据更新率太低，不能满足实时控制要求。因此，对于大椭圆轨道航天器而言 GNSS 导航系统还只能作为一种辅助的导航设备。

基于惯性导航系统、全球卫星定位系统和天文导航系统各自的优缺点以及在误差传播性能的互补性，将 SINS、GNSS、CNS 导航系统有机组合起来，在椭圆轨道航天器自由段非机动运行时，使用 CNS/GNSS 组合导航系统结合轨道动力学方程提供航天器导航参数，而轨道机动段则使用 SINS/CNS/GNSS 组合导航系统，从而不仅提高了大椭圆轨道航天器自主导航的精度，同时也使得导航的容错性、可靠性大为提高。

　　基于 SINS/CNS/GNSS 组合的大椭圆轨道航天器自主导航方法,虽然实现了各个敏感器优势互补,理论上可以达到高精度自主导航的目的,但是运行于大椭圆轨道上的航天器有其自身的轨道环境特殊性,航天器轨道高度从几百公里至几万千米的变化过程中,要求地球敏感器敏感视场变化范围能从十几度变化至一百度以上,在此过程中地平仪较难实现对地心矢量的准确捕获。另外,当航天器运行至高轨道段时,由于其轨道高度高于 GNSS 导航系统轨道,故只能接收地球背面的 GNSS 信号,一般由于链路损耗和地球遮挡,其有效可见导航星很难超过 4 颗且可见时段不长。

　　本章主要针对大椭圆轨道航天器运行环境特的殊性,提出适用于大椭圆轨道环境的航天器自主导航方法。介绍两种基于星空天体观测的天文自主导航方法,分别为基于红外敏感地平/星敏感器天文自主导航方法和基于紫外地球成像/星敏感器的天文导航方法;分析基于 GNSS 导航系统的大椭圆轨道航天器自主导航方法,包括大椭圆轨道航天器在轨运行的可见导航星数、可见导航星座构型以及基于动力学约束的 GNSS 自主导航方法;在此基础上提出基于SINS/星敏感器/GNSS 联邦滤波组合的大椭圆轨道航天器机动段自主导航方法,可有效解决航天器大范围机动过程中的自主导航问题。

▶ 4.2　大椭圆轨道环境下常用自主导航方法

4.2.1　基于天文观测的大椭圆航天器自主导航技术

　　天文导航系统(CNS)是利用天体敏感器测得天体方位信息,通过解算获得运动载体位置和姿态的一种无源全自主导航方法,具有测量精度较高,输出导航信息全面,误差不随时间积累,抗干扰能力强,可靠性高等优点,是一种重要导航手段。天文导航系统的基本原理是用卫星轨道动力学方程作为状态方程,利用与运行卫星位置有关的天体测量信息(如星光角距、星光折射角)进行最优滤波估计,从而可实时精确地估算出卫星的实时位置和速度[4]。本节主要介绍基于红外敏感地平/星敏感器的天文导航方法和基于紫外地球成像/星敏感器的天文导航方法。

1. 基于红外敏感地平/星敏感器的自主导航技术

　　基于红外敏感地平的天文自主导航原理和过程:利用星敏感器识别恒星,并测量该星光在星敏感器测量坐标系的方向,通过星敏感器安装矩阵的转换得到其在本体坐标系的方向;利用红外地平仪敏感地球测量得到航天器与地球之间的几何关系,从而得到地心矢量在航天器坐标系上的方向,这样便得到天文导航的测量信息:星光角距和地心距。再结合轨道动力学根据最优滤波算法即可估计得到航天器的轨道参数最优估计值。

　　基于红外敏感地平的天文自主导航方法中通常选取的观测量有星光夹角和地心距以及它们的组合,星光角距为从航天器上观测到的导航恒星的星光矢量方向与地心矢量方向之间的夹角,其具体量测过程需要由一个星敏感器和一个红外地平仪完成。

　　星光角距表达式及相应量测方程为

$$a = \arccos\left(-\frac{\boldsymbol{r} \cdot \boldsymbol{s}}{|\boldsymbol{r}|}\right) \tag{4-1}$$

$$Z_1(k) = \arccos\left(-\frac{\boldsymbol{r} \cdot \boldsymbol{s}}{|\boldsymbol{r}|}\right) + v_a \tag{4-2}$$

　　地心距表达式及相应量测方程为

$$r = \sqrt{x^2 + y^2 + z^2} \tag{4-3}$$

$$Z_2(k) = \sqrt{x^2 + y^2 + z^2} + v_r \tag{4-4}$$

1) 状态方程

　　在基于红外敏感地平/星敏感器的天文自主导航方法中一般选用基于直角坐标系的卫星轨道动力学方程为最优估计状态方程,取历元(J2000)地心惯性系,具体如下

$$\begin{cases} \dfrac{\mathrm{d}x}{\mathrm{d}t} = v_x \\[2mm] \dfrac{\mathrm{d}y}{\mathrm{d}t} = v_y \\[2mm] \dfrac{\mathrm{d}z}{\mathrm{d}t} = v_z \\[2mm] \dfrac{\mathrm{d}v_x}{\mathrm{d}t} = -\mu\,\dfrac{x}{r^3}\Big[1 - J_2\Big(\dfrac{R_E}{r}\Big)\Big(7.5\,\dfrac{z^2}{r^2} - 1.5\Big)\Big] + \Delta F_x \\[2mm] \dfrac{\mathrm{d}v_y}{\mathrm{d}t} = -\mu\,\dfrac{y}{r^3}\Big[1 - J_2\Big(\dfrac{R_E}{r}\Big)\Big(7.5\,\dfrac{z^2}{r^2} - 1.5\Big)\Big] + \Delta F_y \\[2mm] \dfrac{\mathrm{d}v_z}{\mathrm{d}t} = -\mu\,\dfrac{z}{r^3}\Big[1 - J_2\Big(\dfrac{R_E}{r}\Big)\Big(7.5\,\dfrac{z^2}{r^2} - 4.5\Big)\Big] + \Delta F_z \end{cases} \tag{4-5}$$

简写为

$$\dot{X}(t) = f(X,t) + w(t) \qquad (4-6)$$

式(4-5)和(4-6)中:状态 $X = [x,y,z,v_x,v_y,v_z]^T$,分别为航天器在地心惯性系下的三个方向的位置速度;J_2 为引力系数;$\Delta F_x,\Delta F_y,\Delta F_z$ 为地球非球形高阶摄动项,日月摄动,太阳光压摄动以及大气摄动等摄动加速度。

将式(4-6)离散化为

$$X_{k+1} = f(X_k,k) \qquad (4-7)$$

式中:$f(X_k,k)$ 即为轨道预报函数,这是一个轨道外推过程。

将式(4-7)围绕前一步最优滤波估计值 $\hat{X}_{k/k}$ 泰勒展开,并将二次以上项作为系统动态噪声,得

$$X_{k+1} = f[X_{k/k},k] + \frac{\partial f[X_k,k]}{\partial X_k}\bigg|_{X_k=\hat{X}_{k/k}} [X_k - \hat{X}_{k/k}] + \Gamma[X_k,k]W_k$$

$$(4-8)$$

式中:W_k 为系统动态噪声;$\Gamma[X_k,k]$ 为动态噪声系数矩阵。状态转移矩阵可表示为

$$\Phi_{k+1/k} = \frac{\partial f[X_k,k]}{\partial X_k}\bigg|_{X_k=\hat{X}_{k/k}} \qquad (4-9)$$

2) 量测方程

通过星敏感器输出的星光矢量与地平仪输出的地心矢量构成的星光角距对卫星位置具有可观测性,单个星光角距的具体量测方程为

$$\delta a = \begin{bmatrix} \frac{\partial a}{\partial x} & \frac{\partial a}{\partial y} & \frac{\partial a}{\partial z} \end{bmatrix} \begin{bmatrix} \delta x \\ \delta y \\ \delta z \end{bmatrix} + \Delta s \qquad (4-10)$$

式中:

$$\frac{\partial a}{\partial x} = -\frac{s_x \cdot x^2 + (s_y \cdot y + s_z \cdot z) \cdot x - s_x \cdot r^2}{r^2 \cdot \sqrt{r^2 - (x \cdot s_x + y \cdot s_y + z \cdot s_z)^2}},$$

$$\frac{\partial a}{\partial y} = -\frac{s_y \cdot y^2 + (s_x \cdot x + s_z \cdot z) \cdot y - s_y \cdot r^2}{r^2 \cdot \sqrt{r^2 - (x \cdot s_x + y \cdot s_y + z \cdot s_z)^2}}$$

$$\frac{\partial a}{\partial z} = -\frac{s_z \cdot z^2 + (s_x \cdot x + s_y \cdot y) \cdot z - s_z \cdot r^2}{r^2 \cdot \sqrt{r^2 - (x \cdot s_x + y \cdot s_y + z \cdot s_z)^2}}, r = \sqrt{(x^2 + y^2 + z^2)}$$

Δs 为星光角距测量误差，主要考虑地平仪的误差。

通过地平仪观测信息可以直接计算出卫星到地心的距离 r，具体量测方程表达式为

$$\delta r = \begin{bmatrix} \dfrac{\partial r}{\partial x} & \dfrac{\partial r}{\partial y} & \dfrac{\partial r}{\partial z} \end{bmatrix} \begin{bmatrix} \delta x \\ \delta y \\ \delta z \end{bmatrix} + \Delta r \qquad (4-11)$$

2.　基于紫外地球成像/星敏感器的自主导航技术

静态成像型紫外地平仪敏感器由一个广角成像平面组成，能够对地球紫外边缘成像，从而测量输出地心矢量方向和地心距。紫外敏感器先对以地球为主的图像进行成像，获得理想的图像，从而求得地球中心在敏感器测量坐标系的坐标值，然后将其变换为敏感器坐标系中的空间矢量形式。根据三角相似原理建立测量相机焦距、焦平面像点位置、地球半径、地心距之间的关系，进而解出卫星到地心之间的距离。

紫外地平仪 CCD 敏感器坐标系的定义如图 4-1 所示，z 轴与 CCD 敏感器的外围光轴平行，x、y 轴分别与敏感阵面的两边平行，原点为光轴在 CCD 敏感面的垂心。CCD 敏感器的焦距为 f，地球中心在 CCD 敏感器坐标系上的坐标为 $(x_1, y_1, 0)$，由此可得地球中心矢量 $\boldsymbol{P}$ 在敏感器坐标系中的方向为

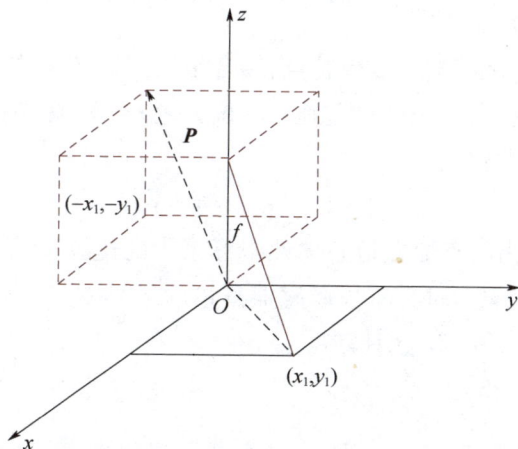

图 4-1　CCD 敏感器坐标系和地心方向矢量示意图

$$P = \frac{1}{\sqrt{x_1^2 + y_1^2 + f^2}} \begin{bmatrix} -x_1 \\ -y_1 \\ f \end{bmatrix} \qquad (4-12)$$

紫外地平仪解算地心距的原理如图 4-2 所示。R_E 为地球半径,f 为敏感器焦距,m 的大小可以根据地球在 CCD 上成的像的大小确定。根据三角形相似可得

$$\begin{cases} \dfrac{M}{m} = \dfrac{D}{f} \\ \dfrac{R_E}{\sqrt{(M/2)^2 + (D)^2}} = \dfrac{M/2}{D} \end{cases} \qquad (4-13)$$

式中:M、D 未知,解方程可以求得 M、D 的值,则卫星的地心距离 r 为

$$r = D + \sqrt{R_E^2 - (M/2)^2} \qquad (4-14)$$

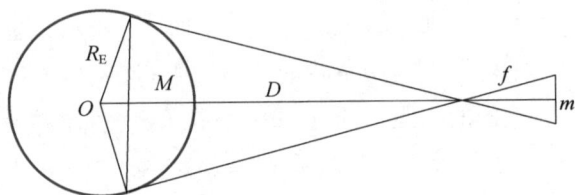

图 4-2 地球半径与地心距的几何关系

利用紫外地球敏感器的成像特点,结合星敏感器的量测值,可以得到航天器的姿态和地球视半径,最终构造地心单位矢量 r/r 和地心距 r。

地心矢量观测方程:

$$C_b^i \cdot P = r/|r| + v_{Lr} \qquad (4-15)$$

式中:$r = (x, y, z)$ 为航天器在地心惯性坐标系中的位置;P 为紫外敏感器测量坐标系中的地心矢量;$|r|$ 为紫外敏感器测量的地心距;C_b^i 为星敏感器输出的姿态矩阵;v_{Lr} 为地心矢量观测噪声。

地心距观测方程:

$$r = \sqrt{x^2 + y^2 + z^2} + v_r \qquad (4-16)$$

基于静态成像地平仪和星敏感器的航天器自主导航原理框图如图 4-3 所示。测量处理和导航计算的主要过程为:

（1）使用星敏感器的测量量输出航天器的惯性姿态四元数，进而得到航天器本体系和惯性系之间的转换矩阵 C_b^i。

（2）使用紫外地球敏感器测量地球紫外图像，确定本体系下的地心方向矢量，结合星敏感器输出即可得到惯性系下的地心方向矢量，并计算得到地心距，这两者包含了航天器的位置信息。

（3）经过敏感器的多次测量，以及通过航天器轨道动力学模型递推滤波，估计出航天轨道参数的最优估计值，实现航天器自主导航。

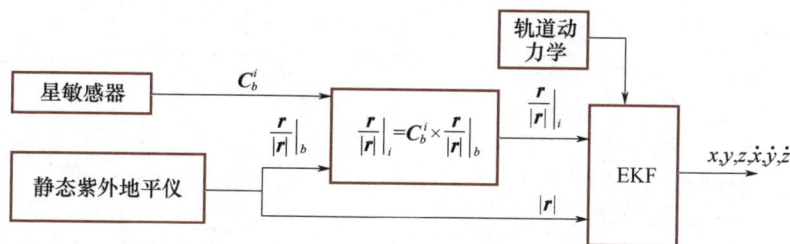

图 4 - 3　基于紫外地平仪/星敏感器的自主导航原理

4.2.2　基于 GNSS 的大椭圆轨道航天器自主导航技术

1. 大椭圆轨道航天器可见 GNSS 导航星分析

中高轨道航天器由于其特殊的运行环境，相比于地面用户而言只能接收到少量导航卫星的信号；而对于大椭圆轨道航天器而言，当其位于低轨道环境运行时可接收到较多的 GNSS 导航星信号，一旦运行至高轨环境则其可见星数将急剧减少。因此，在分析基于 GNSS 系统的大椭圆航天器自主导航之前，首先需分析高轨航天器能接收到多少颗导航星信号，即可见导航星数。

1）GNSS 导航星可见性影响因素

高轨道卫星（HEO）对全球卫星导航系统（GNSS）的可见性主要取决于以下几个因素：

（1）由于地球遮挡因素航天器将接收不到导航卫星的信号，此时处在地球背面的导航卫星皆为不可见卫星，如图 4 - 4 所示。

（2）GNSS 卫星的发射半角 $a1$ 和用户卫星的接收半角 $a2$ 是否在确保信号可接收的范围内。如图 4 - 5 所示，只有当 $a1$ 满足小于天线发射信号的波束角时，用户卫星才有可能接收到导航星的发射信号，这里不仅考虑主瓣信号也考虑旁瓣信号的接收,$a1$ 的判断标准是不大于 65°(其中主瓣信号波束半角为 21.3°)即可接收。接收半角 $a2$ 是指用户卫星接收天线的方向和导航星用户星连线方向的夹角,若用户星能接收到导航星的发射信号,则需满足 $a2 < 90°$。一般 GNSS 卫星的发射天线正对地面,在后面的仿真中假设只要用户卫星处于 $a1 \leq 65°$ 的范围,用户卫星就能接收到导航信号。

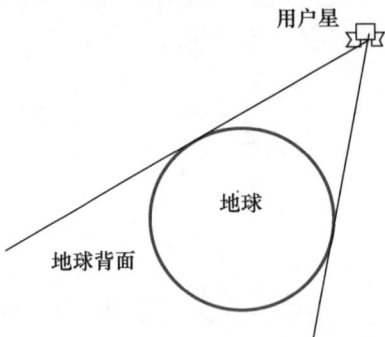

图 4-4　地球遮挡导航星示意图　　　图 4-5　发射半角和接收半角示意图

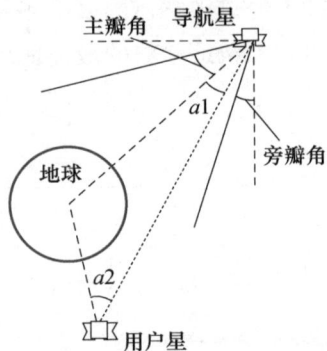

(3)接收机接收到的 GNSS 信号强度是否大于接收机的门限值。

对于 HEO 运行卫星,若导航卫星发射的信号经过空间链路到达运行卫星时的信号余量小于接收机门限值,则该导航卫星的信号不可能被接收,运行卫星接收到的信号余量功率为

$$P_r(\text{dBW}) = P_{\text{EIRP}}(\text{dBW}) + G_r(\text{dB}) - L_d(\text{dB}) \qquad (4-17)$$

式中:$P_{\text{EIRP}}(\text{dBW})$ 为等效全向辐射功率,为卫星天线发出的功率 P_t 和该天线增益 G_t 的乘积,即

$$P_{\text{EIRP}}(\text{dBW}) = 10 \cdot \lg_{10}(P_t) + G_t \qquad (4-18)$$

G_r 为接收天线的增益;L_d 为空间链路损耗,其公式表达式如下

$$L_d(\text{dB}) = 20\lg\frac{\lambda}{4\pi R}(\text{dB}) \qquad (4-19)$$

式中:λ 为发射信号的波长;R 为信号传输距离。

只有当同时满足上述三个因素时,HEO 卫星才能接收到导航卫星发射的信号[5]。

2)大椭圆轨道 GNSS 导航星数仿真分析

设置大椭圆轨道航天器初始状态值:

$X = [8395156, 43957.29, 51.14, -40.389, 8904.399, 15.541]$，$X$ 前三项为位置初值，后三项为速度初值。设置各导航星座发射天线的功率：5W，接收天线的增益：3dB，仿真时间设置：$t = 10000\mathrm{s}$，发射天线的增益与信号发射角的关系如图 4 - 6 所示。

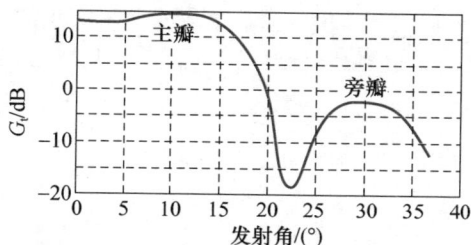

图 4 - 6　GPS 信号增益与发射角的关系

对接收机设置一些典型的灵敏度，分别对基于 GPS、基于 GPS + "北斗" 二代（BD）、基于 GPS + "北斗" 二代（BD）+ GLONASS、基于 GPS + "北斗" 二代（BD）+ GLONASS + GALLIEO 四种情况的可见星数进行仿真。

（1）当仅考虑 GNSS 卫星发射主瓣信号时，分别设置接收机的灵敏度为 -140dBm，-150dBm，-160dBm，其可见星数仿真结果如图 4 - 7 ~ 图 4 - 9 所示。

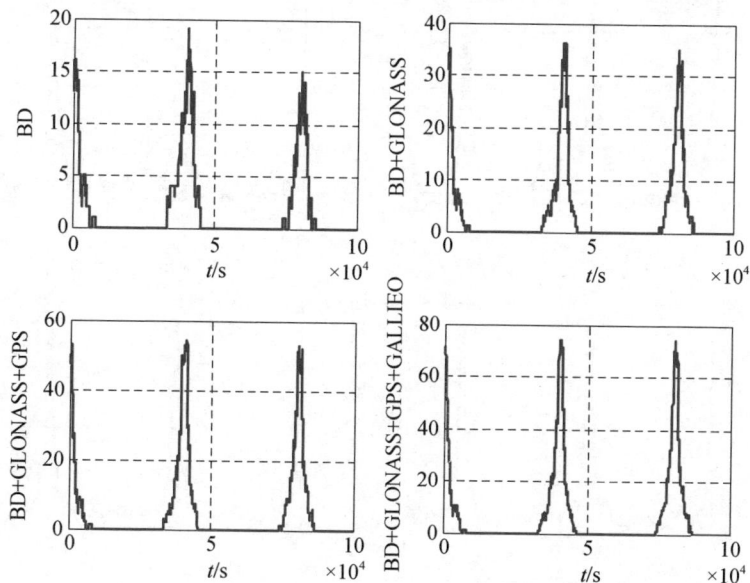

图 4 - 7　灵敏度为 -140dBm 时各情况可见导航星数仿真

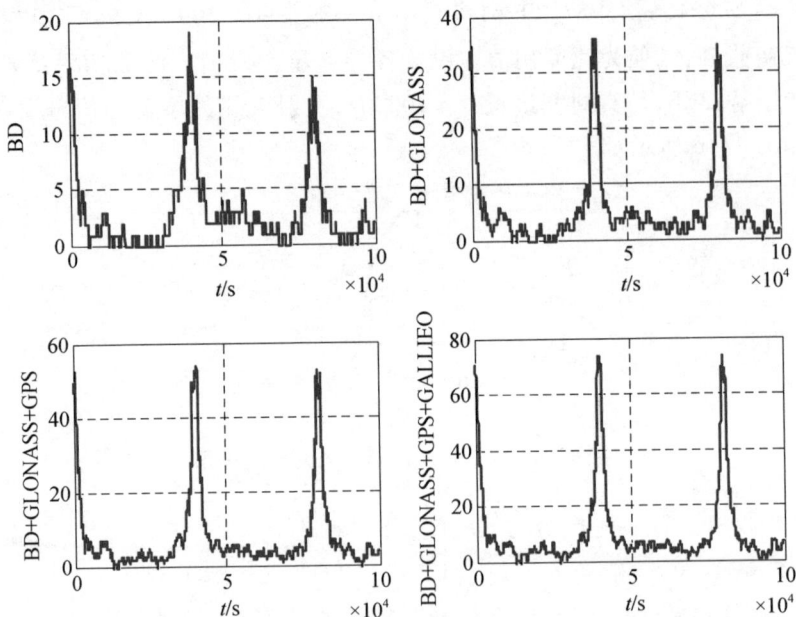

图 4 - 8　灵敏度为 - 150dBm 时各情况可见导航星数仿真

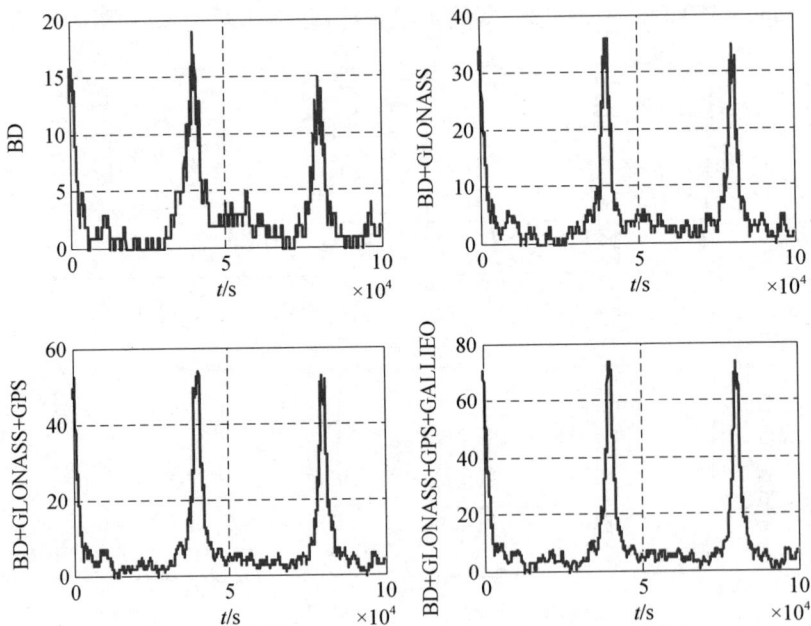

图 4 - 9　灵敏度为 - 160dBm 时各情况可见导航星数仿真

（2）当考虑 GNSS 卫星发射旁瓣信号时,分别设置接收机的灵敏度为
$-140\mathrm{dBm}$, $-150\mathrm{dBm}$, $-160\mathrm{dBm}$,其可见星数仿真结果如图 4-10~图 4-12 所示。

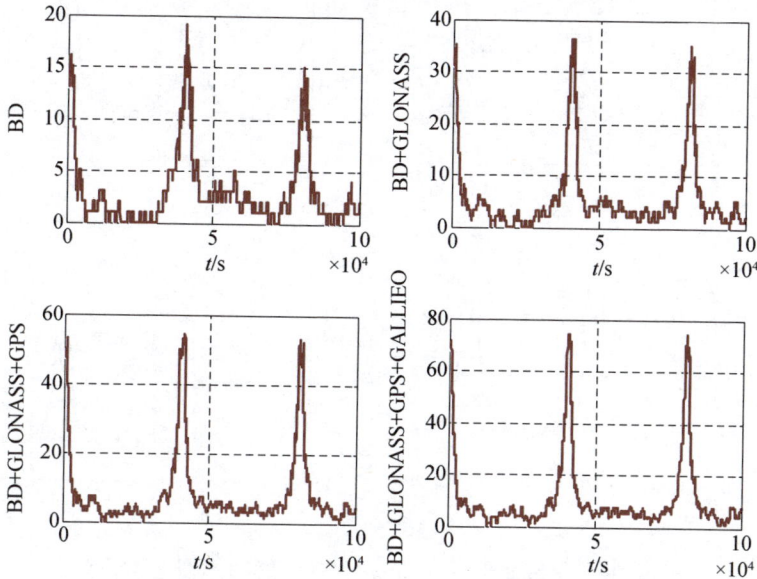

图 4-10　灵敏度为 $-140\mathrm{dBm}$ 时各情况可见导航星数仿真

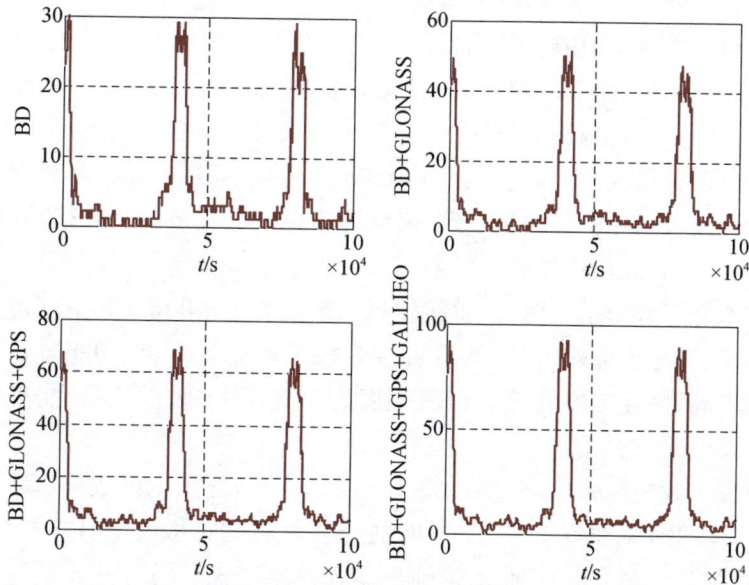

图 4-11　灵敏度为 $-150\mathrm{dBm}$ 时各情况可见导航星数仿真

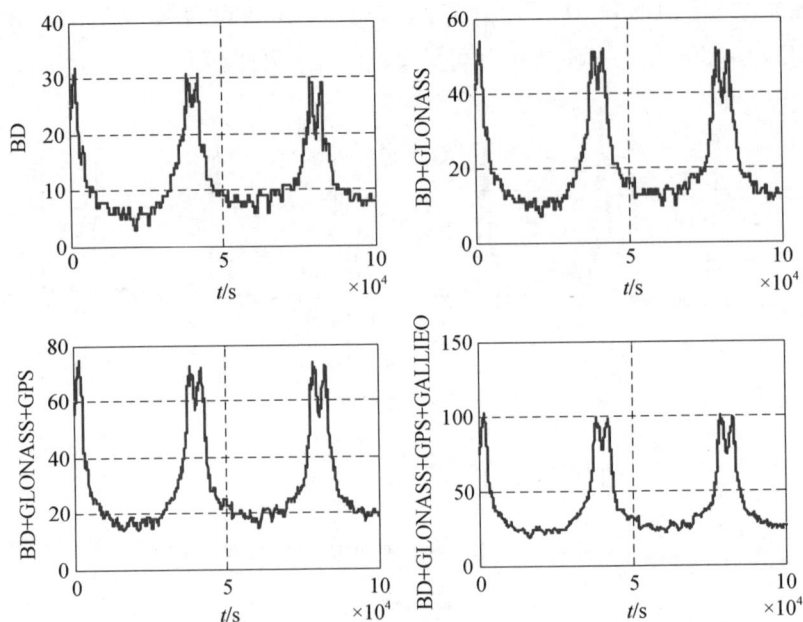

图 4 - 12 灵敏度为 - 160dBm 时各情况可见导航星数仿真

由仿真结果可分析得出以下结论：

（1）当大椭圆轨道航天器由低轨道段运行至高轨道段时，可见导航星数急剧下降，当航天器处于近地点时，可见导航星数达到最多，而当航天器处于远地点时，可见导航星数达到最少。

（2）当设置接收机灵敏度为 - 140dBm 和 - 150dBm 时，考虑旁瓣与不考虑旁瓣信号其可见导航星数量一致，因此设置接收机灵敏度为 - 150dBm 以下时，接收机无法有效运用导航星发射天线的旁瓣信号。

（3）不考虑旁瓣信号时，设置接收机灵敏度为 - 150dBm 时卫星可见星数达到最高；而当考虑旁瓣信号时，设置接收机灵敏度为 - 160dBm 时卫星可见星数达到最高，因此当设置接收机灵敏度为 - 160dBm 时，接收机能有效利用导航卫星发射天线旁瓣信号。

当设置接收机灵敏度高于 - 160dBm 时，各种情况可见星数仿真结果与灵敏度为 - 160dBm 时的仿真结果一样，故当接收机的灵敏度 LMD = - 160dBm 时，可见星数达到最大。为使大椭圆轨道航天器接收机的可见导航星数达到最大，可设置接收机灵敏度为 - 160dBm。

2. 基于精度因子的定轨分析与定轨解算

1）基于精度因子 GDOP 的 GNSS 导航星可见星构型分析

利用 GNSS 卫星进行航天器几何动态定轨时，定轨精度主要取决于两个因素：①伪距、伪距率的观测量精度，一般将 GNSS 卫星钟差、星历引起的误差、信号传输中由于电离层对流层折射引起的误差和接收机的噪声等都可以等效为伪距、伪距率的测量误差；②所观测到的 GNSS 卫星的空间几何分布，通常称为导航卫星分布的几何图形，也会影响定位的精度。故在动态几何定轨中必须考虑用精度因子 GDOP 的误差系数来反映导航星几何分布对定位精度的影响[6,7]。对于在惯性系中航天器的位置速度解算，设置其所需描述的精度因子 GDOP 有以下几个。

PDOP：三维空间位置精度因子；

$PDOPx$：地心惯性系中 x 坐标方向的精度因子；

$PDOPy$：地心惯性系中 y 坐标方向的精度因子；

$PDOPz$：地心惯性系中 z 坐标方向的精度因子；

TDOP：接收机钟差的精度因子。

对于多卫星星座导航系统组合，虽然增加了同一历元时刻的可见导航星数，改善了可见导航星星座的几何构型，但由于各个导航系统与接收机之间的钟差不一致，因此增加一个卫星导航系统，该导航系统的钟差就必须作为一个未知变量用，为此必须增加一颗导航星以提供必要的观测量。对于基于GPS + GLONASS + GALLIEO + "北斗"二代（BD）的多系统导航定位解算，就必须有 7 颗以上的可见导航星，才能定位解算。对于多卫星星座导航系统，以测码伪距、多普勒频移伪距率为观测量进行动态几何定轨时，用户接收机与可见导航星构成的方向余弦所组成的观测方程矩阵如下，即

$$H = \begin{bmatrix} H_{GPS} & 1_{GPS} & 0_{GPS} & 0_{GPS} & 0_{GPS} \\ H_{GLO} & 0_{GLO} & 1_{GLO} & 0_{GLO} & 0_{GLO} \\ H_{GAL} & 0_{GAL} & 0_{GAL} & 1_{GAL} & 0_{GAL} \\ H_{BD} & 0_{BD} & 0_{BD} & 0_{BD} & 1_{BD} \end{bmatrix} \qquad (4-20)$$

式中：$H_S (S = GPS/GLONASS/GALLIEO/BD)$ 为各个导航系统的卫星伪距观测矩阵的前三列，为 $k \times 3$ 维矩阵，是某个导航系统的可见导航星数；$1_s, 0_s$ 均为 $k \times 1$ 维常数矩阵。

$$H_S = \begin{bmatrix} e_{11}^S & e_{12}^S & e_{13}^S \\ \vdots & \vdots & \vdots \\ e_{i1}^S & e_{i2}^S & e_{i3}^S \\ \vdots & \vdots & \vdots \end{bmatrix} \qquad (4-21)$$

$$e_{i1}^S = \frac{x - x_i^S}{r_i^S}, e_{i2}^S = \frac{y - y_i^S}{r_i^S}, e_{i3}^S = \frac{z - z_i^S}{r_i^S},$$

$$r_i^S = \sqrt{(x - x_i^S)^2 + (y - y_i^S)^2 + (z - z_i^S)^2}$$

式中:x,y,z 为高轨道卫星的实时坐标;x_i^S, y_i^S, z_i^S 为 S 导航系统的导航星坐标。

$$令权系数矩阵\ Q = [H^T \cdot H]^{-1} = \begin{bmatrix} q_{11} & q_{12} & q_{13} & q_{14} \\ q_{21} & q_{22} & q_{23} & q_{24} \\ q_{31} & q_{32} & q_{33} & q_{34} \\ q_{41} & q_{42} & q_{43} & q_{44} \end{bmatrix}。$$

若运行卫星不能接收到某个导航系统的导航星信号,则只需将相应的钟差变量和 H 阵中相应的行和列除去以免发生矩阵奇异现象。

设置接收机对导航卫星的伪距观测量、伪距率观测量的误差分别为:σ_r,σ_v,则在地心惯性坐标系中的精度因子计算和相应的几何位置速度解算误差标准差计算如下。

(1)地心惯性系中 x 坐标方向的精度因子为

$$PDOPx = (q_{11})^{\frac{1}{2}} \qquad (4-22)$$

相应在 x 坐标轴上的位置、速度误差标准差为:$\Delta x = PDOPx \cdot \sigma_r$,$\Delta v_x = PDOPx \cdot \sigma_v$。

(2)地心惯性系中 y 坐标方向的精度因子为

$$PDOPy = (q_{22})^{\frac{1}{2}} \qquad (4-23)$$

相应在 y 坐标轴上的位置、速度误差标准差为:$\Delta y = PDOPy \cdot \sigma_r$,$\Delta v_y = PDOPy \cdot \sigma_v$。

(3)地心惯性系中 z 坐标方向的精度因子为

$$PDOPz = (q_{33})^{\frac{1}{2}} \qquad (4-24)$$

相应在 z 坐标轴上的位置、速度误差标准差为:$\Delta z = PDOPz \cdot \sigma_r$,$\Delta v_z = PDOPz \cdot \sigma_v$。

（4）三维位置精度因子为

$$PDOP = \left(q_{11} + q_{22} + q_{33}\right)^{\frac{1}{2}} \qquad (4-25)$$

相应的三维位置、速度误差为：$\Delta r = PDOP \cdot \sigma_r$，$\Delta v = PDOP \cdot \sigma_v$。

（5）接收机钟差精度因子为

$$TDOP = \left(q_{44}\right)^{\frac{1}{2}} \qquad (4-26)$$

相应的钟差、频差精度为 $\Delta r_t = TDOP \cdot \sigma_r$，$\Delta v_t = TDOP \cdot \sigma_v$。

（6）几何精度因子为

$$GDOP = \left(PDOP^2 + TDOP^2\right)^{\frac{1}{2}} = \left(q_{11} + q_{22} + q_{33} + q_{44}\right)^{\frac{1}{2}} \qquad (4-27)$$

相应几何精度为：$\Delta r = GDOP \cdot \sigma_r$，$\Delta v = GDOP \cdot \sigma_v$。

设置接收机的灵敏度 LMD = -160dBm，高轨道卫星的轨道要素设置如前所述，基于 BD + GLONASS + GPS + GALLIEO 导航系统的惯性系 x 方向位置精度因子为 PDOPx，y 方向位置精度因子为 PDOPy，z 方向位置精度因子为 PDOPz，钟差精度因子为 TDOP，三维位置精度因子为 PDOP，几何精度因子为 GDOP，通过仿真得到结果如图 4-13 所示。

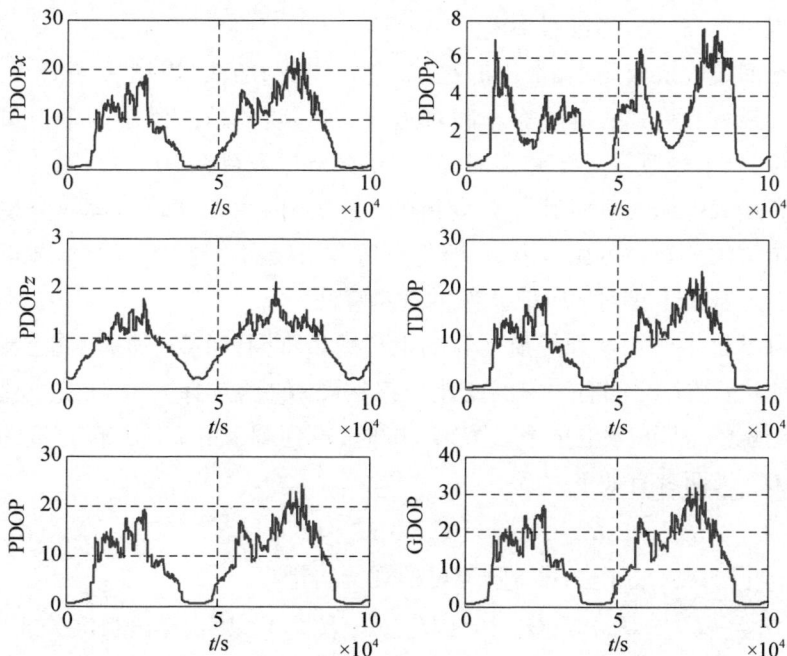

图 4-13　灵敏度为 -160dBm 时各情况可见导航星数仿真

由图 4 - 13 可知,当大椭圆轨道航天器运行至低轨道时,由于可见 GNSS 导航星数较多,其可见导航星座构型较好,故其各精度因子值较低;而当航天器运行至高轨道时,由于可见导航星数相对较少,故其各项精度因子值较低。据统计当运用 GPS、GLONASS、GALLIEO、"北斗"二代的可见导航星进行纯几何定轨时,可见导航星座的几何精度因子 GDOP 平均值为 8. 43,若导航信号测量伪距和伪距率的误差分别为 10m、0. 2m/s,则高轨航天器的几何定轨位置精度可达 84. 3m,速度精度达 5. 28m/s,达到高轨道航天器可接受精度要求。因此对于高轨道航天器而言,当设置接收机灵敏度为 - 160dBm,并且考虑 GPS、GLONASS、"北斗"二代、GALLIEO 导航星座的情况下,其可见导航星星座构型基本满足高轨道定轨要求。

2) 基于 GDOP 的最优选星及定轨解算

对于基于 GNSS 的卫星自主导航系统,通常可见星数越多其构型越优,同时定位精度也会有一定程度提高。但是,过多的冗余信息并不能太多地提高定位精度,反而使解算的计算量大幅度提高,严重影响定位的实时性。因此,选择合适的导航卫星星座至关重要,在保证选取卫星的几何布局较优的情况下,减少过多的冗余观测信息,在定位解算和运算实时性之间进行均衡处理,这对于卫星等高动态飞行器来说尤为重要。

在地面接收机应用中,常用的选星算法包括遍历法、模糊法、最大四面体体积法和最大行列式法等。对于高轨道航天器定位,若是基于四个卫星导航系统定位,当灵敏度设置足够大时,其可见导航星数目在 20 ~ 30,因此用遍历选星或者最大行列式法时其计算量相当大。另外,由于高轨道运行卫星的可见导航星均匀分布在可见区内,一般不太适合用模糊选星法,因此本节重点讨论运用一种基于卫星对 GDOP 贡献的选星算法。

从可见星中选择参加导航运算的卫星数目不同,GDOP 的取值也会不同,GDOP 与卫星数目之间有一定的变化规律。设 $\boldsymbol{H}_m$ 为选择 m 颗导航卫星定轨时的观测矩阵,从 m 颗卫星中去掉第 i 颗时,得到剩下的 $m - 1$ 颗卫星的观测矩阵为 $\boldsymbol{H}_{m-1}^i$,两者有如下关系

$$\boldsymbol{H}_m^{\mathrm{T}} \cdot \boldsymbol{H}_m = \boldsymbol{H}_{m-1}^{\mathrm{T}} \cdot \boldsymbol{H}_{m-1} + \boldsymbol{h}_i^{\mathrm{T}} \cdot \boldsymbol{h}_i \qquad (4-28)$$

式中: $\boldsymbol{h}_i = [e_{ix}, e_{iy}, e_{iz}, 1]$ 为第 i 颗卫星的观测向量。

令 $\boldsymbol{G}_m = (\boldsymbol{H}_m^{\mathrm{T}} \cdot \boldsymbol{H}_m)^{-1}$, $\boldsymbol{G}_{m-1}^i = (\boldsymbol{H}_{m-1}^{i\mathrm{T}} \cdot \boldsymbol{H}_{m-1}^i)^{-1}$ 则由矩阵反演公式可得

$$\boldsymbol{G}_{m-1}^i = (\boldsymbol{H}_m^{\mathrm{T}} \cdot \boldsymbol{H}_m - \boldsymbol{h}_i^{\mathrm{T}} \cdot \boldsymbol{h}_i)^{-1} = \boldsymbol{G}_m + \boldsymbol{G}_m \boldsymbol{h}_i^{\mathrm{T}} (1 - \boldsymbol{h}_i \boldsymbol{G}_m \boldsymbol{h}_i^{\mathrm{T}})^{-1} \boldsymbol{h}_i \boldsymbol{G}_m \qquad (4-29)$$

即 $\mathrm{GDOP}_{m-1}^{i}{}^{2} = \mathrm{GDOP}^{2} + \mathrm{trace}(\boldsymbol{G}_{m}\boldsymbol{h}_{i}^{\mathrm{T}}(1 - \boldsymbol{h}_{i}\boldsymbol{G}_{m}\boldsymbol{h}_{i}^{\mathrm{T}})^{-1}\boldsymbol{h}_{i}\boldsymbol{G}_{m})$，由此可知，当对原观测矩阵去掉某一行时，$\mathrm{GDOP}^{2}$ 在原来的基础上增加了 $\mathrm{trace}(\boldsymbol{G}_{m}\boldsymbol{h}_{i}^{\mathrm{T}}(1 - \boldsymbol{h}_{i}\boldsymbol{G}_{m}\boldsymbol{h}_{i}^{\mathrm{T}})^{-1}\boldsymbol{h}_{i}\boldsymbol{G}_{m})$，由矩阵相关理论知识可证明该项为正。因此可记单颗卫星 i 对 GDOP 的贡献值为 $\Delta G_{i} = \mathrm{trace}(\boldsymbol{G}_{m}\boldsymbol{h}_{i}^{\mathrm{T}}(1 - \boldsymbol{h}_{i}\boldsymbol{G}_{m}\boldsymbol{h}_{i}^{\mathrm{T}})^{-1}\boldsymbol{h}_{i}\boldsymbol{G}_{m})$，该值越大，说明去掉卫星 i 后，GDOP_{m-1} 增加地越大，即几何分布变得越差，说明卫星 i 对星座几何分布的贡献越大。相反，如果 ΔG_{i} 越小，则说明卫星 i 对星座几何分布的贡献越小，影响越小。因此，基于最优 GDOP 的选星时，要选择 ΔG_{i} 大的导航星。具体选星算法步骤为：

（1）计算出每颗可见星的 GDOP 贡献值 ΔG_{i}。

（2）将各导航卫星按 GDOP 贡献值大小从大到小排序。

（3）选取 ΔG_{i} 最大的 r 颗卫星即为最优星座。

设置接收机灵敏度 LMD = -160dBm，运行卫星的轨道根数如前所述，对于基于 BD + GLONASS + GPS + GALLIEO 导航系统的卫星几何动态定轨中，在几何解算之前先进行选星，进行最优选星前后的各类精度因子对比如图 4-14 和图 4-15 所示。

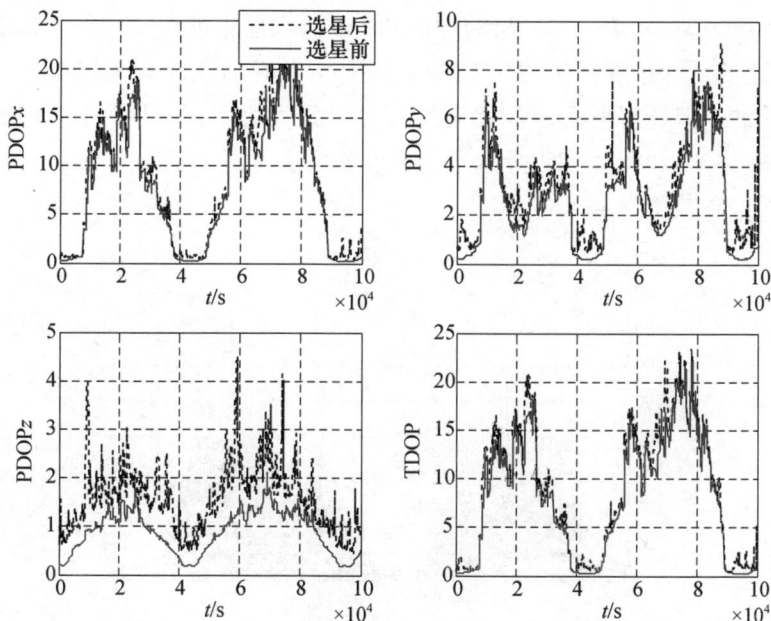

图4-14　最优选星前后各类精度因子的对比

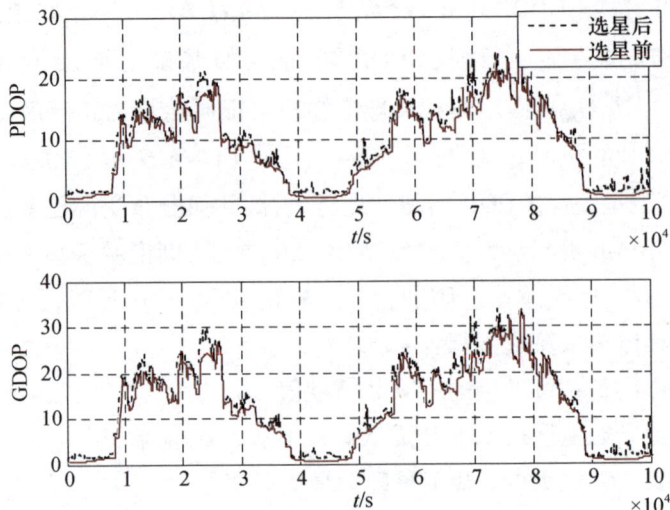

图 4-15　选星前后 PDOP 和 GDOP 对比

可见,在应用最优选星算法之后,PDOP 最大值为 24.22,PDOP 最小值为 1.007,PDOP 均值为 9.64,选星前后 PDOP 均值相差约 1.2。假设导航信号伪距测量精度为 10m,伪距率测量精度为 0.2m/s,则选星前后位置估计精度损失约 12m,速度估计精度损失约 0.24m/s,这对于大椭圆轨道航天器自主导航是可以接受的。但选星前后涉及计算的可见星数大为下降,使得计算量大为降低。如图 4-16 和图 4-17 所示为基于可见导航星纯几何解算的自主导航实时位置误差和速度误差。

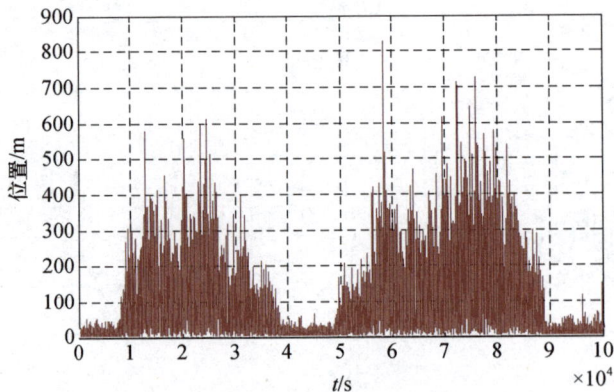

图 4-16　基于纯几何解算的位置实时估计误差

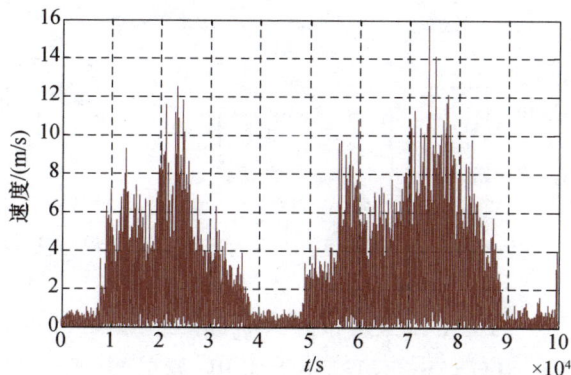

图 4 - 17　基于纯几何解算的速度实时估计误差

由实时仿真解算可知,设置接收机灵敏度为 - 160dBm,当大椭圆轨道航天器运行于低轨道时,由于可见导航星数较多,故其解算精度较高,位置估计精度可达到 17.2m,速度估计精度可达到 0.26m/s;当大椭圆航天器运行至高轨道时,可见导航星数相对较少,经最优选星后的导航星座构型不如低轨道运行时的可见导航星座,故位置估计精度和速度估计精度均下降,位置解算精度约为 120.6m,速度解算精度约为 2.14m/s,整个解算过程其估计误差变化趋势与 PDOP 变化趋势一致。

3.　基于 GNSS/动力学约束的自主导航方法

在基于 GNSS 纯几何解算的航天器自主定轨过程中,由于没有考虑航天器在轨自由段运行过程的动力学约束,故其精度未能达到理想值。基于 GNSS/动力学约束自主导航方法其具体原理过程是以航天器轨道动力学方程为状态信息预估方程,以 GNSS 接收机解算得到的位置、速度或伪距、伪距率为量测信息,通过扩展卡尔曼滤波估计得到航天器轨道参数最优估计值,前者为松散组合,后者为紧密组合。相比松散组合,紧密组合导航系统中 GNSS 接收机提供的伪距、伪距率信号为接收机接收后的原始信息,各个伪距、伪距率信号的误差独立、互不相关,并且未引入 GNSS 接收机的定位解算误差;另外对于紧密组合而言,即使其接收到的可见导航星数小于所需定轨的最小数目,仍能结合轨道动力学方程最优滤波估计得到轨道参数的最优估计值,因此紧密组合的导航精度要优于松散组合,且可靠性和抗干扰能力强,适于高动态导航,本书即运用紧密组合导航方法,具体原理如图 4 - 18 所示。

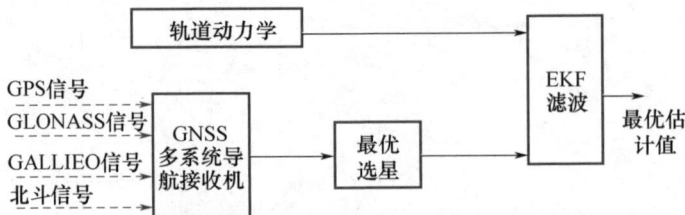

图 4-18　基于轨道动力学/GNSS 的自主导航方法

对于基于 GNSS 的卫星自主定轨方法而言,运行卫星在同一时刻跟踪到导航星信号包括 GPS、GLONASS、GALLIEO 和 BD 导航星,假设分别观测到的星数为 $n1,n2,n3,n4$,则其伪距观测方程有

$$
\begin{cases}
\rho_1^1 = \sqrt{(x-x_1^1)^2+(y-y_1^1)^2+(z-z_1^1)^2}+\mathrm{del}T_1+\delta r \\
\vdots \\
\rho_{n1}^1 = \sqrt{(x-x_{n1}^1)^2+(y-y_{n1}^1)^2+(z-z_{n1}^1)^2}+\mathrm{del}T_1+\delta r \\
\rho_1^2 = \sqrt{(x-x_1^2)^2+(y-y_1^2)^2+(z-z_1^2)^2}+\mathrm{del}T_2+\delta r \\
\vdots \\
\rho_{n2}^2 = \sqrt{(x-x_{n1}^2)^2+(y-y_{n2}^2)^2+(z-z_{n2}^2)^2}+\mathrm{del}T_2+\delta r \\
\rho_1^3 = \sqrt{(x-x_1^3)^2+(y-y_1^3)^2+(z-z_1^3)^2}+\mathrm{del}T_3+\delta r \\
\vdots \\
\rho_{n3}^3 = \sqrt{(x-x_{n3}^3)^2+(y-y_{n3}^3)^2+(z-z_{n3}^3)^2}+\mathrm{del}T_3+\delta r \\
\rho_1^4 = \sqrt{(x-x_1^4)^2+(y-y_1^4)^2+(z-z_1^4)^2}+\mathrm{del}T_4+\delta r \\
\vdots \\
\rho_{n4}^4 = \sqrt{(x-x_{n4}^4)^2+(y-y_{n4}^4)^2+(z-z_{n4}^4)^2}+\mathrm{del}T_4+\delta r
\end{cases}
\tag{4-30}
$$

式中:上标 1,2,3,4 标号分别代表 GPS,GLONASS,GALLIEO 和 BD 导航系统; $\mathrm{del}T_1,\mathrm{del}T_2,\mathrm{del}T_3,\mathrm{del}T_4$ 分别代表各个导航系统与接收机之间的钟差误差;δr 为伪距测量白噪声误差。

对伪距观测方程求导,即可得到伪距率观测方程。

设置大椭圆航天器轨道参数同前所述。设置 GNSS 导航系统伪距测量误差为 10m,伪距率测量误差为 0.2m/s,设置各个系统常值钟差等效误差为

10m,忽视频差等效误差,具体仿真结果如图 4 - 19 所示。

　　由图 4 - 19、图 4 - 20 可知,基于 GNSS/动力学约束的大椭圆轨道航天器自主导航方法由于结合了高精度的轨道预报信息,在同等仿真条件下,其位置估计精度为 13.47m,速度估计精度为 0.0213m/s,自主导航精度大为提高。

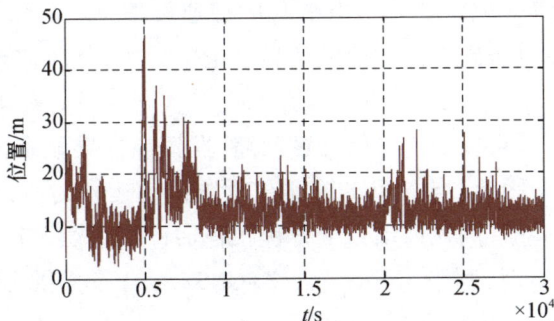

图 4 - 19　位置估计误差实时仿真

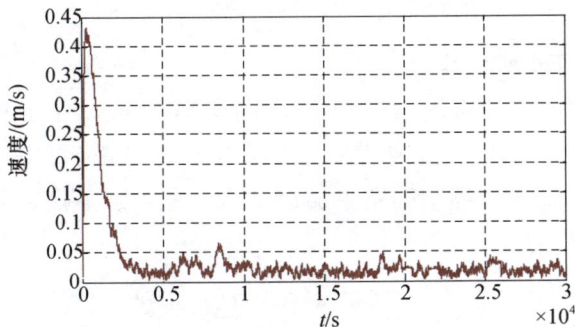

图 4 - 20　速度估计误差实时仿真

4.3　基于 SINS/GNSS/CNS 组合的融合自主导航

　　大椭圆轨道航天器自主导航的策略虽多,但单一导航系统往往会有各自不同的缺点。例如,惯性导航系统虽然具有无源、隐蔽、全自主等明显的优点,但其误差是随时间而积累的,这对需要长时间高精度运行的航天器而言不满足要求,而如果单考虑提高惯性导航系统的精度,就需要提高惯性器件和初始对准的精度,这将大大提高成本;GNSS 导航系统定位精度虽然很高,但其不是自主式导航设备,卫星信号很有可能被加上干扰。因此,将各种导航系统适当组合起来,取长补短以提高精度和稳定度已成为自主导航发展的趋势。通过对各个导航系统的适当组合,不仅可以大幅提高整个导航系统的精度,还可以增加整个导航系统的容错性能。

惯性导航系统一般敏感非引力引起的加速度信息,飞行器在开普勒轨道上运行时,加速度计敏感到的加速度信息理论上为零,此时惯导系统对导航解算没有任何帮助且会引入惯性器件误差从而扩大状态估计误差。机动飞行时加速度计输出非零,可以引入导航计算回路,发挥惯性导航系统实时、高精度、连续输出的优点。因此,当空间飞行器在轨非机动运行时,可以只使用 GNSS 导航和天文观测导航,同轨道动力学方程联合估计以提供飞行器导航信息;而当飞行器机动飞行时,则采用 SINS/天文/GNSS 组合以提供实时导航信息,从而最大程度消除轨道机动引起的误差。

4.3.1 空间惯性导航状态方程

1. 空间惯性导航算法编排

与捷联惯导(SINS)在航空中的应用不同,SINS 应用于卫星自主导航时,是相对于惯性空间的导航,并且导航解算直接在惯性系(i)中进行,因此星载 SINS 导航系统的比力方程中的有害加速度只有重力加速度,不需要进行哥氏补偿,其比力方程为

$$\left.\frac{\mathrm{d}^2 \boldsymbol{r}}{\mathrm{d}t^2}\right|_i = \boldsymbol{f}^i + \boldsymbol{g}^i = \boldsymbol{C}_b^i \boldsymbol{f}^b + \boldsymbol{g}^i \tag{4-31}$$

式中:$\boldsymbol{f}^b$ 为加速度计测的比力,即非引力加速度;$\boldsymbol{g}^i$ 为当地的引力加速度;$\boldsymbol{C}_b^i$ 为本体系到惯性系的坐标转换矩阵。

$\boldsymbol{g}^i$ 为地心惯性坐标系下的地球引力作用的加速度,其模型如下

$$\begin{cases} g_x = \dfrac{\mu x}{r^3}\left[1 - \dfrac{3}{2}J_2\left(\dfrac{R_\mathrm{E}}{r}\right)^2\left(\dfrac{5z^2}{r^2} - 1\right)\right] \\[3mm] g_y = \dfrac{\mu y}{r^3}\left[1 - \dfrac{3}{2}J_2\left(\dfrac{R_\mathrm{E}}{r}\right)^2\left(\dfrac{5z^2}{r^2} - 1\right)\right] \\[3mm] g_z = \dfrac{\mu z}{r^3}\left[1 - \dfrac{3}{2}J_2\left(\dfrac{R_\mathrm{E}}{r}\right)^2\left(3 - \dfrac{5z^2}{r^2}\right)\right] \end{cases} \tag{4-32}$$

式中:μ 为地球引力常数;x,y,z 为航天器在地心惯性坐标系内的投影;R_E 为地

球的半长轴;r 为地心至航天器质心的瞬时距离。

SINS 导航算法是指从惯性仪表的器件测量输出到给出姿态角、位置、速度等导航参数的计算方法。星载捷联系统的算法主要包括姿态矩阵的计算(即数学平台的计算部分)和导航计算(包括位置与速度的计算)两部分。在进行导航解算时,首先根据陀螺仪的测量参数和前一时刻导航参数解算出当前时刻的姿态矩阵,为导航解算搭建一个数学基准平台,实现由星体坐标系向导航坐标系的转换;再将加速度计测量值分解到导航坐标系下进行积分解算得到卫星位置、速度测量值。

2. 空间惯性导航状态参数解算

捷联惯导的姿态计算相当于平台式捷联惯导系统中的平台功能,即为捷联系统提供数学平台,其算法精度将直接影响导航系统导航参数的解算精度。通过 SINS 姿态解算可以实现以下功能:

(1) 通过陀螺敏感的角速度值可以直接计算出本体相对惯性系的姿态矩阵和姿态角。

(2) 用姿态矩阵可以把加速度计输出的比力值从本体系转换到惯性系。

通常姿态矩阵的求解有欧拉角法、方向余弦法和四元数法。由于四元数法具有全姿态工作、计算量小、误差小等优点,故当前的 SINS 系统基本都用四元数法。四元数法解姿态矩阵主要步骤如下:

(1) 根据当前的相对角速率 $\boldsymbol{\omega}_{ib}^{b}$ 求解四元数微分方程并规范化四元数。

(2) 由四元数计算姿态矩阵 $\boldsymbol{C}_i^b$。

(3) 由姿态矩阵 $\boldsymbol{C}_i^b$ 提取出实际的姿态角。

1) 四元数的初始化、规范化及其四元数微分方程求解

四元数的初始化是根据初始输入的姿态角来进行的。由于初始姿态角 γ,θ,ψ 已知,故采用下面的方法进行四元数的初始化:

$$
\begin{cases}
q_0 = \cos\dfrac{\psi}{2}\cos\dfrac{\theta}{2}\cos\dfrac{\gamma}{2} + \sin\dfrac{\psi}{2}\sin\dfrac{\theta}{2}\sin\dfrac{\gamma}{2} \\[2mm]
q_1 = \cos\dfrac{\psi}{2}\cos\dfrac{\theta}{2}\sin\dfrac{\gamma}{2} - \sin\dfrac{\psi}{2}\sin\dfrac{\theta}{2}\cos\dfrac{\gamma}{2} \\[2mm]
q_2 = \cos\dfrac{\psi}{2}\sin\dfrac{\theta}{2}\cos\dfrac{\gamma}{2} + \sin\dfrac{\psi}{2}\cos\dfrac{\theta}{2}\sin\dfrac{\gamma}{2} \\[2mm]
q_3 = \sin\dfrac{\psi}{2}\cos\dfrac{\theta}{2}\cos\dfrac{\gamma}{2} - \cos\dfrac{\psi}{2}\sin\dfrac{\theta}{2}\sin\dfrac{\gamma}{2}
\end{cases}
\tag{4-33}
$$

根据捷联惯性导航系统算法,其姿态四元数微分方程的形式为

$$\dot{\boldsymbol{Q}}(q) = \frac{1}{2}\boldsymbol{M}^*(\boldsymbol{\omega}_{ib}^b)\boldsymbol{Q}(q) \tag{4-34}$$

式中：$\boldsymbol{M}^*(\boldsymbol{\omega}_{ib}^b) = \begin{bmatrix} 0 & -\omega_{ibx}^b & -\omega_{iby}^b & -\omega_{ibz}^b \\ \omega_{ibx}^b & 0 & \omega_{ibz}^b & -\omega_{iby}^b \\ \omega_{iby}^b & -\omega_{ibz}^b & 0 & \omega_{ibx}^b \\ \omega_{ibz}^b & \omega_{iby}^b & -\omega_{ibx}^b & 0 \end{bmatrix}$。

上述微分方程的离散解析解为

$$\boldsymbol{Q}(t+1) = \left(\boldsymbol{I}\cos a + \frac{\sin a}{2a}\boldsymbol{B}\right)\boldsymbol{Q}(t) \tag{4-35}$$

式中：$\boldsymbol{I}$ 为单位矩阵。

$$\boldsymbol{Q}(t) = [\,q_0(t)\ q_1(t)\ q_2(t)\ q_3(t)\,]^{\mathrm{T}} \tag{4-36}$$

$[\mathrm{d}\theta_x\quad \mathrm{d}\theta_y\quad \mathrm{d}\theta_z]^{\mathrm{T}}$ 定义为本体系相对于惯性系的三个方向的瞬时转角，即

$$a = \frac{1}{2}[\,(\mathrm{d}\theta_x)^2 + (\mathrm{d}\theta_y)^2 + (\mathrm{d}\theta_z)^2\,]^{1/2} \tag{4-37}$$

$\boldsymbol{B}$ 是本体系相对惯性系瞬时转角的反对称矩阵，即

$$\boldsymbol{B} = \int_0^t \boldsymbol{M}^*(\boldsymbol{\omega}_{ib}^b)\,\mathrm{d}t = \begin{bmatrix} 0 & -\mathrm{d}\theta_x & -\mathrm{d}\theta_y & -\mathrm{d}\theta_z \\ \mathrm{d}\theta_x & 0 & \mathrm{d}\theta_z & -\mathrm{d}\theta_y \\ \mathrm{d}\theta_y & -\mathrm{d}\theta_z & 0 & \mathrm{d}\theta_x \\ \mathrm{d}\theta_z & \mathrm{d}\theta_y & -\mathrm{d}\theta_x & 0 \end{bmatrix} \tag{4-38}$$

综上，根据 $\boldsymbol{\omega}_{ib}^b$ 求解四元数微分方程，即可得到递推后新的 $\boldsymbol{Q}(t+1)$。

为了保持四元数良好的类似正交性能，需要对其进行规范化，以保持在三维空间的正交性，四元数规范化公式为

$$q_i = \frac{\hat{q}_i}{(q_0{}^2 + q_1{}^2 + q_2{}^2 + q_3{}^2)^{1/2}} \tag{4-39}$$

式中：q_i 是规范化后的四元数。

2）由四元数计算姿态矩阵 $\boldsymbol{C}_i^b$

得到四元数后，根据四元数与姿态矩阵的关系可得到本体系与惯性系之间的姿态矩阵 $\boldsymbol{C}_b^i$ 为

$$\boldsymbol{C}_b^i = \begin{bmatrix} q_0{}^2 + q_1{}^2 - q_2{}^2 - q_3{}^2 & 2(q_1q_2 - q_0q_3) & 2(q_1q_3 + q_0q_2) \\ 2(q_1q_2 + q_0q_3) & q_0{}^2 + q_2{}^2 - q_1{}^2 - q_3{}^2 & 2(q_2q_3 + q_0q_1) \\ 2(q_1q_3 - q_0q_2) & 2(q_2q_3 - q_0q_1) & q_0{}^2 + q_3{}^2 - q_1{}^2 - q_2{}^2 \end{bmatrix}$$

$$= (C_{ij})_{3\times3} \qquad\qquad (4-40)$$

再由 $\boldsymbol{C}_b^i$ 矩阵的正交性,就可以得到可求解姿态角的 $\boldsymbol{C}_i^b$ 矩阵。

3)由姿态矩阵 $\boldsymbol{C}_i^b$ 提取姿态角

本体系相对于地心惯性坐标系下的姿态矩阵描述为

$$\boldsymbol{C}_i^b = \begin{bmatrix} \cos\gamma\cos\psi + \sin\gamma\sin\theta\sin\psi & -\cos\gamma\sin\psi + \sin\gamma\sin\theta\cos\psi & -\sin\gamma\cos\theta \\ \cos\theta\sin\psi & \cos\theta\cos\psi & \sin\theta \\ \sin\gamma\cos\psi - \cos\gamma\sin\theta\sin\psi & -\sin\gamma\sin\psi - \cos\gamma\sin\theta\cos\psi & \cos\gamma\cos\theta \end{bmatrix}$$

$$(4-41)$$

式中:θ 为俯仰角;γ 为横滚角;ψ 为方位角。

根据式(4-41),当由四元数得到对等的姿态矩阵后,由姿态矩阵与姿态角的对应关系,可得到本体的三个姿态角。用 $\boldsymbol{T}_{ij}$ 表示 $\boldsymbol{C}_i^b$ 的元素($i, j = 1, 2, 3$)则可得

$$\begin{cases} \psi = \arctan\dfrac{T_{21}}{T_{22}} \\[2mm] \theta = \arcsin T_{23} \\[2mm] \gamma = -\arctan\dfrac{T_{13}}{T_{33}} \end{cases} \qquad (4-42)$$

SINS 系统位置速度解算常用数值积分法,常用的积分方法有龙格-库塔法,根据精度要求可分为一阶、二阶、四阶龙格-库塔法,具体做法如下。

(1)速度计算。

由于加速度计固连在本体上,它的输出是本体系相对于惯性空间的比力在本体系上的投影。因此,需要把原始输出比力 $\boldsymbol{f}_{ib}^b$ 转换为 $\boldsymbol{f}_{ib}$,当已得到了姿态转移矩阵 $\boldsymbol{C}_b^i$ 后,比力的转换关系为

$$\boldsymbol{f}_{ib}^i = \boldsymbol{C}_b^i \cdot \boldsymbol{f}_{ib}^b \qquad\qquad (4-43)$$

$$\boldsymbol{f} = \dot{\boldsymbol{v}}_{ei} - \boldsymbol{g} \qquad\qquad (4-44)$$

可得本体在地心惯性坐标系中的速度微分方程为

$$\begin{cases} \dot{v}_x = f_x^i + g_x \\ \dot{v}_y = f_y^i + g_y \\ \dot{v}_z = f_z^i + g_z \end{cases} \qquad (4-45)$$

由式(4-45)可求得卫星在地心惯性坐标系中的加速度,再根据龙格-库塔积分方法可得到实时的卫星运行速度。式中,g_x,g_y,g_z分别为在卫星位置处的当地地心引力系数。速度微分方程是一阶三维微分方程,随着比力f_{ib}^i的变化,速度会不断变化。

（2）位置计算。

对求得的卫星速度根据龙格-库塔法积分,便可得到各个时刻在地心惯性系下坐标。

4.3.2 SINS/星敏感器/GNSS 组合导航观测方程

1. SINS/星敏感器组合导航观测方程

天文导航系统中可以采用星敏感器(SS)获取恒星在飞行器本体中的方向矢量以计算飞行器本体相对于惯性系的姿态[8]。采用双矢量定姿的方法可以计算出飞行器相对于惯性坐标系的变换矩阵C_b^i。如果精确已知飞行器的位置和速度,即可直接得到飞行器相对于轨道坐标系的姿态信息。

基于 SINS/CNS 的卫星自主定轨方法以 SINS 误差方程作为状态方程,星敏感器输出的姿态角信息和根据 SINS 输出推算得到的姿态角之差作为量测量进行全信息组合,利用最优估计方法对位置、速度、姿态误差、SINS 的元器件常值误差进行最优估计,再将所得到的误差对 SINS 输出的位置、速度、姿态估计值和元器件输出值进行校正,从而得到最优导航参数[9,10]。其具体量测方程为

$$\begin{bmatrix} \gamma_C - \gamma_I \\ \theta_C - \theta_I \\ \psi_C - \psi_I \end{bmatrix} = \begin{bmatrix} \cos(\psi) & -\sin(\psi) & 0 \\ \dfrac{\sin(\psi)}{\cos(\gamma)} & \dfrac{\cos(\psi)}{\cos(\gamma)} & 0 \\ \sin(\psi)\tan(\theta) & \cos(\psi)\tan(\theta) & -1 \end{bmatrix} \begin{bmatrix} \phi_x \\ \phi_y \\ \phi_z \end{bmatrix} + \Delta v$$

$$(4-46)$$

式中:γ_I,θ_I,ψ_I分别为 SINS 输出的横滚、俯仰、偏航姿态角度;γ_C,θ_C,ψ_C为天文导航系统输出的姿态角度;ϕ_x,ϕ_y,ϕ_z为平台误差角。

通过 CCD 星敏感器输出的星光矢量与地平仪输出的地心矢量构成的星光角距对卫星位置具有可观测性[11]，星光角距表达式如下

$$\alpha = a\cos\left(-\frac{\boldsymbol{r} \cdot \boldsymbol{s}}{|\boldsymbol{r}|}\right) \tag{4-47}$$

根据 SINS 输出的位置矢量结合已知星历所计算得的星光角距计算值为 α_I，运用 CCD 星敏感器和地平仪测得的星光角距设为 α_C，以 $\alpha_C - \alpha_I$ 作为量测值，单个星光角距的具体量测方程为

$$[\alpha_C - \alpha_I] = \left[-\frac{\partial \alpha}{\partial x} \quad -\frac{\partial \alpha}{\partial y} \quad -\frac{\partial \alpha}{\partial z}\right]\begin{bmatrix}\delta x \\ \delta y \\ \delta z\end{bmatrix} + \Delta s \tag{4-48}$$

式中：$\dfrac{\partial \alpha}{\partial x} = \dfrac{(s_x \cdot x^2 + (s_y \cdot y + s_z \cdot z) \cdot x - s_x \cdot r^2)}{r^2 \cdot \sqrt{r^2 - (x \cdot s_x + y \cdot s_y + z \cdot s_z)^2}}$；

$\dfrac{\partial \alpha}{\partial y} = \dfrac{(s_y \cdot y^2 + (s_x \cdot x + s_z \cdot z) \cdot y - s_y \cdot r^2)}{r^2 \cdot \sqrt{r^2 - (x \cdot s_x + y \cdot s_y + z \cdot s_z)^2}}$；

$\dfrac{\partial \alpha}{\partial z} = \dfrac{(s_z \cdot z^2 + (s_x \cdot x + s_y \cdot y) \cdot z - s_z \cdot r^2)}{r^2 \cdot \sqrt{r^2 - (x \cdot s_x + y \cdot s_y + z \cdot s_z)^2}}$；

Δs 为星光角距测量误差，主要考虑地平仪的误差。

通过地平仪观测信息可以直接计算出卫星到地心的距离 r_C，根据 SINS 系统输出的位置计算得到的地心距为 r_I，具体量测方程表达式为

$$[r_C - r_I] = \left[-\frac{\partial r}{\partial x} \quad -\frac{\partial r}{\partial y} \quad -\frac{\partial r}{\partial z}\right]\begin{bmatrix}\delta x \\ \delta y \\ \delta z\end{bmatrix} + \Delta r \tag{4-49}$$

2. SINS/GNSS 组合导航观测方程

基于 SINS/GNSS 紧密组合的自主导航方法采用的量测量为经最优选星后的可见导航星伪距和伪距率[12]，其量测方程有伪距量测方程和伪距率量测方程。

在组合导航系统中，设置星载 SINS 输出的位置为 (x_I, y_I, z_I)，由卫星星历确定的位置为 (x_i^j, y_i^j, z_i^j)（$j = 1, 2, 3, 4$ 分别代表 BD、GLONASS、GPS、GALLIEO 卫星导航系统，i 代表同一导航系统的某一卫星编号），则可得到相应于 SINS 的伪距 ρ_{Ii}^j，设 GNSS 接收机得到的伪距为 ρ_{Gi}^j，则两者伪距之差可作为组合导航系统的滤波观测量，并用泰勒级数展开，如下所示

$$\rho_{Ii}^{j} = \left[(x_I - x_i^j)^2 + (y_I - y_i^j)^2 + (z_I - z_i^j)^2 \right]^{\frac{1}{2}}$$

$$= \left[(x - x_i^j)^2 + (y - y_i^j)^2 + (z - z_i^j)^2 \right]^{\frac{1}{2}} + \frac{\partial \rho_{Ii}^j}{\partial x}\delta x + \frac{\partial \rho_{Ii}^j}{\partial y}\delta y + \frac{\partial \rho_{Ii}^j}{\partial z}\delta z$$

$$= r_i^j + e_{ix}^j \cdot \delta x + e_{iy}^j \cdot \delta y + e_{iz}^j \cdot \delta z \tag{4-50}$$

$$\rho_{Gi}^j = r_i^j + \Delta t_j + \Delta \rho \tag{4-51}$$

伪距量测方程为

$$\delta \rho_{Ii}^j = \rho_{Gi}^j - \rho_{Ii}^j = - e_{ix}^j \cdot \delta x - e_{iy}^j \cdot \delta y - e_{iz}^j \cdot \delta z + \Delta t_j + \Delta \rho \tag{4-52}$$

式中：$e_{ix}^j = \dfrac{x - x_i^j}{r_i^j}$，$e_{iy}^j = \dfrac{y - y_i^j}{r_i^j}$，$e_{iz}^j = \dfrac{z - z_i^j}{r_i^j}$；$\Delta \rho$ 为伪距测量白噪声。在所有可见 GNSS 导航星中，选取 12 颗构型最优的导航星，构成量测方程为

$$\delta \boldsymbol{\rho} = \begin{bmatrix} -e_{1x}^1 & -e_{1y}^1 & -e_{1z}^1 & 1 & 0 & 0 & 0 \\ \vdots & \vdots & \vdots & \vdots & \vdots & \vdots & \vdots \\ -e_{ix}^1 & -e_{iy}^1 & -e_{iz}^1 & 1 & 0 & 0 & 0 \\ -e_{1x}^2 & -e_{1y}^2 & -e_{1z}^2 & 0 & 1 & 0 & 0 \\ \vdots & \vdots & \vdots & \vdots & \vdots & \vdots & \vdots \\ -e_{ix}^2 & -e_{iy}^2 & -e_{iz}^2 & 0 & 1 & 0 & 0 \\ -e_{1x}^3 & -e_{1y}^3 & -e_{1z}^3 & 0 & 0 & 1 & 0 \\ \vdots & \vdots & \vdots & \vdots & \vdots & \vdots & \vdots \\ -e_{ix}^3 & -e_{iy}^3 & -e_{iz}^3 & 0 & 0 & 1 & 0 \\ -e_{1x}^4 & -e_{1y}^4 & -e_{1z}^4 & 0 & 0 & 0 & 1 \\ \vdots & \vdots & \vdots & \vdots & \vdots & \vdots & \vdots \\ -e_{ix}^4 & -e_{iy}^4 & -e_{iz}^4 & 0 & 0 & 0 & 1 \end{bmatrix} \cdot \begin{bmatrix} \delta x \\ \delta y \\ \delta z \\ \Delta t_1 \\ \Delta t_2 \\ \Delta t_3 \\ \Delta t_4 \end{bmatrix} + \Delta \rho \tag{4-53}$$

星载 SINS 系统相对于 GNSS 导航星有相对运动，其相对运动的变化率可有下式

$$\dot{\rho}_{Ii}^j = e_{ix}^j \cdot (\dot{x}_I - \dot{x}_i^j) + e_{iy}^j \cdot (\dot{y}_I - \dot{y}_i^j) + e_{iz}^j \cdot (\dot{z}_I - \dot{z}_i^j)$$

$$= e_{ix}^j \cdot (\dot{x} - \dot{x}_i^j) + e_{iy}^j \cdot (\dot{y} - \dot{y}_i^j) + e_{iz}^j \cdot (\dot{z} - \dot{z}_i^j) +$$

$$e_{ix}^j \cdot \delta \dot{x} + e_{iy}^j \cdot \delta \dot{y} + e_{iz}^j \cdot \delta \dot{z} \tag{4-54}$$

星载 GPS 接收机测得的伪距率为

$$\dot{\rho}_{Gi}^{j} = e_{ix}^{j} \cdot (\dot{x} - \dot{x}_i^j) + e_{iy}^{j} \cdot (\dot{y} - \dot{y}_i^j) + e_{iz}^{j} \cdot (\dot{z} - \dot{z}_i^j) + \Delta\dot{\rho} \quad (4-55)$$

将 SINS 输出值与星载 GPS 输出值相减为伪距率量测方程,即

$$\dot{\rho}_{Gi}^{j} - \dot{\rho}_{1i}^{j} = - e_{ix}^{j} \cdot \delta\dot{x} - e_{iy}^{j} \cdot \delta\dot{y} - e_{iz}^{j} \cdot \delta\dot{z} + \Delta\dot{\rho} \quad (4-56)$$

GNSS 接收机选择构型最优的 12 颗导航星信号,构成量测方程,即

$$\delta\dot{\boldsymbol{\rho}} = \begin{bmatrix} -e_{1x}^{1} & -e_{1y}^{1} & -e_{1z}^{1} \\ \vdots & \vdots & \vdots \\ -e_{ix}^{1} & -e_{iy}^{1} & -e_{iz}^{1} \\ -e_{1x}^{2} & -e_{1y}^{2} & -e_{1z}^{2} \\ \vdots & \vdots & \vdots \\ -e_{ix}^{2} & -e_{iy}^{2} & -e_{iz}^{2} \\ -e_{1x}^{3} & -e_{1y}^{3} & -e_{1z}^{3} \\ \vdots & \vdots & \vdots \\ -e_{ix}^{3} & -e_{iy}^{3} & -e_{iz}^{3} \\ -e_{1x}^{4} & -e_{1y}^{4} & -e_{1z}^{4} \\ \vdots & \vdots & \vdots \\ -e_{ix}^{4} & -e_{iy}^{4} & -e_{iz}^{4} \end{bmatrix} \cdot \begin{bmatrix} \delta\dot{x} \\ \delta\dot{y} \\ \delta\dot{z} \end{bmatrix} + \Delta\dot{\boldsymbol{\rho}} \quad (4-57)$$

4.3.3 SINS/星敏感器/GNSS 组合系统信息融合方法

1. 联邦滤波算法

联邦滤波作为分散滤波的一种是通过对分散滤波技术的进一步改进而来的,是一种两级滤波结构的滤波算法,由一个主滤波器和若干子滤波器组成,其主要思想是选择信息输出全面连续、可靠性高的导航系统作为公共参考系统,与其他子滤波器进行两两结合,形成多个子滤波器,各个子滤波器并行运行,得到局部状态最优估计,再将各个子滤波器输出的局部最优估计送入主滤波器进行最优融合即得到全局最优估计[13]。

1)联邦滤波的方法

本节采用带故障诊断重置子滤波器的联邦滤波方法。在该联邦滤波方法中,主滤波器无信息分配,信息在各子滤波器之间平均分配。该联邦滤波方法信息融合后的全局滤波精度最高,局部滤波因为有全局滤波的重置,故子滤波

器的精度相对无重置的情况下有所提高。

另外该联邦滤波方法还采用基于测量残差的故障诊断方法,通过对各子系统信息的诊断判定子滤波器是否异常,这样一旦检测出有故障的子滤波器便可及时隔离该子系统,并对剩余的子系统进行重构,有效提高了系统的故障容错能力(FDIR)。

2)联邦滤波算法流程

假设系统的状态方程:

$$X_k = \boldsymbol{\Phi}_{k,k-1}X_{k-1} + \boldsymbol{\Gamma}_{k-1}W_{k-1} \tag{4-58}$$

第 i 个子系统的量测方程:

$$Z_{i,k} = H_{i,k}X_{i,k} + V_{i,k} \tag{4-59}$$

全局最优状态估计和协方差为 $\hat{X}_g$ 和 P_g;各个子滤波器的状态局部最优估计和协方差为 $\hat{X}_i$ 和 P_i;由于主滤波器的信息分配为0,故主滤波器不需要滤波,只进行信息最优融合,主滤波器的状态即为全局最优估计 $\hat{X}_m = \hat{X}_g$。该联邦滤波的具体算法流程如下。

(1)将各个子滤波器的初始估计协方差设置为组合系统初始值的 β_i 倍,β_i 满足信息守恒守则,即

$$\begin{cases} \boldsymbol{P}_{i,k-1}^{-1} = \beta_i \boldsymbol{P}_{g,k-1}^{-1}, (i = 1, 2, \cdots, n) \\ \sum_{i=1}^{n} \beta_i = 1 \end{cases} \tag{4-60}$$

(2)对公共系统的噪声和状态信息进行信息分配,分配原则为

$$\begin{cases} \boldsymbol{Q}_{i,k-1}^{-1} = \beta_i \boldsymbol{P}_{g,k-1}^{-1}, (i = 1, 2, \cdots, n) \\ \hat{\boldsymbol{X}}_{i,k-1} = \hat{\boldsymbol{X}}_{g,k-1} \end{cases} \tag{4-61}$$

(3)对各个子滤波器进行时间更新,即

$$\begin{cases} \boldsymbol{P}_{i,k/k-1} = \boldsymbol{\Phi}_{k,k-1} \boldsymbol{P}_{i,k-1} \boldsymbol{\Phi}_{k,k-1}^{\mathrm{T}} + \boldsymbol{\Gamma}_{k,k-1} \boldsymbol{Q}_{i,k-1} \boldsymbol{\Gamma}_{k,k-1}^{\mathrm{T}} \\ \hat{\boldsymbol{X}}_{i,k/k-1} = \boldsymbol{\Phi}_{k,k-1} \hat{\boldsymbol{X}}_{i,k-1} \end{cases} \tag{4-62}$$

(4)对各个子滤波器进行量测更新,即

$$\begin{cases} \boldsymbol{K}_{i,k} = \boldsymbol{P}_{i,k/k-1} \boldsymbol{H}_{i,k}^{\mathrm{T}} (\boldsymbol{H}_{i,k} \boldsymbol{P}_{i,k/k-1} + \boldsymbol{H}_{i,k}^{T} + \boldsymbol{R}_k)^{-1} \\ \boldsymbol{P}_{i,k} = (\boldsymbol{I} - \boldsymbol{K}_{i,k} \boldsymbol{H}_{i,k}) \boldsymbol{P}_{k/k-1} \\ \hat{\boldsymbol{X}}_{i,k} = \hat{\boldsymbol{X}}_{i,k/k-1} + \boldsymbol{K}_{i,k} (\boldsymbol{Z}_{i,k} - \boldsymbol{H}_{i,k} \hat{\boldsymbol{X}}_{i,k/k-1}) \end{cases} \tag{4-63}$$

（5）对各个子滤波器进行故障诊断、隔离。

设置故障诊断函数为

$$\lambda_{i,k} = \boldsymbol{r}_{i,k}^{\mathrm{T}} \boldsymbol{A}_{i,k}^{-1} \boldsymbol{r}_{i,k} \tag{4 - 64}$$

式中：$\boldsymbol{r}_{i,k}$ 为残差，$\boldsymbol{r}_{i,k} = \boldsymbol{Z}_{i,k} - \boldsymbol{H}_{i,k} \hat{\boldsymbol{X}}_{i,k/k-1}$；$\boldsymbol{A}_{i,k}$ 为方差，$\boldsymbol{A}_{i,k} = \boldsymbol{H}_{i,k} \boldsymbol{P}_{i,k/k-1} \boldsymbol{H}_{i,k}^{\mathrm{T}} +$ $\boldsymbol{R}_{i,k}$。根据误警率设置故障诊断门限值 T_{D}，判定准则为：

若 $\lambda_{i,k} > T_{\mathrm{D}}$，则判定该子系统有故障；

若 $\lambda_{i,k} < T_{\mathrm{D}}$，则判定该子系统无故障。

一旦判定出某子滤波器有量测故障，则对该子系统进行隔离。

（6）将所有的无故障子系统所得的局部最优估计送入主滤波器进行全局最优估计，即

$$\begin{cases} \boldsymbol{P}_{g,k}^{-1} = \displaystyle\sum_{i=1}^{n} \boldsymbol{P}_{i,k/k}^{-1} \\[2mm] \boldsymbol{P}_{g,k}^{-1} \hat{\boldsymbol{X}}_{g,k} = \displaystyle\sum_{1=1}^{n} \boldsymbol{P}_{i,k/k}^{-1} \hat{\boldsymbol{X}}_{i,k/k} \end{cases} \tag{4 - 65}$$

为提高联邦滤波器的容错自适应性能，信息分配系数采用如下计算方法，即

$$\beta_i (k)^{-1} = \frac{\| \boldsymbol{P}_i (k - 1) \|_F}{\displaystyle\sum_{1}^{n} \| \boldsymbol{P}_i (k - 1) \|_F} \tag{4 - 66}$$

式中：$\| \bullet \|_F$ 为 Frobenius 范数。动态滤波过程中，β_i 随各子系统滤波误差协方差阵 $\boldsymbol{P}$ 的变化而实时改变，实现了在线自适应调整各传感器分配系数的功能。

2. 自主导航子滤波算法

基于 SINS/星敏感器/GNSS 组合的大椭圆轨道航天器自主导航方法中，其子系统组合滤波采用反馈滤波闭环组合方式，将系统状态方程和量测方程分别离散化得

$$\begin{cases} \boldsymbol{X}_k = \boldsymbol{\Phi}_{k,k-1} \boldsymbol{X}_{k-1} + \boldsymbol{\Gamma}_{k-1} \boldsymbol{W}_{k-1} \\[2mm] \boldsymbol{Z}_k = \boldsymbol{H}_k \boldsymbol{X}_k + \boldsymbol{V}_k \end{cases} \tag{4 - 67}$$

式中：$\boldsymbol{\Phi}_{k,k-1} = \displaystyle\sum_{n=0}^{\infty} [\boldsymbol{F}(t_k) T]^n / n!$；$\boldsymbol{\Gamma}_{k-1} = \left\{ \displaystyle\sum_{n=1}^{\infty} \left[\frac{1}{n!} (\boldsymbol{F}(t_k) T)^{n-1} \right] \right\} \boldsymbol{G}(t_k) T$，$T$ 为迭代周期；$\boldsymbol{X}_k$ 为 k 时刻的状态向量；$\boldsymbol{\Phi}_{k,k-1}$ 为 $k-1$ 到 k 时刻的系统一步转移

矩阵;$\boldsymbol{\Gamma}_{k-1}$为系统噪声驱动矩阵;$\boldsymbol{W}_{k-1}$为$k-1$时刻的系统噪声;$\boldsymbol{Z}_k$为$k$时刻观测向量;$\boldsymbol{H}_k$为$k$时刻的量测矩阵;$\boldsymbol{V}_k$为$k$时刻量测噪声。可得离散卡尔曼滤波基本方程为

$$\begin{cases} \hat{\boldsymbol{X}}_{k/k-1} = \boldsymbol{\Phi}_{k,k-1}\hat{\boldsymbol{X}}_{k-1} \\ \hat{\boldsymbol{X}}_k = \hat{\boldsymbol{X}}_{k/k-1} + \boldsymbol{K}_k[\boldsymbol{Z}_k - \boldsymbol{H}_k\hat{\boldsymbol{X}}_{k/k-1}] \\ \boldsymbol{K}_k = \boldsymbol{P}_{k/k-1}\boldsymbol{H}_k^{\mathrm{T}}[\boldsymbol{H}_k\boldsymbol{P}_{k/k-1}\boldsymbol{H}_k^{\mathrm{T}} + \boldsymbol{R}_k]^{-1} \\ \boldsymbol{P}_{k/k-1} = \boldsymbol{\Phi}_{k,k-1}\boldsymbol{P}_{k-1}\boldsymbol{\Phi}_{k-1}^{\mathrm{T}} + \boldsymbol{\Gamma}_{k-1}\boldsymbol{Q}_{k-1}\boldsymbol{\Gamma}_{k-1}^{\mathrm{T}} \\ \boldsymbol{P}_k = [\boldsymbol{I} - \boldsymbol{K}_k\boldsymbol{H}_k]\boldsymbol{P}_{k/k-1}[\boldsymbol{I} - \boldsymbol{K}_k\boldsymbol{H}_k]^{\mathrm{T}} + \boldsymbol{K}_k\boldsymbol{R}_k\boldsymbol{K}_k^{\mathrm{T}} \end{cases} \quad (4-68)$$

3. 基于联邦滤波的 SINS/CNS/GNSS 大椭圆航天器自主导航方法

虽然将来俄罗斯 GLONASS、欧洲 GALLIEO 和中国的"北斗"二代导航系统都将陆续布置完备,形成多系统兼容的导航格局,但是一旦某导航系统产生误差干扰,不仅会使导航精度降低,同时也会干扰其他导航系统的组合导航精度。即使检测出故障将该导航系统除去,该导航系统出错产生的误差也需要通过一段时间方能恢复[14]。因此,本章所介绍的 SINS/GNSS 组合方法将 SINS 系统分别与每一个 GNSS 导航系统形成一个子滤波器进行滤波估计,这样一旦检测出某导航系统出错,只需将该子滤波器隔离即可,提高了系统的容错性,同时分散化组合滤波的形式使得 GNSS 在组合之前不需要选星,有很高的实时性,从而充分利用了各个导航系统的可见星量测信息。

对于 SINS/CNS 组合导航,由于 CNS 系统星敏和地平仪联合输出的星光角距跟星敏输出的姿态测量信息和地平仪输出的地心距具有一定的误差相关性,会影响组合导航的效果。为避免测量信息误差相关带来的估计精度影响,本章所介绍的 SINS/GNSS 导航方法将 SINS 系统分别与姿态测量信息、星光角距和地心距形成三个独立的子滤波器进行局部最优估计,并与 SINS/GNSS 系统各子滤波器一同进行最优融合得到 SINS/CNS/GNSS 最优估计结果。本章所介绍的基于联邦滤波的 SINS/CNS/GNSS 组合自主导航方法如图 4-21 所示。

4. 大椭圆航天器 SINS/GNSS/CNS 组合导航仿真分析

设置大椭圆轨道航天器轨道参数同前所述。航天器姿态在惯性空间保持稳定,在 $T1=1000\mathrm{s}$ 时,发动机点火,推力沿轨道机动航天器导航系(即惯性

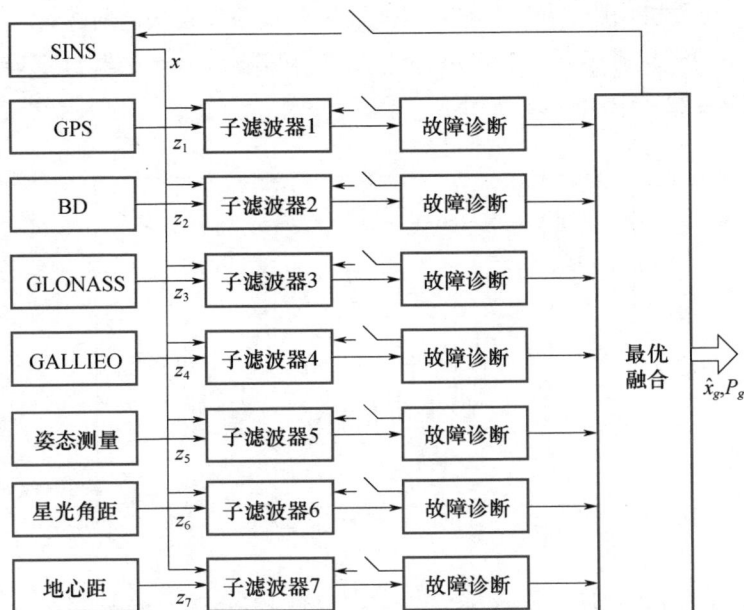

图 4 - 21　基于联邦滤波的 SINS/CNS/GNSS 组合导航方法

系)的 $-x$ 方向,作用加速度为 1 m/s^2,作用时间为 200s,$T2 = 1200$s 时刻关机。在 $T3 = 2000$s 时,发动机再次点火,推力沿轨道机动航天器导航系(即惯性系) z 方向,作用加速度为 2 m/s^2,作用时间为 100s,$T4 = 2100$s 时刻关机。

设置 SINS 导航系统惯性器件的测量误差如表 4 - 1 所列。

表 4 - 1　SINS 系统器件的常值相关漂移设置

陀螺仪	随机常值漂移/(°/h)	0.1
	一阶马尔可夫相关时间/s	3600
	白噪声漂移/(°/h)	0.1
	刻度系数误差	0.00005
	安装角误差/(″)	3
加速度计	随机常值漂移/g	0.0001
	一阶马尔可夫相关时间/s	1800
	白噪声漂移/g	0.0001
	刻度系数误差	0.0001
	安装误差角/(″)	5

GNSS 接收机伪距、伪距率测量误差及钟差频差设置同前所述。

基于 SINS/星敏感器/GNSS 联邦组合的大椭圆轨道航天器自主导航仿真结果如图 4 - 22 至图 4 - 24 所示。

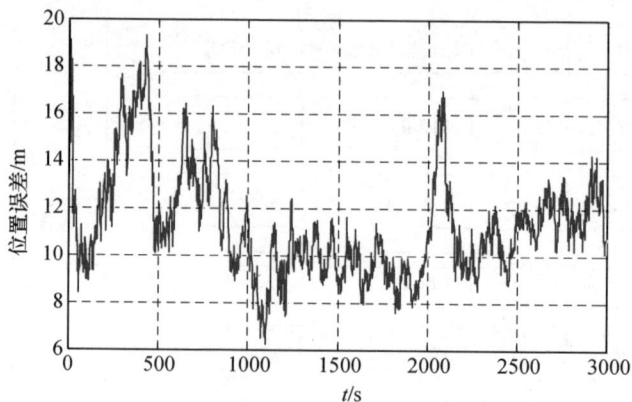

图 4 - 22　基于 SINS/CNS/GNSS 组合的位置估计误差

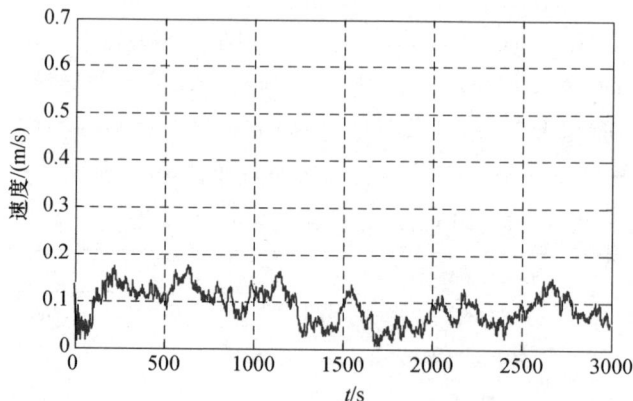

图 4 - 23　基于 SINS/CNS/GNSS 组合的速度估计误差

由仿真结果可知,基于 SINS/CNS/GNSS 的航天器自主导航方法结合了 GNSS 导航系统高精度位置估计的优点和天文观测导航系统高精度姿态估计的优点,在上述仿真条件下,其位置估计误差为 18.56m,速度估计误差为 0.0987m/s,三轴姿态估计误差不超过 0.002°,均具有较高的精度。

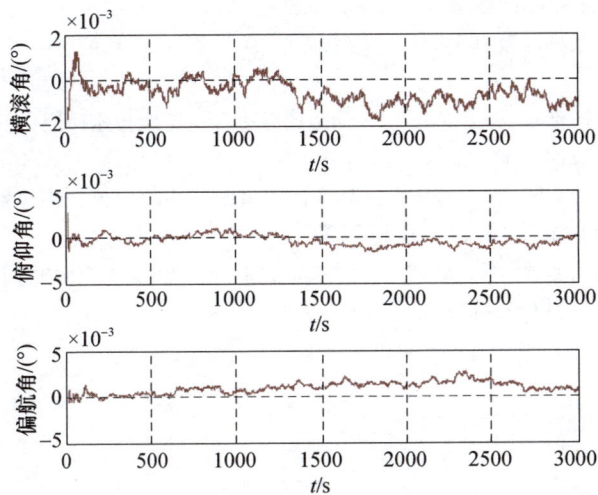

图 4 - 24　基于 SINS/CNS/GNSS 组合的三轴姿态估计误差

参 考 文 献

[1] 李勇,魏春岭. 卫星自主导航技术发展综述[J]. 航天控制,2005,20(2):70-74.

[2] 谭龙玉,康国华,陈少华,等. 一种基于磁测增强的高空长航无人机导航方案[J]. 四川兵工学报,2012,33(2):4-8.

[3] 谭龙玉,康国华,张玉纯,等. 地磁辅助下的惯导/GPS 组合导航方案的研究[C]. 第四届中国信息融合大会,2012.

[4] 彭杨,贺亮,韩飞,等. 天文自主导航敏感器短时数据突变问题研究[C]. 中国控制会议,2013.

[5] 杨文博,贺亮,韩飞,等. 一种弱星座信号下的高轨航天器自主导航改进滤波算法[C]. 上海市惯性学会学术交流会,2012 年.

[6] 杨文博. 基于 GNSS 的高轨航天器自主导航方法[C]. 上海市宇航学会,2012 年.

[7] Yang Wenbo. Adaptive autonomous navigation method for HEO satellite based on multi-constellation information[C]. 14thISCOPS,2014.

[8] 房建成,宁晓琳,田玉龙. 航天器自主天文导航原理与方法[M]. 北京:国防工业出版社,2006.

[9] Hicks D K,Wiesel J. Autonomous orbit determination system for earth satellites[J]. Journal of Guidance, Control and Dynamics,1998,15(3):562-566.

[10] Gounley R, White R, Gai E. Autonomous satellite navigation by stellar refraction[C].

Guidance and Control Conference,1983,359 – 367.

[11] 王广君. 星敏感器及其星图处理技术研究[D]. 北京:北京航空航天大学博士后出站报告,2005.

[12] 张丽敏,熊智,郁丰,等. 基于 GPS 伪距的微小卫星定轨技术研究[J]. 中国空间科学技术,2008,27(4):30 – 33.

[13] 张丽敏,熊智,乔黎,等. 基于雷达高度计 – 星敏感器的卫星自主导航精度分析[J]. 传感器与微系统,2008,27(4):30 – 33.

[14] 华冰,刘建业,熊智,等. SINS/北斗/星敏感器组合导航系统研究[J]. 应用科学学报,2006,24(2):120 – 124.

第 5 章
区域星座自主导航技术

▶ 5.1 引言

区域星座自主导航技术是指区域整星座在不依赖于地面站测控的基础上,利用星间相互测量通信系统和星上自主测量设备测得信息再结合高精度轨道预报信息,然后通过信息融合最优估计得到整星座长期高精度轨道参数。大椭圆轨道星座自主导航系统一般以整个星座为研究对象,充分利用星间空间约束信息来达到星座卫星自主长期高精度定轨目的,其过程一般为:以星间链路测距和测速信息为自主导航测量信息,结合高精度轨道预报信息,通过整网最优估计算法得到高精度星座卫星轨道参数估计值[1,2]。

由星座自主导航系统的运行机理及误差产生原理可知,基于星间测量通信的大椭圆轨道星座自主导航系统虽然短期自主导航精度较高,但是由于星间相互测量信息仅仅提供了星座卫星之间的准确的相对位置信息和相对速度信息,而无法提供相对于惯性空间的绝对基准信息,因此随着时间推移整星座估计误差呈现缓慢的一致发散趋势。要抑制这种误差估计的一致性旋转发散趋势,唯有引入惯性基准测量信息作为星座自主导航系统的整网滤波量测信息,从而抑制整星座的误差估计旋转发散趋势[3]。

本章主要介绍大椭圆轨道区域星座自主导航系统定轨方法,首先介绍基于星间测距通信的大椭圆轨道星座自主导航系统方法,包括高精度轨道预报技术、星间链路测距技术、星座自主导航系统的整网滤波技术;在此基础上,分析大椭圆区域星座自主导航整体旋转误差,介绍一种基于星间定向观测的星座构型旋转估计误差抑制方法,并进行相应的仿真分析。

5.2 基于星间测距的区域星座自主导航

5.2.1 大椭圆轨道星座自主导航系统方法概述

在大椭圆轨道星座自主导航系统方法具体实施过程中,一般将星座内卫星分为只有星间链路测量通信功能的自主运行星和具有强大数据处理功能的中心主星。高精度轨道预报一般分散于星座内各自主星中进行,同时星座内各卫星之间进行相互通信测距,然后星座内各卫星将轨道预报信息以及星间测量信息发送至中心主星,由中心主星进行整网信息融合得到整星座最优轨道参数估计值,最后中心主星将整星座最优轨道参数估计值返回至星座内各运行卫星[4],如图 5 - 1 所示。

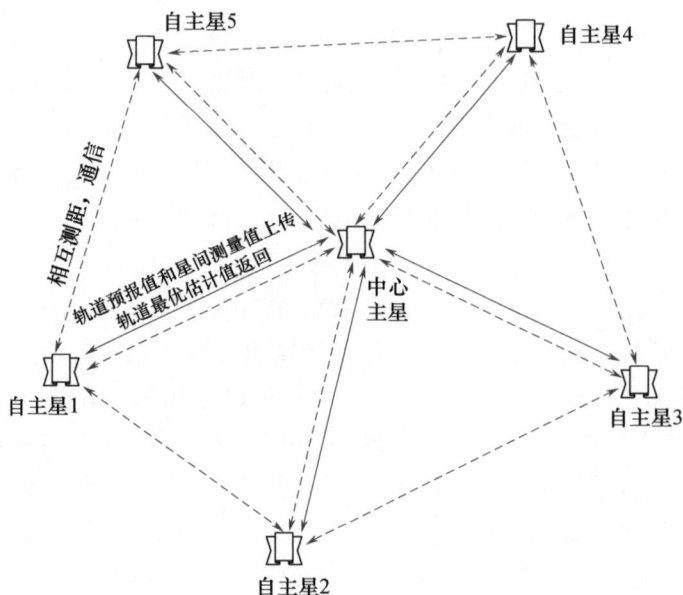

图 5 - 1 大椭圆轨道星座自主导航系统运行示意图

基于星间测量通信的大椭圆轨道星座自主导航系统,由于仅仅运用了星座卫星之间的相对测距和相对测速信息,在整网滤波定轨过程中只能约束整星座轨道参数估计误差沿不同方向发散的趋势,而无法抑制星座卫星轨道参数估计误差沿同一方向发散的趋势即估计误差旋转发散趋势和漂移发散趋势。因此,基于星间测量通信的星座自主导航系统虽然短时间内整星座误差估计精度较高,但是随着时间不断推移最终处于缓慢发散的趋势,具体表现为星座卫星中决定卫星轨道方位的轨道参数(升交点赤经、轨道倾角和近地点幅角)的估计误差缓慢发散,从数学矩阵的角度分析这是由于星座整网滤波量测矩阵产生秩亏所引起的。

5.2.2　大椭圆轨道星座自主导航系统高精度轨道预报技术

在大椭圆轨道星座自主导航系统中,由于星间相互测距通信需要校长时间,量测更新周期一般设置在 15min 以上,因此为避免自主导航过程轨道参数估计误差发散,尤其是大椭圆轨道环境从高至低变化较大,必须精确建立轨道预报模型。在根据轨道动力学模型预报卫星轨道参数时,轨道预报精度主要由两方面因素决定:模型线性化误差和摄动因素[5]。前者是指非线性轨道动力学方程在线性化过程中产生的计算误差,一般线性化步长越大或者所取的泰勒阶数越少,非线性计算误差越大;轨道摄动是指卫星在轨运行过程除了受到地球中心引力作用外,还会受到其他保守力(地球非球形摄动、日月引力)和非保守力(大气阻力、太阳光压)的作用,因此若要准确预报卫星的轨道参数必须结合卫星具体运行轨道充分考虑各项摄动。本节主要介绍本书在轨道预报过程中所采用的轨道积分算法、协方差预报技术以及卫星轨道预报过程中所需考虑的各项摄动。

1. 卫星轨道数值积分技术

由于大椭圆轨道卫星运动的有摄微分方程是一种复杂的非线性形式,无法给出严格的解析解,所以微分方程的数值积分算法具有明显的优势[6]。数值积分算法可给出在若干点上满足一定精度要求的离散解,并且适合计算机的编程实现。从数学理论的角度看,微分方程的数值解是一个微分方程的初值问题,其基本模型为

$$\begin{cases} \dot{x} = f(x,t) \\ x(a) = x_0 \end{cases} (a \leqslant t \leqslant b) \qquad (5-1)$$

式中:x 可看成矢量(如卫星的位置和速度构成一个矢量),求方程的数值解就是在区间 $[a,b]$ 上的一系列离散点 $t_n(n=1,2,\cdots,m)$ 处,求出 $x(t_n)$ 的近似值。一般将 t_n 取成等间隔,即

$$t_n = t_0 + nh \quad n = 1,2,\cdots,m \qquad (5-2)$$

式中:$t_0 = a$;h 为步长。

解算步骤就是由初值 $x_0 = x(t_0) = x(a)$ 求出 x_1,再由 x_1 求出 x_2,直至由 x_{m-1} 求出 x_m。

每前进一步计算相应时刻 t_{n+1} 上的 x_{n+1} 值时,只需要已知前一时刻 t_n 上的 x_n 值,这叫单步法;如果每前进一步,需要已知前面多个时刻的值,称为多步法。这两种方法在人造卫星轨道计算中都有采用。

由于数值积分算法本质上都是截去以 h 为步长的高阶项的近似计算方法,因此计算获得的近似 x_{n+1} 与实际的 x_{n+1} 有误差,称为截断误差;同时计算机只能采用有限字长的浮点数,也会造成与实际数值的误差,称为舍入误差。由于每一步产生的误差(包括截断误差和舍入误差)都会传播到下一阶段的计算中,所以一般来说,随着时间的推移,数值积分的精度会逐渐下降(对于轨道数值积分而言,轨道力学模型的不准确性也会导致轨道预报精度的下降),因此数值计算方法本身带来的误差积累应受到严格的控制,才能确保轨道数值积分的精度。

性能优越的数值积分算法能有效地提高运算效率,同时能保证轨道预报的精度[7]。采用数值积分算法能实现星座内各卫星轨道信息的实时传播,其计算出的结果就是卡尔曼滤波器中的状态一步预测值。下面分别介绍几种常用的轨道数值积分方法。

1) 龙格 – 库塔法(Runge – Kutta,RK)

RK 是一种单步算法,其基本原理就是间接引用泰勒展开式,即用积分区间上若干个点的右函数 f 的线性组合来代替 f 的导数,然后使用泰勒展开式确定相应的系数。不同的系数选择产生了不同的数值计算公式,一种常用的经典的计算表达式如下

$$x_{n+1} = x_n + \frac{1}{6}[k_1 + 2k_2 + 2k_3 + k_4] \qquad (5-3)$$

式中:

$$
\begin{cases}
\boldsymbol{k}_1 = h\boldsymbol{f}(t_n, \boldsymbol{x}_n) \\
\boldsymbol{k}_2 = h\boldsymbol{f}\left(t_n + \dfrac{1}{2}h, \boldsymbol{x}_n + \dfrac{1}{2}\boldsymbol{k}_1\right) \\
\boldsymbol{k}_3 = h\boldsymbol{f}\left(t_n + \dfrac{1}{2}h, \boldsymbol{x}_n + \dfrac{1}{2}\boldsymbol{k}_2\right) \\
\boldsymbol{k}_4 = h\boldsymbol{f}(t_n + h, \boldsymbol{x}_n + \boldsymbol{k}_3)
\end{cases}
$$

从公式可以看出,该方法的阶数与每推进一步所需计算的函数值 $\boldsymbol{f}$ 的次数是一致的。该公式应用较广,但是估计局部的截断误差比较困难。但是对于一般计算,特别是小步长的轨道预报计算,其计算精度是能够胜任的。

2) Runge – Kutta – Fehlberg 法(RKF)

由于 RK 方法本身估计局部截断误差比较困难,因此人们提出采用 m 阶和 $m+1$ 阶的两组 RK 公式,利用两组公式算出的结果差值来估计局部截断误差,从而确定下一步的计算步长,即截断误差过大时,则减小计算步长来提高精度;如果在一定计算步长下,精度较高,可自动加大迭代步长,加快运算速度。该法被称为 RKF,根据阶数不同有多种形式,下面给出一种 RKF 的计算公式,即

$$
\begin{cases}
\boldsymbol{x}_{n+1} = \boldsymbol{x}_n + h\displaystyle\sum_{k=0}^{5} c_k\boldsymbol{f}_k + O(h^6) \\
\hat{\boldsymbol{x}}_{n+1} = \boldsymbol{x}_n + h\displaystyle\sum_{k=0}^{7} \hat{c}_k\boldsymbol{f}_k + O(h^7)
\end{cases}
\tag{5-4}
$$

式中:

$$
\begin{cases}
\boldsymbol{f}_0 = \boldsymbol{f}(t_n, \boldsymbol{x}_n) \\
\boldsymbol{f}_k = \boldsymbol{f}\left(t_n + \alpha_k h, \boldsymbol{x}_n + h\displaystyle\sum_{\lambda=0}^{k-1} \beta_{k\lambda}\boldsymbol{f}_\lambda\right) \quad k = 1,2,\cdots,7
\end{cases}
$$

式中:c_k、$\hat{c}_k$、α_k 和 $\beta_{k\lambda}$ 是公式中的系数,可查阅相关文献获得。该方法能在保持期望精度的情况下,取得较快的运算速度,并具有较好的数值稳定性。

3) 考威尔法 – 阿当姆斯法(Cowell – Adams)

Cowell – Adams 是多步数值积分方法,具有很高的精度。Cowell 公式常用来提供状态矢量 $\boldsymbol{x}$,Adams 公式用来计算 $\dot{\boldsymbol{x}}$。该方法常将隐式公式与显式公式结合使用,即由显式公式提供预估值,再使用隐式公式进行校正,俗称 PECE 算法。但 Cowell – Adams 算法需要有一个初始化的过程。

预报公式:

$$\begin{cases} \dot{\boldsymbol{y}}_{n+1} = \boldsymbol{h}\left[\tilde{\boldsymbol{S}}_n + \sum_{i=0}^{k}\beta_i\,\ddot{\boldsymbol{y}}_{n-i}\right] \\ \boldsymbol{y}_{n+1} = \boldsymbol{h}^2\left[\tilde{\boldsymbol{S}}_n^* + \sum_{i=0}^{k}\alpha_i\,\ddot{\boldsymbol{y}}_{n-i}\right] \end{cases} \qquad (5-5)$$

式中：

$$\begin{cases} \tilde{\boldsymbol{S}}_n = \nabla^{-1}\ddot{\boldsymbol{y}}_n \\ \tilde{\boldsymbol{S}}_n^* = \nabla^{-2}\ddot{\boldsymbol{y}}_n \end{cases}$$

$$\begin{cases} \beta_i = (-1)^i\sum_{m=i}^{k}\binom{m}{i}\nu'^{(1)}_{m+1} \\ \alpha_i = (-1)^i\sum_{m=i}^{k}\binom{m}{i}\nu''^{(1)}_{m+2} \end{cases}$$

校正公式：

$$\begin{cases} \dot{\boldsymbol{y}}_{n+1} = \boldsymbol{h}\left[\tilde{\boldsymbol{S}}_{n+1} + \sum_{i=0}^{k}\beta_i^*\,\ddot{\boldsymbol{y}}_{n+1-i}\right] \\ \boldsymbol{y}_{n+1} = \boldsymbol{h}^2\left[\tilde{\boldsymbol{S}}_{n+1}^* - \tilde{\boldsymbol{S}}_{n+1} + \sum_{i=0}^{k}\alpha_i^*\,\ddot{\boldsymbol{y}}_{n+1-i}\right] \end{cases} \qquad (5-6)$$

式中：

$$\begin{cases} \beta_i^* = (-1)^i\sum_{m=i}^{k}\binom{m}{i}\nu'^{(0)}_{m+1} \\ \alpha_i^* = (-1)^i\sum_{m=i}^{k}\binom{m}{i}\nu''^{(0)}_{m+2} \end{cases}$$

关于积分中使用到的系数，可采用递归计算方法求得

$$\begin{cases} \nu_0(s) = \nu'_0(s) = \nu''_0(s) = 1 \\ \nu'_i(s) = \sum_{j=0}^{i}\nu'_j(0)\cdot\nu_{i-j}(s) \\ \nu''_i(s) = \sum_{j=0}^{i}\nu''_j(0)\cdot\nu_{i-j}(s) \end{cases}$$

$$\begin{cases} \nu_i(s) = \dfrac{s+i-1}{i}\nu_{i-1}(s) \\ \nu'_i(0) = -\sum_{j=0}^{i-1}\dfrac{1}{i-j+1}\nu'_j(0) \\ \nu''_i(0) = \sum_{j=0}^{i}\nu'_j(0)\nu'_{i-j}(0) \end{cases}$$

该轨道数值积分算法较 RK 与 RKF 具有稍高的精度,但是由于是多步算法,而卡尔曼滤波在时间轴上是一种序贯处理的方式,每次只能更新当前的轨道参数。所以多步算法在卡尔曼滤波的量测更新后,需要重新初始化,使得整个算法冗余繁琐。

2. 轨道预报所需考虑的摄动

卫星绕地球运动中,所受的力主要包括地球质心引力 F_0,地球的非质心引力 F_e,太阳和月球的三体摄动引力 F_n,太阳辐射压力 F_s 等,各摄动量级的大小与卫星的轨道高度有联系,卫星所受的摄动力用数学公式表示为

$$F = F_0 + F_e + F_n + F_s \tag{5-7}$$

1)地球非球形引力摄动

假设地球为一刚体,并且赤道面与历元地心惯性坐标系的基本面重合[6],那么其引力位函数展开式在地心球坐标系中可以写成

$$F = F_0 + F_e \tag{5-8}$$

$$F_0 = -\mu \frac{r}{|r|^3} \tag{5-9}$$

$$F_e = -\sum_{n \geqslant 2} \frac{J_n}{r^{n+1}} P_n(\sin\varphi) - \sum_{n \geqslant 2} \sum_{m=1}^{n} \frac{J_{n,m}}{r^{n+1}} P_n^m(\sin\varphi) \cdot \cos m\bar{\lambda} \tag{5-10}$$

$$\bar{\lambda} = \lambda - a_G \tag{5-11}$$

式中:F_0 为地球质心引力部分,相当于均匀密度球体的引力位或质量全部集中于地心的质点引力,是地球引力的主要部分,也是二体力学模型中采用的地球引力模型;F_e 为地球的非质心引力摄动项,是真实地球引力中对均匀球体的修正部分,包括带谐项和田谐项两部分,相应的带谐项和田谐项系数记作 J_n,$J_{n,m}$,其大小反映了地球质量分布的不均匀程度,其中 $J_2 = O(10^{-3})$,称为扁率项,是地球的主要摄动项,其他 J_n,$J_{n,m}$ 的量级都在 10^{-6} 以下,不同的系数取值构成了不同的引力模型,便于计算机编程;λ 和 φ 为地心经纬度;a_G 为格林尼治真恒星时;$P_n(\sin\varphi)$ 和 $P_n^m(\sin\varphi)$ 分别为勒让德和缔合勒让德多项式,勒让德和缔合勒让德多项式的数值计算方法请参看相关的数学参考书。

2)日月引力摄动

卫星在地球附近运动时,日月引力是一种典型的三体摄动力,相应的摄动加速度为

$$F_n = \sum_{j=1}^{2} (-\mu_j) \left[\frac{R_j}{|R_j|^3} + \frac{\Delta_j}{|\Delta_j|} \right] \qquad (5-12)$$

式中:r 和 R_j 分别为航天器和日月的地心向径,其中 R_j 是时间的已知函数,由日地月三体系统的数学模型确定,与航天器的运动无关;摄动量级为

$$\Delta_j = r - R_j \quad j = 1, 2$$

$$\frac{|F_n|}{|F_0|} = \frac{\mu_j}{\mu} \left(\frac{r}{\Delta_j} \right)^3 \qquad (5-13)$$

对于近地航天器(航天器地心距与地球半径之比 $c \leq 1.5$),太阳的摄动量级为 0.6×10^{-7},月球摄动为 1.2×10^{-7};对于地球同步卫星($c \approx 6.6$),太阳摄动量级为 10^{-5},月球摄动量级为 2×10^{-5}。由此可见,星座中的高轨卫星更容易受日月摄动的影响。

3) 太阳光压摄动

直接作用于航天器表面的太阳辐射压(简称光压)虽然并不大,但同样要影响航天器的轨道运动,特别是带大型太阳能帆板的航天器更不能忽视[7],相应的摄动加速度为

$$F_s = \gamma \left(c_r \frac{S}{m} \right) \rho_\Theta \frac{a_u^2}{\Delta^2} \left(\frac{\Delta}{|\Delta|} \right) \qquad (5-14)$$

式中:ρ_Θ 为作用在离太阳一个天文单位处的太阳辐射压强;c_r 为航天器对光压而言的有效面质比;Δ 为太阳到航天器的矢径;γ 为地影因子,由下式定义:

$$\gamma = 1 - \Delta S / S_\Theta \qquad (5-15)$$

式中:S_Θ 为太阳视面积;ΔS 为被蚀部分。为便于仿真,可以不考虑半影区,即卫星只处于光照区或者阴影区。光压摄动量级为

$$\frac{F_s}{F_0} = \left(c_r \frac{S}{m} \right) \rho_\Theta r^2 \qquad (5-16)$$

对一般面质比的卫星近地飞行 $c \approx 1.1$ 时,摄动量级为 0.5×10^{-8};当卫星在地球同步轨道飞行时 $c \approx 6.6$,其摄动量级为 2×10^{-7}。若卫星的面质比较大,其摄动量级应具体分析后再考虑是否加入预测模型。

4) 大气阻力摄动

当卫星的轨道比较低时,大气阻尼摄动会对卫星造成显著影响:

$$D = -\frac{1}{2} \left(\frac{C_D S}{m} \right) \rho V V \qquad (5-17)$$

式中:D 为卫星所受的大气阻力引起的加速度;C_D 为阻力系数;S/m 为面质比;ρ 为航天器所处空间的大气密度。当飞行高度在 200km 以上时,摄动量级通常不大于10^{-6},所以星座内的卫星在高轨运行时,可忽略大气阻力的影响[8]。

5.2.3 星间链路测距技术

星座内各卫星通过建立星间链路,不仅可以提供测距功能,还能在卫星之间构建起信息交换的渠道[9]。星间链路测距和通信通常采取双向、双频模式。双向是为了得到卫星间的时钟偏差并消除影响星间测距的大部分系统误差和相关性误差,双频可以消除电离层延迟对测距的影响。本节简要分析星座卫星的可见性和星间距离的观测模型建立。

1. 星座卫星可见条件

大椭圆轨道星座内的卫星要实现相互测量与通信,与星座的构型、天线的辐射方向、无线电信号强度等因素有关。由于天线的辐射方向可以通过天线设计来满足,而且随着技术的发展,智能天线能够以控制相控阵的方式控制天线的辐射方向,从而使得天线始终工作在最佳状态。因此在本书分析中,主要考虑无线电工作的最远距离以及地球遮挡两种情况。

如果两颗卫星之间能相互通信,首先需要满足两者的距离要小于无线电系统的最远工作距离

$$| \boldsymbol{r}_i - \boldsymbol{r}_j | \leqslant \text{Range} \qquad (5-18)$$

图 5 - 2 描述了两颗星之间通信被地球遮挡的示意图,可见如两颗星的位置矢量 $\boldsymbol{r}_i$ 和 $\boldsymbol{r}_j$ 之间的夹角为锐角,则两颗星在地球的一侧,相互之间可见,若两者之间是钝角,说明两颗卫星分布在地球两侧,只有 h 大于地球半径才能相互可见。一般两颗卫星之间传输还需考虑地球表面的电离层和对流层,本书对于受电离层和对流层影响较大的星间链路将不予考虑,因此两颗卫星之间的链路切向高度必须大于地球某一高度(一般取 1000km),两颗卫星之间才能相互通信,故两星之间相互通信还需要满足

$$\begin{cases} \boldsymbol{r}_i \cdot \boldsymbol{r}_j \geqslant 0 \\ \boldsymbol{r}_i \cdot \boldsymbol{r}_j < 0, h = \dfrac{| \boldsymbol{r}_i \times \boldsymbol{r}_j |}{| \boldsymbol{r}_i - \boldsymbol{r}_j |} \geqslant k \cdot R_E \end{cases} \qquad (5-19)$$

式中:R_E 为地球半径;k 为比例系数。

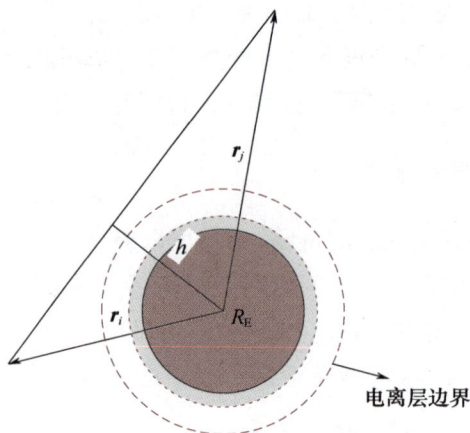

图 5 - 2   地球遮挡示意图

2. 星间链路测距模型

设有 i,j 两颗共视导航卫星,通过星间链路双频双向进行伪距测量,共得到 4 个 P 码伪距观测量。考虑钟差、电离层影响,忽略其他偶然误差和系统误差,星间伪距测量的观测方程可简写为

$$PR_{f_1}^{ij}(t_1) = \rho^{ij}(t_1) + I_{f_1}^{ij}(t_1) + c\delta^{ij}(t_1) + \Delta_{f_1}^{ij}(t_1) \qquad (5-20)$$

$$PR_{f_2}^{ij}(t_1) = \rho^{ij}(t_1) + I_{f_2}^{ij}(t_1) + c\delta^{ij}(t_1) + \Delta_{f_2}^{ij}(t_1) \qquad (5-21)$$

$$PR_{f_1}^{ji}(t_2) = \rho^{ji}(t_2) + I_{f_1}^{ji}(t_2) + c\delta^{ji}(t_2) + \Delta_{f_1}^{ji}(t_2) \qquad (5-22)$$

$$PR_{f_2}^{ji}(t_2) = \rho^{ji}(t_2) + I_{f_2}^{ji}(t_2) + c\delta^{ji}(t_2) + \Delta_{f_2}^{ji}(t_2) \qquad (5-23)$$

式中:下标 f_1,f_2 为频点;t_1,t_2 为观测时刻;PR^{ij} 为卫星 i,j 之间的伪距;ρ^{ij} 为卫星 i 发射信号时到卫星 j 接受信号时位置的距离(也称为星间几何距离),ρ^{ji} 为卫星 j 发射信号时到卫星 i 接收信号时位置的距离;I^{ij} 为信号从卫星 i 到卫星 j 的电离层时延,I^{ji} 为信号从卫星 j 到卫星 i 的电离层时延;c 为光速;δ^{ij} 为卫星 i 和卫星 j 之间的钟差;Δ^{ij} 为观测噪声。

因为采用 TDMA 方式进行星间测量,卫星 i 到卫星 j 和卫星 j 到卫星 i 的测量并不是同时进行的,为了定轨计算,必须将观测量换算到同一时刻 t_k,这时满足

$$\rho^{ij}(t_k) = \rho^{ji}(t_k), c\delta^{ij}(t_k) = -c\delta^{ji}(t_k) \qquad (5-24)$$

将式(5-20)、式(5-21)、式(5-22)、式(5-23)相加和相减(以下写法

省略时间 t_k), 可得两个观测量:

$$PR = \frac{PR^{ij}_{f_n} + PR^{ji}_{f_n}}{2} = \rho^{ij} + \frac{I^{ij}_{f_n} + I^{ji}_{f_n}}{2} + \frac{\Delta^{ij}_{f_n} + \Delta^{ji}_{f_n}}{2} \quad n = 1,2 \quad (5-25)$$

$$\delta_{ij} = \frac{PR^{ij}_{f_n} - PR^{ji}_{f_n}}{2} = c\delta^{ij} + \frac{I^{ij}_{f_n} - I^{ji}_{f_n}}{2} + \frac{\Delta^{ij}_{f_n} - \Delta^{ji}_{f_n}}{2} \quad n = 1,2 \quad (5-26)$$

式(5-25)为星间距离观测模型,可以用于星上自主定轨;式(5-26)为星间钟差观测模型,可以用于星上自主守时。

假设在历元 t_k 时刻,卫星 i,j 在惯性坐标系中的直角坐标位置矢量分别为 $\vec{r}_i(t_k) = [\, x_i(t_k) \quad y_i(t_k) \quad z_i(t_k) \,]^T$, $\vec{r}_j(t_k) = [\, x_j(t_k) \quad y_j(t_k) \quad z_j(t_k) \,]^T$,并记 $I'(t_k, f_n) = \dfrac{I^{ij}_{f_n}(t_k) + I^{ji}_{f_n}(t_k)}{2}$, $\Delta'(t_k, f_n) = \dfrac{\Delta^{ij}_{f_n}(t_k) + \Delta^{ji}_{f_n}(t_k)}{2}$,那么,星间距离观测量可以表达为

$$PR(t_k, f_n) = |\, \vec{r}_i(t_k) - \vec{r}_j(t_k) \,| + I'(t_k, f_n) + \Delta'(t_k, f_n), n = 1,2$$
$$(5-27)$$

式中:

$$|\, \vec{r}_i(t_k) - \vec{r}_j(t_k) \,| = \sqrt{[\, x_i(t_k) - x_j(t_k) \,]^2 + [\, y_i(t_k) - y_j(t_k) \,]^2 + [\, z_i(t_k) - z_j(t_k) \,]^2}$$
$$(5-28)$$

式(5-27)中包含了两颗共视卫星的相对位置信息。因此,通过星间距离观测可以确定导航卫星间的相对位置关系。

5.2.4　星座自主导航整网滤波方法

1. 系统状态方程

卫星在轨运行除受地球质心引力 $\boldsymbol{F}_{TB}$ 作用外,还受其他摄动力的影响,主要包括地球非球形引力 $\boldsymbol{F}_{NS}$、第三体(日、月)引力 $\boldsymbol{F}_{NB}$ 和太阳光压摄动力 $\boldsymbol{F}_{SR}$,即

$$\boldsymbol{F} = \boldsymbol{F}_{TB} + \boldsymbol{F}_{NS} + \boldsymbol{F}_{NB} + \boldsymbol{F}_{SR} \qquad (5-29)$$

状态量 $\boldsymbol{X}$ 满足如下常微分方程初值问题

$$\begin{cases} \dot{\boldsymbol{X}} = \boldsymbol{F}(\boldsymbol{X}, t) \\ \boldsymbol{X}(t_0) = \boldsymbol{X}_0 \end{cases} \qquad (5-30)$$

该问题的解即为状态方程

$$\boldsymbol{X}(t) = \boldsymbol{G}(\boldsymbol{X}(t_0), t) \qquad (5-31)$$

将其离散化为

$$\boldsymbol{X}_{k+1} = \boldsymbol{f}(\boldsymbol{X}_k, k) \qquad (5-32)$$

式中:$\boldsymbol{f}(\cdot)$即为轨道预报函数,这是一个轨道外推过程。

将式(5-32)围绕前一步最优滤波估计值$\hat{\boldsymbol{X}}_{k/k}$泰勒展开,并将二次以上项作为系统动态噪声,得

$$\boldsymbol{X}_{k+1} = \boldsymbol{f}[\hat{\boldsymbol{X}}_{k/k}, k] + \frac{\partial \boldsymbol{f}[\boldsymbol{X}_k, k]}{\partial \boldsymbol{X}_k}\bigg|_{\boldsymbol{X}_k = \hat{\boldsymbol{x}}_{k/k}} [\boldsymbol{X}_k - \hat{\boldsymbol{X}}_{k/k}] + \boldsymbol{\Gamma}[\boldsymbol{X}_k, k]\boldsymbol{W}_k$$

$$(5-33)$$

式中:$\boldsymbol{W}_k$为系统动态噪声;$\boldsymbol{\Gamma}[\boldsymbol{X}_k, k]$为动态噪声系数矩阵,状态转移矩阵可表示为

$$\boldsymbol{\Phi}_{k+1/k} = \frac{\partial \boldsymbol{f}[\boldsymbol{X}_k, k]}{\partial \boldsymbol{X}_k}\bigg|_{\boldsymbol{X}_k = \hat{\boldsymbol{x}}_{k/k}} \qquad (5-34)$$

2. 系统量测方程

设星座中卫星i和卫星j可以进行星间距离观测,记两颗卫星在地心惯性系中位置矢量分别为$\boldsymbol{r}_i$和$\boldsymbol{r}_j$,则星间距离观测量测方程可表示为

$$\rho_{ij} = |\boldsymbol{r}_i - \boldsymbol{r}_j| + V \qquad (5-35)$$

式中:V为观测噪声。

设卫星i和卫星j在地心惯性系中的轨道根数分别为$\boldsymbol{\sigma}_i = [x_i \quad y_i \quad z_i \quad v_{xi} \quad v_{yi} \quad v_{zi}]^{\mathrm{T}}$和$\boldsymbol{\sigma}_j = [x_j \quad y_j \quad z_j \quad v_{xj} \quad v_{yj} \quad v_{zj}]^{\mathrm{T}}$,引入状态量$\boldsymbol{X} = [\boldsymbol{\sigma}_i \quad \boldsymbol{\sigma}_j]^{\mathrm{T}}$,将式(5-35)离散化得

$$\rho_{k+1} = \rho(\boldsymbol{X}_{k+1}, k+1) + V_{k+1} \qquad (5-36)$$

将式(5-36)在预测估值$\hat{\boldsymbol{X}}_{k+1,k}$处泰勒展开,略去二阶以上项,得线性化后的星间距离观测方程

$$\rho_{k+1} = \rho(\hat{\boldsymbol{X}}_{k+1/k}, k+1) + \frac{\partial \rho}{\partial \boldsymbol{X}_{k+1}^{\mathrm{T}}}\bigg|_{\boldsymbol{X}_{k+1} = \hat{\boldsymbol{x}}_{k+1/k}} (\boldsymbol{X}_{k+1} - \hat{\boldsymbol{X}}_{k+1/k}) + \Delta_{k+1}$$

$$(5-37)$$

式中:$\rho(\hat{\boldsymbol{X}}_{k+1/k}, k+1)$为概略距离,记观测系数矩阵为$\boldsymbol{H}_{k+1}$,其表达式如下:

$$H_{k+1} = \frac{\partial \rho_{ij}}{\partial \left[(\boldsymbol{\sigma}_i)_{k+1}^{\mathrm{T}}, (\boldsymbol{\sigma}_j)_{k+1}^{\mathrm{T}} \right]} \Bigg|_{X_{k+1}=\hat{X}_{k+1/k}} \tag{5-38}$$

式中：

$$\begin{cases} \dfrac{\partial \rho_{ij}}{\partial \boldsymbol{\sigma}_i^{\mathrm{T}}} = \dfrac{1}{\rho_{ij}} \begin{bmatrix} x_i - x_j & y_i - y_j & z_i - z_j \end{bmatrix} \\ \dfrac{\partial \rho_{ij}}{\partial \boldsymbol{\sigma}_j^{\mathrm{T}}} = -\dfrac{1}{\rho_{ij}} \begin{bmatrix} x_i - x_j & y_i - y_j & z_i - z_j \end{bmatrix} \end{cases} \tag{5-39}$$

3. 整网滤波方法

星座自主导航流程中，滤波算法采用整网滤波的方法，即将星座中的所有卫星的轨道根数纳入到同一个卡尔曼滤波过程中，利用各个卫星提供的观测量对所有卫星轨道根数一起进行修正，所有卫星一起参与同一个滤波流程。流程中某些步骤（比如单星轨道预报）分散在各颗卫星独立完成以减轻主星的计算负担，而其余步骤（比如轨道参数的量测更新）则在同一颗主星中完成，整网滤波方法如图 5-3 所示。

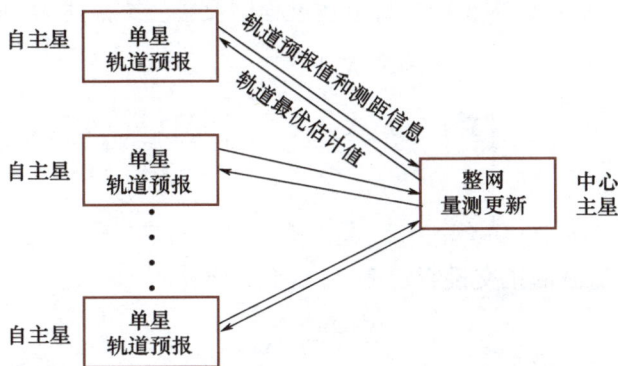

图 5-3　整网定轨方法

在整网定轨流程中，各颗卫星的时间更新过程分散于各颗卫星中，而定轨的量测更新过程则在主星中完成，故星座各星将状态变量一步预测值、状态估计协方差、状态转移矩阵、量测矩阵、系统动态噪声、量测噪声阵发送至主星，再进行整星座量测更新。最后主星再将量测更新后的各星轨道参数的最优估计值发送至星座内各星。

由于一次星间测量所构造的测距观测信息较多，在主星进行一次滤波量测更新过程中所对应的状态维数更是庞大,直接进行一次集中滤波其计算量将相当庞大。因此,主星的量测更新有必要进行序贯处理。

由于星间测量链路的信息是相互独立的,即 m 个观测方程中的观测噪声 V_i 彼此不相关,则观测噪声方差阵是一个对角阵,相应的观测方程可表述为

$$\begin{bmatrix} z_k^1 \\ z_k^2 \\ \vdots \\ z_k^m \end{bmatrix} = \begin{bmatrix} \boldsymbol{H}_k^1 \\ \boldsymbol{H}_k^2 \\ \vdots \\ \boldsymbol{H}_k^m \end{bmatrix} \boldsymbol{X}_k + \begin{bmatrix} V_k^1 \\ V_k^2 \\ \vdots \\ V_k^m \end{bmatrix} \qquad (5-40)$$

根据卡尔曼滤波的正交投影性质,可得

$$\hat{\boldsymbol{X}}_{k,k} = \boldsymbol{E}[\boldsymbol{X}_k \mid \boldsymbol{Z}_{k-1}, \boldsymbol{Z}_k] \qquad (5-41)$$

同时根据测量值序贯处理的思想,将卡尔曼滤波值 $\hat{\boldsymbol{X}}_{k/k}$ 分 m 次计算,也就是说,第一次用观测分量 z_k^1 得到估值 $\hat{\boldsymbol{X}}_{k/k}^1$,第二次取 $\hat{\boldsymbol{X}}_{k/k}^1$ 作为预测值,用观测分量 z_k^2 得到估值 $\hat{\boldsymbol{X}}_{k/k}^2$,依次类推。将上述过程用投影公式描述为

$$\begin{cases} \hat{\boldsymbol{X}}_{k/k}^1 = \boldsymbol{E}[\boldsymbol{X}_k \mid \boldsymbol{Z}_{k-1}, z_k^1] \\ \hat{\boldsymbol{X}}_{k/k}^2 = \boldsymbol{E}[\boldsymbol{X}_k \mid \boldsymbol{Z}_{k-1}, z_k^1, z_k^2] \\ \vdots \\ \hat{\boldsymbol{X}}_{k/k}^m = \boldsymbol{E}[\boldsymbol{X}_k \mid \boldsymbol{Z}_{k-1}, z_k^1, \cdots, z_k^m] \end{cases} \qquad (5-42)$$

由卡尔曼滤波的正交投影定理,显然下式成立

$$\hat{\boldsymbol{X}}_{k/k}^m = \hat{\boldsymbol{X}}_{k,k} \qquad (5-43)$$

所以序贯卡尔曼滤波的解算方法是

$$\begin{cases} \hat{\boldsymbol{X}}_{k/k-1} = \hat{\boldsymbol{X}}_{k-1/k-1} + \boldsymbol{f}(\hat{\boldsymbol{X}}_{k-1/k-1})^{\mathrm{T}} \\ \boldsymbol{P}_{k/k-1} = \boldsymbol{\Phi}_{k,k-1} \boldsymbol{P}_{k-1/k-1} \boldsymbol{\Phi}_{k,k-1}^{\mathrm{T}} + \boldsymbol{\Gamma}_{k,k-1} \boldsymbol{Q}_{k-1} \boldsymbol{\Gamma}_{k,k-1}^{\mathrm{T}} \\ \hat{\boldsymbol{X}}_{k/k}^i = \hat{\boldsymbol{X}}_{k/k-1}^{i-1} + \delta \hat{\boldsymbol{X}}_{k/k}^i \\ \delta \hat{\boldsymbol{X}}_{k/k}^i = \boldsymbol{K}_k \{z_k^i - \boldsymbol{h}(\hat{\boldsymbol{X}}_{k/k-1}^{i-1})\} \\ \boldsymbol{K}_k^i = \boldsymbol{P}_{k/k-1}^{i-1} \boldsymbol{H}_k^{\mathrm{T}} [\boldsymbol{H}_k \boldsymbol{P}_{k/k-1}^{i-1} \boldsymbol{H}_k^{\mathrm{T}} + \boldsymbol{R}_k^i]^{-1} \\ \boldsymbol{P}_{k/k}^i = (\boldsymbol{I} - \boldsymbol{K}_k^i \boldsymbol{H}_k) \boldsymbol{P}_{k/k}^{i-1} (\boldsymbol{I} - \boldsymbol{K}_k^i \boldsymbol{H}_k)^{\mathrm{T}} + \boldsymbol{K}_k^i \boldsymbol{R}_k^i \boldsymbol{K}_k^{i\mathrm{T}} \end{cases} \qquad (5-44)$$

式中: $i = 1, \cdots, m$; 当 $i = 1$ 时, $\hat{X}_{k/k}^{i-1} = \hat{X}_{k/k}^{0} = \hat{X}_{k/k-1}$, $P_{k/k}^{i-1} = P_{k/k}^{0} = P_{k/k-1}$; 当 $i = m$ 时, $\hat{X}_{k/k}^{m} = \hat{X}_{k/k}$, $P_{k/k}^{m} = P_{k/k}$。

整网滤波量测更新序惯处理之后, 主星的量测更新过程被分解为 m (假设有 m 个星间测距观测量) 次连续的子量测更新过程, 每次更新过程都是用一个伪距量测值去更新伪距量测信息对应的两颗卫星的轨道预报值, 那么主星上的量测更新相当于由一次状态维数为 $6n$ (假设星座卫星个数为 n)、量测维数为 m 的量测更新过程分解为 m 次连续的状态维数为 12, 量测维数为 1 的子量测更新过程。由于更新过程存在矩阵求逆运算, 故序惯处理将大大减少主星的运算量。

▶ 5.3　基于星间定向观测的星座构型旋转误差估计

目前, 导航星座的自主定轨一般都是利用星间距离观测值进行的, 然而, 星间测距信息仅能约束导航星座中各卫星相对位置的准确性, 不能克服整个星座的整体估计误差的旋转和漂移, 时间越长, 定轨误差越大。本章主要分析导航星座整体旋转误差来源, 秩亏分析以及基于星间链路测距的星座整体旋转误差不可消除性, 并介绍基于星间定向的星座自主导航旋转误差抑制方法。

⊠ 5.3.1　大椭圆区域星座自主导航整体旋转误差产生分析

1. 大椭圆区域星座自主导航误差直观分析

在星座整体导航过程中, 由于轨道预报初值的误差以及由于各项摄动引起的轨道预报模型不准确性, 使得星座内各星的轨道参数估计误差不断发散[10], 可将星座内各轨道参数估计误差发散趋势分解为各星沿同一方向旋转漂移的发散趋势和沿不同方向杂乱无章的发散趋势。对于基于星间链路测距的星座自主导航方法, 其伪距测量信息只是约束了星座内星与星之间的相对位置构型, 因此能有效消除星座内各星轨道参数估计误差沿不同方向发散的趋势, 但对于星座内各星轨道参数估计误差沿同一方向旋转漂移 (主要为旋转误差) 则无法估计出, 因此基于星间链路测距的星座导航方法始终存在旋转误差。

另外, 从星座空间几何关系上更容易理解星间距离观测对于星座定轨的不充分性。假定在某历元时刻, 星座内任意一颗卫星 i 的估计位置和真实位置分别为 $X_{\text{est}}^{i} = [x_{\text{e}}^{i}, y_{\text{e}}^{i}, z_{\text{e}}^{i}]^{\text{T}}$、$X_{\text{true}}^{i} = [x_{\text{t}}^{i}, y_{\text{t}}^{i}, z_{\text{t}}^{i}]^{\text{T}}$, 如果估计的轨道位置为真实的轨

道位置的一个旋转变换,即

$$X_{\text{est}}^i = R_z(\theta_z)R_y(\theta_y)R_x(\theta_x)X_{\text{true}}^i \qquad (5-45)$$

式中:R_x,R_y,R_z 为旋转矩阵,是正交矩阵;θ_x,θ_y,θ_z 为旋转角。那么估计星间距离和真实星间距离具有以下关系

$$
\begin{aligned}
R_{\text{est}}^{ij} &= \parallel X_{\text{est}}^j - X_{\text{est}}^i \parallel_2 \\
&= \parallel R_z(\theta_z)R_y(\theta_y)R_x(\theta_x)(X_{\text{true}}^j - X_{\text{true}}^i) \parallel_2 \\
&= \parallel X_{\text{true}}^j - X_{\text{true}}^i \parallel_2 \\
&= R_{\text{true}}^{ij} \qquad\qquad (5-46)
\end{aligned}
$$

如果星上估计器给出的轨道位置 A 等于轨道真实值 B 的旋转变换,那么由这两个星座(真实星座和估计星座)产生的对应的星间距离值也是相等的,星间距离观测量就不能区分星座 A 和星座 B,也就不能改进星座的估计状态,即不能消除星座旋转产生的轨道误差,而只能确定星间的相对位置关系。

2. 大椭圆区域星座自主导航量测信息亏秩分析

本节主要通过对星座导航系统星间测距量测信息的条件方程系数阵的研究,分析不同情况下卫星对应轨道根数的相关性,从而从数学上证明星座导航不可避免会产生旋转误差。由于各种轨道摄动力较地球中心引力而言很小,分析可观测性可假定研究对象的力学模型为二体模型,通过该简化方式的分析也能获得较准确的可观测性分析结果。

在定轨问题中,常用到 $\partial r/\partial q$、$\partial \dot{r}/\partial q$ 两组基本的偏导数,其中 r 表示卫星的位置矢量,$\dot{r}$ 表示速度矢量,q 是 6 个轨道根数,则有如下两组偏导数成立

$$
\begin{cases}
\dfrac{\partial r}{\partial a} = \dfrac{1}{a}r,\ \dfrac{\partial r}{\partial e} = Hr + K\dot{r},\ \dfrac{\partial r}{\partial M} = \dfrac{1}{n}\dot{r} \\[2mm]
\dfrac{\partial r}{\partial i} = J_N \times r = \dfrac{z}{\sin i}R,\ \dfrac{\partial r}{\partial \Omega} = J_z \times r = [-y \quad x \quad 0]^{\mathrm{T}} \\[2mm]
\dfrac{\partial r}{\partial \omega} = R \times r = [zR_y - yR_z \quad xR_z - zR_x \quad yR_x - xR_y]^{\mathrm{T}}
\end{cases}
\quad (5-47)
$$

$$
\begin{cases}
\dfrac{\partial \dot{r}}{\partial a} = -\dfrac{1}{2a}\dot{r},\ \dfrac{\partial \dot{r}}{\partial e} = H'r + K'\dot{r},\ \dfrac{\partial \dot{r}}{\partial M} = -\dfrac{\mu}{n}\left(\dfrac{r}{r^3}\right) \\[2mm]
\dfrac{\partial \dot{r}}{\partial i} = J_N \times \dot{r} = \dfrac{\dot{z}}{\sin i}R,\ \dfrac{\partial \dot{r}}{\partial \Omega} = J_z \times \dot{r} = [-\dot{y} \quad \dot{x} \quad 0]^{\mathrm{T}} \\[2mm]
\dfrac{\partial \dot{r}}{\partial \omega} = R \times \dot{r} = [\dot{z}R_y - \dot{y}R_z \quad \dot{x}R_z - \dot{z}R_x \quad \dot{y}R_x - \dot{x}R_y]^{\mathrm{T}}
\end{cases}
\quad (5-48)
$$

式中:μ 为地球引力常数;n 为卫星的平均运动角速度;$\boldsymbol{J}_z = [0 \quad 0 \quad 1]^T$;$\boldsymbol{J}_N =$ $[\cos\Omega \quad \sin\Omega \quad 0]^T$;$\boldsymbol{R}$ 为轨道法向单位矢量,表达式为 $\boldsymbol{R} = \dfrac{1}{\sqrt{\mu p}}(\boldsymbol{r} \times \dot{\boldsymbol{r}})$;$H =$ $-\dfrac{1}{1-e^2}(\cos E + e)$;$K = \dfrac{\sin E}{n}\left(1 + \dfrac{r}{p}\right)$;$H' = \dfrac{\sqrt{\mu a}\sin E}{rp}\left[1 - \dfrac{a}{r}\left(1 + \dfrac{p}{r}\right)\right]$;$K' = \dfrac{a}{p}\cos E$。其中:$p$ 为轨道半通径。下面将分析星间测距信息对轨道根数的可观性分析

任意两颗可相互观测的卫星 i,j,有下式成立

$$\boldsymbol{r}_{ij} = \boldsymbol{r}_j - \boldsymbol{r}_i \tag{5-49}$$

对式(5-49)微分可得

$$\delta\boldsymbol{r}_{ij} = \sum \frac{\partial\boldsymbol{r}_j}{\partial\boldsymbol{q}_j}\delta\boldsymbol{q}_j - \sum \frac{\partial\boldsymbol{r}_i}{\partial\boldsymbol{q}_i}\delta\boldsymbol{q}_i \tag{5-50}$$

同时令 $\boldsymbol{e}_{ij}$ 为卫星 i 到 j 的方向矢量,可用下式描述

$$\boldsymbol{e}_{ij} = (\boldsymbol{r}_j - \boldsymbol{r}_i)/L \tag{5-51}$$

式中:L 为两颗星之间的距离。将式(5-50)与式(5-51)求内积,从而得到利用星座中的星间测距数据进行自主定轨的条件方程为

$$\boldsymbol{e}_{ij} \cdot \delta\boldsymbol{r}_{ij} = \sum \boldsymbol{e}_{ij} \cdot \frac{\partial\boldsymbol{r}_j}{\partial\boldsymbol{q}_j}\delta\boldsymbol{q}_j - \sum \boldsymbol{e}_{ij} \cdot \frac{\partial\boldsymbol{r}_i}{\partial\boldsymbol{q}_i}\delta\boldsymbol{q}_i \tag{5-52}$$

分析式(5-52)中各待估量系数之间的相关性,就可知该系统是否可观。同时考虑到在二体模型下,$\partial\boldsymbol{q}_t/\partial\boldsymbol{q}_0 = \boldsymbol{I}_{6\times6}$,所以在当前时刻求导与某参考时间求导是一致的,这样推导过程可以大大简化;另外,不同轨道根数的系数一般都不相关,所以分析过程主要考虑不同卫星之间同一轨道根数,通过推导得到系数关系。

(1)轨道半长轴 a 的可观性分析

$$\boldsymbol{e}_{ij} \cdot \frac{\partial\boldsymbol{r}_j}{\partial a_{j0}} = \frac{(\boldsymbol{r}_j - \boldsymbol{r}_i) \cdot \boldsymbol{r}_j}{La_{j0}}, \boldsymbol{e}_{ij} \cdot \frac{\partial\boldsymbol{r}_i}{\partial a_{i0}} = \frac{(\boldsymbol{r}_j - \boldsymbol{r}_i) \cdot \boldsymbol{r}_i}{La_{i0}} \tag{5-53}$$

由式(5-53)可知,如果卫星 $i\sqrt{j}$ 位于轨道高度相同的圆轨道上,则 a 的条件方程会发生奇异;事实上卫星的轨道总有偏心率,并且由于轨道高度数值比较大,a 是比较容易观测的。

(2)轨道偏心率 e 的可观性分析

$$\boldsymbol{e}_{ij} \cdot \frac{\partial\boldsymbol{r}_j}{\partial e_{j0}} = \frac{(\boldsymbol{r}_j - \boldsymbol{r}_i) \cdot (H_j\boldsymbol{r}_j + K_j\dot{\boldsymbol{r}}_j)}{L}, \boldsymbol{e}_{ij} \cdot \frac{\partial\boldsymbol{r}_i}{\partial e_{i0}} = \frac{(\boldsymbol{r}_j - \boldsymbol{r}_i) \cdot (H_i\boldsymbol{r}_i + K_i\dot{\boldsymbol{r}}_i)}{L}$$

$$\tag{5-54}$$

可见，δe_{i0} 和 δe_{j0} 系数一般不相关，因此同轨道星间测距和异轨道星间测距都能有效修正偏心率的误差。

（3）轨道倾角 i 的可观性分析

$$e_{ij} \cdot \frac{\partial r_j}{\partial i_{j0}} = -\frac{(r_j \times r_i) \cdot J_{Nj}}{L}, e_{ij} \cdot \frac{\partial r_i}{\partial i_{i0}} = -\frac{(r_j \times r_i) \cdot J_{Ni}}{L} \quad (5-55)$$

由式（5-55）可知，当两颗卫星所在的轨道的升交点赤经相同或者相差 $180°$ 时，δi_{i0} 和 δi_{j0} 的系数就相关，则 δi_{i0} 和 δi_{j0} 不可观，即同轨道星间测距信息对轨道倾角误差无修正作用。

（4）升交点赤经 Ω 的可观性分析

$$e_{ij} \cdot \frac{\partial r_j}{\partial \Omega_{j0}} = \frac{1}{L}(x_i y_j - x_j y_i), e_{ij} \cdot \frac{\partial r_j}{\partial \Omega_{i0}} = \frac{1}{L}(x_i y_j - x_j y_i) \quad (5-56)$$

由式（5-56）可知，当两颗卫星无论处于何种轨道上，$\delta\Omega_{i0}$ 和 $\delta\Omega_{j0}$ 的系数是严格相等的，所以 Ω 不可观。

（5）近地点幅角 ω 的可观性分析

$$e_{ij} \cdot \frac{\partial r_j}{\partial \omega_{j0}} = \frac{1}{L}(r_i \times r_j) \cdot R_j, e_{ij} \cdot \frac{\partial r_j}{\partial \omega_{i0}} = \frac{1}{L}(r_i \times r_j) \cdot R_i \quad (5-57)$$

由式（5-57）可知，两颗卫星所在的轨道法向相同或者相反时，$\delta\omega_{i0}$ 和 $\delta\omega_{j0}$ 的系数就相关，则 $\delta\omega_{i0}$ 和 $\delta\omega_{j0}$ 不可观，即同轨道星间测距信息对近地点幅角误差无修正作用。

（6）平近点角 M 的可观性分析

$$e_{ij} \cdot \frac{\partial r_j}{\partial M_{j0}} = \frac{(r_j - r_i) \cdot \dot{r}_j}{L n_j}, e_{ij} \cdot \frac{\partial r_i}{\partial M_{i0}} = \frac{(r_j - r_i) \cdot \dot{r}_i}{L n_i} \quad (5-58)$$

由式（5-58）可知，由于 $\dot{r}_j$ 和 $\dot{r}_i$ 一般肯定不相同，M 的条件方程一般不奇异；但如果两颗卫星都在同一个圆轨道上，则会发生奇异，因此星间测距信息对平近点角的可观测度取决于卫星轨道偏心率，一般对于近圆轨道可观测度差，相应的对平近点的修正效果也差。相对于大椭圆轨道可观度则较高，相应的对平近点的修正效果就好。

综上所述，对于 a,e,M 三个轨道根数，在一般情况下其系数矩阵都是不相关的；对于 i,ω 在同轨道面中进行星间观测会造成系数相关，从而造成条件方程病态，当不同轨道面卫星进行星间观测时，系数相关性较小；而对于 Ω，则在一般情况下都是严重病态相关的。因此，同轨道面的星间测距信息只能有效

修正轨道参数 a, e, M 的估计误差,异轨道面星间测距信息能有效修正轨道参数 a, e, M, i, ω 的估计误差,对于 Ω 估计误差则不论同轨道星间测距观测还是异轨道面测距观测都无法进行完全修正。

基于星间链路测距的星座导航方法中,由于升交点赤经条件系数处于秩亏状态,星间测距观测信息无法完全消除升交点赤经的估计误差,从而使得星座整体估计误差出现旋转发散趋势,这也从数学上证明了基于星间链路测距的星座整体旋转误差不可消除,另外星间测距观测信息对近地点幅角和轨道倾角只能做部分修正也是引起星座估计出现旋转误差的原因。

5.3.2 基于星间定向观测的大椭圆星座自主导航整体估计旋转误差抑制方法

1. 星间定向观测信息建模

卫星在运行过程中,其天文背景代表了惯性系的方向,通过对星座及其背景恒星的光学观测可以确定星座相对于惯性系的方向,进而控制星座旋转误差对自主定轨的影响,这种方式称之为星间绝对定向。更重要的是,星间定向与星座自主运行的弧长无关,因此利用星间定向观测手段是保证自主定轨不受星座整体旋转误差影响的一种重要手段。

星间定向观测示意图如图 5 - 4 所示,基本原理是采用照相观测设备从一颗卫星上对星座内的另外一颗卫星及其背景恒星进行照相观测,通过对星像

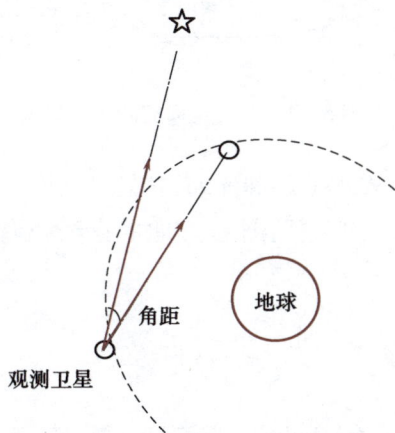

图 5 - 4 星间定向观测示意图

的处理可以得到观测卫星与被测卫星之间的连线方向与背景恒星的视方向之间的角距信息。其中,卫星连线方向代表了星座的空间方向信息,恒星方向则代表了惯性系的信息,而观测到的角距信息则将二者联系起来,故角距信息的引入相当于给星座导航引入了外部惯性基准信息。导航星座在惯性空间的整体旋转必然导致卫星 i 与卫星 j 连线方向在惯性空间指向的变化,进而导致角距信息的变化。因此,从物理意义上易于理解,基于角距信息对星座整体旋转是可观的,在星间测距的基础上增加星间测向信息(角距信息),可以准确确定并消除星座整体旋转带来的累积误差影响。

星间定向角距模型如下:

以观测卫星为天球球心定义天球坐标系,除坐标系原点为观测卫星(卫星 i)外,其余与 J2000.0 地心赤道惯性坐标系的定义相同。北天极、卫星 j 和恒星 A 在该天球上的位置(投影点)分别为 A、B 和 C,如图 5-5 所示。

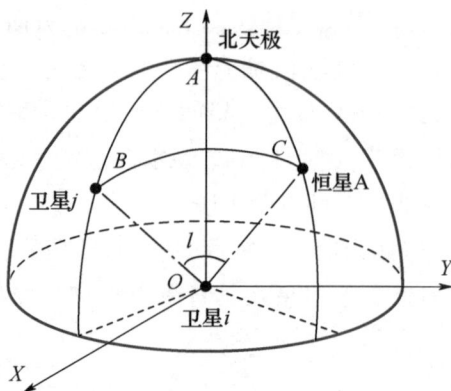

图 5-5　星间定向观测数学模型

设 (α_A, δ_A) 为恒星 A 的赤经和赤纬,它们可从恒星星表中获得。

设 $(\alpha_{ij}, \delta_{ij})$ 为卫星 i 和卫星 j 连线方向的赤经和赤纬,它们可由以下表达式求得

$$\begin{cases} \alpha_{ij} = \arctan \dfrac{y_j - y_i}{x_j - x_i} \\[2mm] \delta_{ij} = \arctan \dfrac{z_j - z_i}{\sqrt{(x_j - x_i)^2 - (y_j - y_i)^2}} \end{cases} \quad (5-59)$$

式中:$\boldsymbol{r}_i = [x_i, y_i, z_i]^{\mathrm{T}}$ 和 $\boldsymbol{r}_j = [x_j, y_j, z_j]^{\mathrm{T}}$ 分别为卫星 i 和卫星 j 在惯性坐标系中的位置矢量。

根据星间定向观测模型所示的球面三角形 $\triangle ABC$,可以得到如下关系式

$$\widehat{AB} = \frac{\pi}{2} - \delta_{ij} \qquad (5-60)$$

$$\widehat{AC} = \frac{\pi}{2} - \delta_{\mathrm{A}} \qquad (5-61)$$

$$\widehat{BC} = l \qquad (5-62)$$

$$\angle BAC = \alpha_{\mathrm{A}} - \alpha_{ij} \qquad (5-63)$$

再根据球面三角形边的余弦定理,可得角距的表达式为

$$l = \arccos[\sin\delta_{\mathrm{A}}\sin\delta_{ij} + \cos\delta_{\mathrm{A}}\cos\delta_{ij}\cos(\alpha_{\mathrm{A}} - \alpha_{ij})] \qquad (5-64)$$

得

$$l = \arccos\left[\sin\delta_{\mathrm{A}}\sin\left(\arctan\frac{z_j - z_i}{\sqrt{(x_j - x_i)^2 - (y_j - y_i)^2}}\right) + \right.$$
$$\left. \cos\delta_{\mathrm{A}}\cos\left(\arctan\frac{z_j - z_i}{\sqrt{(x_j - x_i)^2 - (y_j - y_i)^2}}\right)\cos\left(\alpha_{\mathrm{A}} - \arctan\frac{y_j - y_i}{x_j - x_i}\right)\right]$$
$$(5-65)$$

不难看出,上式将角距观测量与卫星的位置联系了起来。因此,角距观测量可以用于导航卫星的轨道确定。

2. **星间定向观测信息可观测性分析**

假设测量方程线性化后给出定轨的基本方程(条件方程)如下

$$\boldsymbol{y} = \boldsymbol{Bx} + V \qquad (5-66)$$

式中:V 为测量随机差;y 为残差;x 为待估状态量 $\boldsymbol{X}_0$ 的改正值,即

$$y = l_{\mathrm{o}} - l_{\mathrm{c}} \qquad (5-67)$$

$$\boldsymbol{x} = \boldsymbol{X}_0 - \boldsymbol{X}_0^* \qquad (5-68)$$

其中:l_{o} 和 l_{c} 分别是角距观测量的观测值和计算值(对应参考轨道 X_0^*),状态变量取开普勒轨道根数。

判断仅利用星间定向观测进行定轨是否亏秩取决于 $\boldsymbol{B}$ 矩阵(亦称法化矩阵)的性质。$\boldsymbol{B}$ 矩阵由下列关系式给出

$$\boldsymbol{B} = \left(\frac{\partial l}{\partial(\boldsymbol{r}_i^{\mathrm{T}}, \boldsymbol{r}_j^{\mathrm{T}})}\right)\left(\frac{\partial(\boldsymbol{r}_i, \boldsymbol{r}_j)}{\partial \boldsymbol{X}^{\mathrm{T}}}\right)\left(\frac{\partial \boldsymbol{X}}{\partial \boldsymbol{X}_0^{\mathrm{T}}}\right) \qquad (5-69)$$

该矩阵右端的三类偏导数矩阵对一次采样而言分别为(1×6)维、(6×12)维和(12×12)维矩阵,则矩阵$\boldsymbol{B}$为(1×12)维。只要一次采样,即可了解$\boldsymbol{B}$矩阵的特征,从而判断是否存在秩亏问题(以下各式中的变量均进行了单位归一化处理)。

对于第一类偏导数矩阵:

$$\frac{\partial l}{\partial \boldsymbol{r}_k^{\mathrm{T}}} = \frac{\partial l}{\partial \alpha_{ij}}\frac{\partial \alpha_{ij}}{\partial \boldsymbol{r}_k^{\mathrm{T}}} + \frac{\partial l}{\partial \delta_{ij}}\frac{\partial \delta_{ij}}{\partial \boldsymbol{r}_k^{\mathrm{T}}} \tag{5-70}$$

式中:$k=i,j$,且$\dfrac{\partial l}{\partial \alpha_{ij}}$和$\dfrac{\partial l}{\partial \delta_{ij}}$均为标量;$\dfrac{\partial l}{\partial \boldsymbol{r}_k^{\mathrm{T}}}$,$\dfrac{\partial \alpha_{ij}}{\partial \boldsymbol{r}_k^{\mathrm{T}}}$和$\dfrac{\partial \delta_{ij}}{\partial \boldsymbol{r}_k^{\mathrm{T}}}$均为$(1\times3)$维矩阵。

对式(5-65)求偏导,得

$$\begin{cases} \dfrac{\partial l}{\partial \alpha_{ij}} = \dfrac{-\cos\delta_{\mathrm{A}}\cos\delta_{ij}\sin(\alpha_{\mathrm{A}}-\alpha_{ij})}{T_1} \\ \dfrac{\partial l}{\partial \delta_{ij}} = \dfrac{-\sin\delta_{\mathrm{A}}\cos\delta_{ij}+\cos\delta_{\mathrm{A}}\sin\delta_{ij}\cos(\alpha_{\mathrm{A}}-\alpha_{ij})}{T_1} \end{cases} \tag{5-71}$$

式中:

$$T_1 = \sqrt{1-[\sin\delta_{\mathrm{A}}\sin\delta_{ij}+\cos\delta_{\mathrm{A}}\cos\delta_{ij}\cos(\alpha_{\mathrm{A}}-\alpha_{ij})]^2} \tag{5-72}$$

$$\begin{cases} \dfrac{\partial \alpha_{ij}}{\partial \boldsymbol{r}_i^{\mathrm{T}}} = \left[\dfrac{y_j-y_i}{T_2} \quad -\dfrac{x_j-x_i}{T_2} \quad 0\right] \\ \dfrac{\partial \alpha_{ij}}{\partial \boldsymbol{r}_j^{\mathrm{T}}} = -\dfrac{\partial \alpha_{ij}}{\partial \boldsymbol{r}_i^{\mathrm{T}}} \end{cases} \tag{5-73}$$

$$\begin{cases} \dfrac{\partial \delta_{ij}}{\partial \boldsymbol{r}_i^{\mathrm{T}}} = \left[\dfrac{(x_j-x_i)(z_j-z_i)}{T_3\sqrt{T_2}} \quad \dfrac{(y_j-y_i)(z_j-z_i)}{T_3\sqrt{T_2}} \quad -\dfrac{\sqrt{T_2}}{T_3}\right] \\ \dfrac{\partial \delta_{ij}}{\partial \boldsymbol{r}_j^{\mathrm{T}}} = -\dfrac{\partial \delta_{ij}}{\partial \boldsymbol{r}_i^{\mathrm{T}}} \end{cases} \tag{5-74}$$

式中:

$$T_2 = (x_j-x_i)^2+(y_j-y_i)^2 \tag{5-75}$$

$$T_3 = T_2+(z_j-z_i)^2 \tag{5-76}$$

将式(5-73)和式(5-74)代入式(5-70),得

$$\frac{\partial l}{\partial \boldsymbol{r}_j^{\mathrm{T}}} = -\frac{\partial l}{\partial \boldsymbol{r}_i^{\mathrm{T}}} \tag{5-77}$$

于是，

$$\left(\frac{\partial l}{\partial (\boldsymbol{r}_i{}^{\mathrm{T}}, \boldsymbol{r}_j{}^{\mathrm{T}})}\right) = \left[\begin{array}{cc} \dfrac{\partial l}{\partial \boldsymbol{r}_i{}^{\mathrm{T}}} & \dfrac{\partial l}{\partial \boldsymbol{r}_j{}^{\mathrm{T}}} \end{array}\right] = \left[\begin{array}{cc} \dfrac{\partial l}{\partial \boldsymbol{r}_i{}^{\mathrm{T}}} & -\dfrac{\partial l}{\partial \boldsymbol{r}_i{}^{\mathrm{T}}} \end{array}\right] \tag{5-78}$$

由式(5-78)可见第一类偏导数矩阵,其前三列与后三列对应元素互为相反数。

对于第二类偏导数矩阵:

$$\left(\frac{\partial (\boldsymbol{r}_i, \boldsymbol{r}_j)}{\partial \boldsymbol{X}^{\mathrm{T}}}\right) = \left[\begin{array}{cc} \dfrac{\partial \boldsymbol{r}_i}{\partial \boldsymbol{\sigma}_i^{\mathrm{T}}} & \boldsymbol{0}_{3\times6} \\[4mm] \boldsymbol{0}_{3\times6} & \dfrac{\partial \boldsymbol{r}_j}{\partial \boldsymbol{\sigma}_j^{\mathrm{T}}} \end{array}\right] \tag{5-79}$$

由于 $\dfrac{\partial \boldsymbol{r}_i}{\partial \boldsymbol{\sigma}_i^{\mathrm{T}}}$ 和 $\dfrac{\partial \boldsymbol{r}_j}{\partial \boldsymbol{\sigma}_j^{\mathrm{T}}}$ 具有完全相同的形式,故下面的分析过程省略下标。一般地,有

$$\frac{\partial \boldsymbol{r}}{\partial \boldsymbol{\sigma}^{\mathrm{T}}} = \left[\begin{array}{cccccc} \dfrac{\partial \boldsymbol{r}}{\partial a} & \dfrac{\partial \boldsymbol{r}}{\partial e} & \dfrac{\partial \boldsymbol{r}}{\partial i} & \dfrac{\partial \boldsymbol{r}}{\partial \Omega} & \dfrac{\partial \boldsymbol{r}}{\partial \omega} & \dfrac{\partial \boldsymbol{r}}{\partial M} \end{array}\right] \tag{5-80}$$

式中: $\dfrac{\partial \boldsymbol{r}}{\partial a}, \dfrac{\partial \boldsymbol{r}}{\partial e}, \dfrac{\partial \boldsymbol{r}}{\partial i}, \dfrac{\partial \boldsymbol{r}}{\partial \Omega}, \dfrac{\partial \boldsymbol{r}}{\partial \omega}$ 和 $\dfrac{\partial \boldsymbol{r}}{\partial M}$ 均为(3×1)维矩阵,则 $\dfrac{\partial \boldsymbol{r}}{\partial \boldsymbol{\sigma}^{\mathrm{T}}}$ 为(3×6)维矩阵。

设卫星的位置矢量和速度矢量分别为 $\boldsymbol{r}$ 和 $\dot{\boldsymbol{r}}$,且 $\boldsymbol{r} = \begin{bmatrix} x & y & z \end{bmatrix}^{\mathrm{T}}, r = |\boldsymbol{r}|$,其中,

$$\begin{cases} \dfrac{\partial \boldsymbol{r}}{\partial a} = \dfrac{1}{a}\boldsymbol{r} \\[3mm] \dfrac{\partial \boldsymbol{r}}{\partial e} = H\boldsymbol{r} + K\dot{\boldsymbol{r}} \\[3mm] \dfrac{\partial \boldsymbol{r}}{\partial i} = \boldsymbol{I} \\[3mm] \dfrac{\partial \boldsymbol{r}}{\partial \Omega} = \boldsymbol{\Omega} \\[3mm] \dfrac{\partial \boldsymbol{r}}{\partial \omega} = \boldsymbol{\omega} \\[3mm] \dfrac{\partial \boldsymbol{r}}{\partial M} = \dfrac{1}{n}\dot{\boldsymbol{r}} \end{cases} \tag{5-81}$$

式中:

$$\begin{cases} H = -\dfrac{a}{p}(\cos E + e) \\ K = \dfrac{\sin E}{n}\left(1 + \dfrac{r}{p}\right) \end{cases} \tag{5-82}$$

$$\boldsymbol{I} = \begin{bmatrix} z\sin\Omega \\ -z\cos\Omega \\ -x\sin\Omega + y\cos\Omega \end{bmatrix} \tag{5-83}$$

$$\boldsymbol{\Omega} = \begin{bmatrix} -y \\ x \\ 0 \end{bmatrix} \tag{5-84}$$

$$\boldsymbol{\omega} = \boldsymbol{R} \times \boldsymbol{r} = \begin{bmatrix} zR_y - yR_z \\ xR_z - zR_x \\ yR_x - xR_y \end{bmatrix} \tag{5-85}$$

式中:E 为偏近点角,可通过开普勒方程 $E = M + e\sin E$ 求解;p 为椭圆轨道半通径 $p = a(1 - e^2)$;n 为卫星运动的平均角速度,$n = \sqrt{\mu_e}\, a^{-\frac{3}{2}} = a^{-\frac{3}{2}}$,$\mu_e = GM_e$ 是地心引力常数,这里由于采用归一化的单位,故 $\mu_e = 1$。

式(5-85)中的 $\boldsymbol{R}$ 是轨道面法向单位矢量,有

$$\boldsymbol{R} = \begin{bmatrix} R_x \\ R_y \\ R_z \end{bmatrix} = \begin{bmatrix} \sin i \sin \Omega \\ -\sin i \cos \Omega \\ \cos i \end{bmatrix} \tag{5-86}$$

对于第三类偏导数矩阵(即状态转移矩阵):

$$\left(\frac{\partial \boldsymbol{X}}{\partial \boldsymbol{X}_0^{\mathrm{T}}}\right) = \begin{bmatrix} \dfrac{\partial \boldsymbol{\sigma}_i}{\partial \boldsymbol{\sigma}_{i0}^{\mathrm{T}}} & \boldsymbol{0}_{6\times6} \\ \boldsymbol{0}_{6\times6} & \dfrac{\partial \boldsymbol{\sigma}_j}{\partial \boldsymbol{\sigma}_{j0}^{\mathrm{T}}} \end{bmatrix} + \boldsymbol{O}(\varepsilon) \tag{5-87}$$

状态转移矩阵中只要取无摄部分即可。式中,$\boldsymbol{O}(\varepsilon)$ 表示摄动小量部分,通常定轨弧段不长,在定轨过程中被舍去,对讨论本问题亦无本质影响,故未具体给出,下面不再提及。

由于 $\dfrac{\partial \boldsymbol{\sigma}_i}{\partial \boldsymbol{\sigma}_{i0}^{\mathrm{T}}}$ 和 $\dfrac{\partial \boldsymbol{\sigma}_j}{\partial \boldsymbol{\sigma}_{j0}^{\mathrm{T}}}$ 具有完全相同的形式,故下面的分析过程省略下标。一般

地,有

$$
\frac{\partial \boldsymbol{\sigma}}{\partial \boldsymbol{\sigma}_0^{\mathrm{T}}} = \begin{bmatrix} 1 & 0 & 0 & 0 & 0 & 0 \\ 0 & 1 & 0 & 0 & 0 & 0 \\ 0 & 0 & 1 & 0 & 0 & 0 \\ 0 & 0 & 0 & 1 & 0 & 0 \\ 0 & 0 & 0 & 0 & 1 & 0 \\ -\dfrac{3n}{2a}\Delta t & 0 & 0 & 0 & 0 & 1 \end{bmatrix} \tag{5-88}
$$

式中:$\Delta t = t - t_0$,且$\dfrac{\partial \boldsymbol{\sigma}}{\partial \boldsymbol{\sigma}_0^{\mathrm{T}}}$为$(6 \times 6)$维矩阵。

设卫星 i 和卫星 j 的位置和速度矢量分别为 $\boldsymbol{r}_i = \begin{bmatrix} x_i & y_i & z_i \end{bmatrix}^{\mathrm{T}}$ 和 $\dot{\boldsymbol{r}}_i = \begin{bmatrix} \dot{x}_i & \dot{y}_i & \dot{z}_i \end{bmatrix}^{\mathrm{T}}$,$\boldsymbol{r}_j = \begin{bmatrix} x_j & y_j & z_j \end{bmatrix}^{\mathrm{T}}$ 和 $\dot{\boldsymbol{r}}_j = \begin{bmatrix} \dot{x}_j & \dot{y}_j & \dot{z}_j \end{bmatrix}^{\mathrm{T}}$,综合以上三部分的分析结果,可得 $\boldsymbol{B}$ 矩阵为

$$
\boldsymbol{B} = \begin{bmatrix} \dfrac{\partial l}{\partial \boldsymbol{r}_i^{\mathrm{T}}} & \dfrac{\partial l}{\partial \boldsymbol{r}_j^{\mathrm{T}}} \end{bmatrix} \begin{bmatrix} \dfrac{\partial \boldsymbol{r}_i}{\partial \boldsymbol{\sigma}_i^{\mathrm{T}}} & \boldsymbol{0}_{3\times 6} \\ \boldsymbol{0}_{3\times 6} & \dfrac{\partial \boldsymbol{r}_j}{\partial \boldsymbol{\sigma}_j^{\mathrm{T}}} \end{bmatrix} \begin{bmatrix} \dfrac{\partial \boldsymbol{\sigma}_i}{\partial \boldsymbol{\sigma}_{i0}^{\mathrm{T}}} & \boldsymbol{0}_{6\times 6} \\ \boldsymbol{0}_{6\times 6} & \dfrac{\partial \boldsymbol{\sigma}_j}{\partial \boldsymbol{\sigma}_{j0}^{\mathrm{T}}} \end{bmatrix} \tag{5-89}
$$

式中:

$$
\frac{\partial \boldsymbol{r}_i}{\partial \boldsymbol{\sigma}_i^{\mathrm{T}}} = \begin{bmatrix} \dfrac{\boldsymbol{r}_i}{a_i} & H_i\boldsymbol{r}_i + K_i\dot{\boldsymbol{r}}_i & \boldsymbol{I}_i & \boldsymbol{\Omega}_i & \boldsymbol{\omega}_i & \dfrac{\dot{\boldsymbol{r}}_i}{n_i} \end{bmatrix} \tag{5-90}
$$

$$
\frac{\partial \boldsymbol{r}_j}{\partial \boldsymbol{\sigma}_j^{\mathrm{T}}} = \begin{bmatrix} \dfrac{\boldsymbol{r}_j}{a_j} & H_j\boldsymbol{r}_j + K_j\dot{\boldsymbol{r}}_j & \boldsymbol{I}_j & \boldsymbol{\Omega}_j & \boldsymbol{\omega}_j & \dfrac{\dot{\boldsymbol{r}}_j}{n_j} \end{bmatrix}
$$

$$
\frac{\partial \boldsymbol{\sigma}_i}{\partial \boldsymbol{\sigma}_{i0}^{\mathrm{T}}} = \begin{bmatrix} 1 & 0 & 0 & 0 & 0 & 0 \\ 0 & 1 & 0 & 0 & 0 & 0 \\ 0 & 0 & 1 & 0 & 0 & 0 \\ 0 & 0 & 0 & 1 & 0 & 0 \\ 0 & 0 & 0 & 0 & 1 & 0 \\ -\dfrac{3n_i}{2a_i}\Delta t_i & 0 & 0 & 0 & 0 & 1 \end{bmatrix}, \frac{\partial \boldsymbol{\sigma}_j}{\partial \boldsymbol{\sigma}_{j0}^{\mathrm{T}}} = \begin{bmatrix} 1 & 0 & 0 & 0 & 0 & 0 \\ 0 & 1 & 0 & 0 & 0 & 0 \\ 0 & 0 & 1 & 0 & 0 & 0 \\ 0 & 0 & 0 & 1 & 0 & 0 \\ 0 & 0 & 0 & 0 & 1 & 0 \\ -\dfrac{3n_j}{2a_j}\Delta t_j & 0 & 0 & 0 & 0 & 1 \end{bmatrix}
$$

$$
\tag{5-91}
$$

前已述及,为了星间定向观测便于实施,通常选择观测卫星 i 和被测卫星 j 为同一轨道面内的相邻两颗卫星。对于同轨道面内的两颗卫星,其轨道根数具有如下关系:

$$a_i = a_j, e_i = e_j, i_i = i_j, \Omega_i = \Omega_j, \omega_i = \omega_j, M_i \neq M_j (E_i \neq E_j)$$

由此可推知如下一些关系:

$$\boldsymbol{r}_i \neq \boldsymbol{r}_j, \dot{\boldsymbol{r}}_i \neq \dot{\boldsymbol{r}}_j, H_i \neq H_j, K_i \neq K_j, n_i = n_j$$

由于角距观测量可同时修正两颗卫星的轨道根数,故两颗卫星的待估历元时刻 t_0 是一致的,则有 $\Delta t_i = \Delta t_j$。

为突显分析结果,对于两颗卫星相同的参数,下面将省去下标以示相同,于是 $\boldsymbol{B}$ 矩阵化简为

$$\boldsymbol{B} = \left[\frac{\partial l}{\partial \boldsymbol{r}_i^{\mathrm{T}}} \quad -\frac{\partial l}{\partial \boldsymbol{r}_j^{\mathrm{T}}}\right]\begin{bmatrix} \boldsymbol{B}_i & \boldsymbol{0}_{3\times6} \\ \boldsymbol{0}_{3\times6} & \boldsymbol{B}_j \end{bmatrix} \tag{5-92}$$

式中:

$$\boldsymbol{B}_i = \left[\frac{\boldsymbol{r}_i}{a} + \frac{\dot{\boldsymbol{r}}_i}{n}\left(-\frac{3n}{2a}\Delta t\right) \quad H_i\boldsymbol{r}_i + K_i\dot{\boldsymbol{r}}_i \quad \boldsymbol{I}_i \quad \boldsymbol{\Omega}_i \quad \boldsymbol{\omega}_i \quad \frac{\dot{\boldsymbol{r}}}{n_i}\right] \tag{5-93}$$

$$\boldsymbol{B}_j = \left[\frac{\boldsymbol{r}_j}{a_j} + \frac{\dot{\boldsymbol{r}}_j}{n}\left(-\frac{3n}{2a}\Delta t\right) \quad H_j\boldsymbol{r}_j + K_j\dot{\boldsymbol{r}}_j \quad \boldsymbol{I}_j \quad \boldsymbol{\Omega}_j \quad \boldsymbol{\omega}_j \quad \frac{\dot{\boldsymbol{r}}_j}{n_j}\right]$$

下面给出一次采样对应的 $\boldsymbol{B}$ 矩阵的 1 行 12 列的 12 个元素:

$$\boldsymbol{B} = [b_1 \quad b_2 \quad \cdots \quad b_{11} \quad b_{12}]$$

其中各元素为

$$\begin{cases} b_1 = \frac{\partial l}{\partial \boldsymbol{r}_i^{\mathrm{T}}}\left(\frac{1}{a}\boldsymbol{r}_i - \frac{3\Delta t}{2a}\dot{\boldsymbol{r}}_i\right) \\[2mm] b_2 = \frac{\partial l}{\partial \boldsymbol{r}_i^{\mathrm{T}}}(H_i\boldsymbol{r}_i + K_i\dot{\boldsymbol{r}}_i) \\[2mm] b_3 = \frac{\partial l}{\partial \boldsymbol{r}_i^{\mathrm{T}}}\boldsymbol{I}_i \\[2mm] b_4 = \frac{\partial l}{\partial \boldsymbol{r}_i^{\mathrm{T}}}\boldsymbol{\Omega}_i \\[2mm] b_5 = \frac{\partial l}{\partial \boldsymbol{r}_i^{\mathrm{T}}}\boldsymbol{\omega}_i \\[2mm] b_6 = \frac{\partial l}{\partial \boldsymbol{r}_i^{\mathrm{T}}}\frac{\dot{\boldsymbol{r}}_i}{n} \end{cases} \quad \begin{cases} b_7 = \frac{\partial l}{\partial \boldsymbol{r}_j^{\mathrm{T}}}\left(\frac{1}{a}\boldsymbol{r}_j - \frac{3\Delta t}{2a}\dot{\boldsymbol{r}}_j\right) \\[2mm] b_8 = \frac{\partial l}{\partial \boldsymbol{r}_j^{\mathrm{T}}}(H_j\boldsymbol{r}_j + K_j\dot{\boldsymbol{r}}_j) \\[2mm] b_9 = \frac{\partial l}{\partial \boldsymbol{r}_j^{\mathrm{T}}}\boldsymbol{I}_j \\[2mm] b_{10} = \frac{\partial l}{\partial \boldsymbol{r}_j^{\mathrm{T}}}\boldsymbol{\Omega}_j \\[2mm] b_{11} = \frac{\partial l}{\partial \boldsymbol{r}_j^{\mathrm{T}}}\boldsymbol{\omega}_j \\[2mm] b_{12} = \frac{\partial l}{\partial \boldsymbol{r}_j^{\mathrm{T}}}\frac{\dot{\boldsymbol{r}}_j}{n} \end{cases} \tag{5-94}$$

比较每组相应元素的表达式,即可看出 **B** 矩阵各列元素之间既不相等也不互为相反数,因而 **B** 矩阵是满秩的,这从数学上证明了引入星间测向信息对升交点赤经具备可观测性。因此,引入星间角距测量信息可以消除由于星间测距信息对升交点赤经观测信息秩亏引起的星座整体估计误差旋转问题。由分析可知,星座中存在两颗基准星便可完全抑制住星座整体旋转漂移的误差,而一个星间定向信息刚好能固定星座中观测与被观测两颗星在惯性空间的基准,因此理论上只要有一对星间定向信息即可完全抑制住星座误差估计的整体旋转漂移。

5.4　基于星间定向辅助的大椭圆星座长期高精度自主定轨技术

5.4.1　基于星间定向/测距的星座自主导航方法概述

基于星间链路的星座自主导航系统主要是通过星与星之间的测距链路来实现星座自主导航的,星座内的每一颗卫星基于最初的轨道数值结合轨道力学模型实现卫星轨道参数的预报,但是由于星间测量只约束了星座内卫星之间的相对位置的准确性,而对于整个星座的估计误差相对于惯性坐标系的整体旋转和漂移却无法测得[11],因而随着时间的推移,轨道预报的精度就会逐渐下降,此现象在数学上表现为条件方程中对应升交点赤经系数、轨道倾角系数的秩亏现象,即星间量测量对引起星座整体估计旋转漂移的轨道参数不可观测。

为解决由于秩亏引起的星座整体估计误差旋转漂移,前面已经提出了基于星间链路测距 + 定向角距的星座整体自主导航方法,在基于星间链路导航方法的基础上再引入星间角距观测,并证明了该方法的可观测性,本节对该方法进行详细介绍。

如图 5-6 所示,星间伪距观测信息通过构建双向、双频星间链路,完成相互之间通信测距即可得到;星间定向角距信息通过安装在观测卫星的照相观测设备(CCD 星敏)对被观测卫星及视场内的恒星进行照相观测,将拍摄到的星图经过图像处理和图像识别确定出被测卫星和满足条件的恒星,从而得到被观测卫星背景恒星与观测卫星之间的角距信息,利用星间定向角距信息和星间测距量测信息的联合观测定轨即可完全消除星座整体估计误差的旋状漂移趋势。

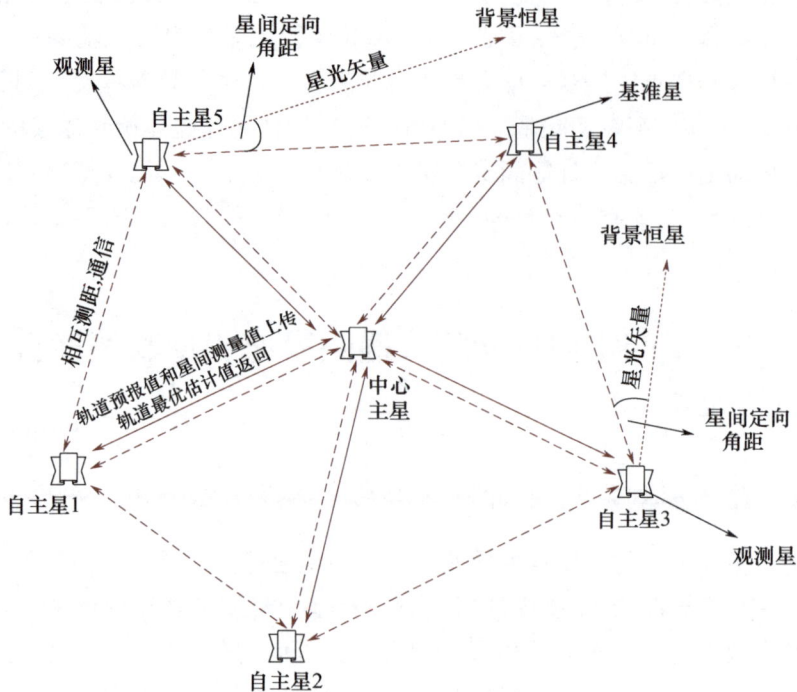

图 5 - 6   基于星间绝对定向/链路测距的星座导航方法

在基于星间测距/星间定向的星座自主导航过程中,首先星座内各卫星根据初始时刻轨道初值结合轨道动力学递推模型预报得到下一时刻的轨道预报值[12],再将通过星间测距通信链路测得的星间测距信息、星间定向观测得到的角距信息和星座内各星的轨道预报信息发送至主星;然后主星根据各星的轨道预报信息和测量信息进行整网滤波量测更新,即将星座内所有需要轨道参数更新的卫星轨道状态信息和测量信息放于同一个滤波器进行滤波更新,得到本时刻卫星状态的最优估计值;最后主星将滤波更新得到的各星的轨道参数最优估计值通过星间链路返回给各卫星。

⊠ 5.4.2 基于星间定向/测距的大椭圆轨道星座自主导航技术

1. 星间定向/测距自主导航系统状态方程

卫星在轨运行除受地球质心引力 F_{TB} 作用外,还受其他摄动力的影响,主要包括地球非球形引力 $\boldsymbol{F}_{NS}$、第三体(日、月)引力 $\boldsymbol{F}_{NB}$ 和太阳光压摄动力 $\boldsymbol{F}_{SR}$,即

$$\boldsymbol{F} = \boldsymbol{F}_{TB} + \boldsymbol{F}_{NS} + \boldsymbol{F}_{NB} + \boldsymbol{F}_{SR} \tag{5-95}$$

状态量 $\boldsymbol{X}$ 满足如下常微分方程初值问题

$$\begin{cases} \dot{\boldsymbol{X}} = \boldsymbol{F}(\boldsymbol{X},t) \\ \boldsymbol{X}(t_0) = \boldsymbol{X}_0 \end{cases} \tag{5-96}$$

该问题的解即为状态方程

$$\boldsymbol{X}(t) = \boldsymbol{G}[\boldsymbol{X}(t_0),t] \tag{5-97}$$

将其离散化为

$$\boldsymbol{X}_{k+1} = \boldsymbol{f}(\boldsymbol{X}_k,k) \tag{5-98}$$

式中:$\boldsymbol{f}(\cdot)$ 即为轨道预报函数,这是一个轨道外推过程。

将式(5-98)围绕前一步最优滤波估计值 $\hat{\boldsymbol{X}}_{k/k}$ 泰勒展开,并将二次以上项作为系统动态噪声,得

$$\boldsymbol{X}_{k+1} = \boldsymbol{f}[\hat{\boldsymbol{X}}_{k/k},k] + \frac{\partial \boldsymbol{f}[\boldsymbol{X}_k,k]}{\partial \boldsymbol{X}_k}\bigg|_{\boldsymbol{X}_k=\hat{\boldsymbol{X}}_{k/k}} [\boldsymbol{X}_k - \hat{\boldsymbol{X}}_{k/k}] + \boldsymbol{\Gamma}[\boldsymbol{X}_k,k]\boldsymbol{W}_k \tag{5-99}$$

式中:$\boldsymbol{W}_k$ 为动态噪声系数矩阵,则状态转移矩阵可表示为

$$\boldsymbol{\Phi}_{k+1/k} = \frac{\partial \boldsymbol{f}[\boldsymbol{X}_k,k]}{\partial \boldsymbol{X}_k}\bigg|_{x_k=\hat{\boldsymbol{X}}_{k/k}} \tag{5-100}$$

2. 星间定向/测距自主导航系统量测方程

基于星间测距/定向的星座自主导航系统量测信息包括星间测距量测信息和星间定向角距信息。

1)星间测距观测方程

设星座中卫星 i 和卫星 j 可以进行星间距离观测,记两颗卫星在地心惯性系中位置矢量分别为 $\boldsymbol{r}_i$ 和 $\boldsymbol{r}_j$,则星间距离观测量测方程可表示为

$$\rho_{ij} = |\boldsymbol{r}_i - \boldsymbol{r}_j| + V \tag{5-101}$$

式中:V 为观测噪声。

设卫星 i 和卫星 j 在地心惯性系中的位置和速度分别为

$$\boldsymbol{\sigma}_i = [x_i \quad y_i \quad z_i \quad v_{xi} \quad v_{yi} \quad v_{zi}]^T \text{ 和 } \boldsymbol{\sigma}_j = [x_j \quad y_j \quad z_j \quad v_{xj} \quad v_{yj} \quad v_{zj}]^T$$

引入状态量 $\boldsymbol{X} = \begin{bmatrix} \boldsymbol{\sigma}_i & \boldsymbol{\sigma}_j \end{bmatrix}^{\mathrm{T}}$，记 $\rho(\boldsymbol{X},t) = |\boldsymbol{r}_i(t) - \boldsymbol{r}_j(t)|$ 将式离散化得

$$\rho_{k+1} = \rho(\boldsymbol{X}_{k+1}, k+1) + V_{k+1} \qquad (5-102)$$

将式(5-102)在预测估值 $\hat{\boldsymbol{X}}_{k+1,k}$ 处泰勒展开，略去二阶以上项，得线性化后的星间距离观测方程为

$$\rho_{k+1} = \rho(\hat{\boldsymbol{X}}_{k+1/k}, k+1) + \frac{\partial \rho}{\partial \boldsymbol{X}_{k+1}^{\mathrm{T}}}\bigg|_{\boldsymbol{X}_{k+1} = \hat{x}_{k+1/k}} (\boldsymbol{X}_{k+1} - \hat{\boldsymbol{X}}_{k+1/k})\Delta_{k+1}$$

$$(5-103)$$

式中：$\rho(\hat{\boldsymbol{X}}_{k+1/k}, k+1)$ 为概略距离，记观测系数矩阵为 $\boldsymbol{H}_{k+1}$，其表达式如下

$$\boldsymbol{H}_{k+1} = \frac{\partial \rho_{ij}}{\partial \left[(\boldsymbol{\sigma}_i)_{k+1}^{\mathrm{T}}, (\boldsymbol{\sigma}_j)_{k+1}^{\mathrm{T}} \right]}\bigg|_{\boldsymbol{X}_{k+1} = \hat{x}_{k+1/k}} \qquad (5-104)$$

式中：

$$\begin{cases} \dfrac{\partial \rho_{ij}}{\partial \boldsymbol{\sigma}_i^{\mathrm{T}}} = \dfrac{1}{\rho_{ij}}\begin{bmatrix} x_i - x_j & y_i - y_j & z_i - z_j \end{bmatrix} \\[4mm] \dfrac{\partial \rho_{ij}}{\partial \boldsymbol{\sigma}_j^{\mathrm{T}}} = -\dfrac{1}{\rho_{ij}}\begin{bmatrix} x_i - x_j & y_i - y_j & z_i - z_j \end{bmatrix} \end{cases} \qquad (5-105)$$

2）星间定向角距观测方程

假定星间定向观测发生在卫星 i,j 之间，其中卫星 i 为观测卫星，卫星 j 为被测卫星，恒星 A 为背景恒星，若记两颗卫星连线方向赤经赤纬为 $(\alpha_{ij} \quad \delta_{ij})$，背景恒星赤经赤纬为 $(\alpha_A \quad \delta_A)$，连线方向与背景恒星视方向角距为 l，根据前述星间定向观测原理，有如下关系

$$l = \arccos\left[\sin\delta_A \sin\delta_{ij} + \cos\delta_A \cos\delta_{ij}\cos(\alpha_A - \alpha_{ij}) \right] \qquad (5-106)$$

设卫星 i,j 在地心惯性系中位置矢量分别 $\boldsymbol{r}_i = \begin{bmatrix} x_i & y_i & z_i \end{bmatrix}^{\mathrm{T}}$，$\boldsymbol{r}_j = \begin{bmatrix} x_j & y_j & z_j \end{bmatrix}^{\mathrm{T}}$，则 $(\alpha_{ij} \quad \delta_{ij})$ 可表示为

$$\begin{cases} \alpha_{ij} = \arctan \dfrac{y_j - y_i}{x_j - x_i} \\[4mm] \delta_{ij} = \arctan \dfrac{z_j - z_i}{\sqrt{(x_j - x_i)^2 + (y_j - y_i)^2}} \end{cases} \qquad (5-107)$$

将式(5-106)、式(5-107)联立，即可建立卫星 i,j 位置矢量与角距观测量的函数关系。

若记连线方向的方向矢量为 $\boldsymbol{r}_{ij} = \boldsymbol{r}_j - \boldsymbol{r}_i$，恒星 A 视方向矢量为 $\boldsymbol{r}_A$，则星间

定向观测量测方程可表示为

$$l = \langle \boldsymbol{r}_{ij}, \boldsymbol{r}_{A} \rangle + V \qquad (5-108)$$

式中：$\langle \boldsymbol{r}_{ij}, \boldsymbol{r}_{A} \rangle$ 为连线方向矢量 $\boldsymbol{r}_{ij}$ 和恒星 A 视方向方向矢量 $\boldsymbol{r}_{A}$ 的夹角；V 为观测噪声。

设卫星 i 和卫星 j 在地心惯性系中的位置和速度分别为 $\boldsymbol{\sigma}_i = \begin{bmatrix} x_i & y_i & z_i & v_{xi} & v_{yi} & v_{zi} \end{bmatrix}^{\mathrm{T}}$ 和 $\boldsymbol{\sigma}_j = \begin{bmatrix} x_j & y_j & z_j & v_{xj} & v_{yj} & v_{zj} \end{bmatrix}^{\mathrm{T}}$。

引入状态量 $\boldsymbol{X} = \begin{bmatrix} \boldsymbol{\sigma}_i & \boldsymbol{\sigma}_j \end{bmatrix}^{\mathrm{T}}$，记 $l(\boldsymbol{X}, t) = \langle \boldsymbol{r}_{ij}, \boldsymbol{r}_{A} \rangle$，将式（5-108）离散化可得

$$l_{k+1} = l(\boldsymbol{X}_{k+1}, k+1) + V_{k+1} \qquad (5-109)$$

将式（5-109）在预测估值 $\hat{\boldsymbol{X}}_{k+1/k}$ 处泰勒展开，略去二阶以上项，得线性化后的星间定向观测量测方程为

$$l_{k+1} = l(\hat{\boldsymbol{X}}_{k+1/k}, k+1) + \left. \frac{\partial l}{\partial \boldsymbol{X}_{k+1}^{\mathrm{T}}} \right|_{\boldsymbol{X}_{k+1} = \hat{\boldsymbol{x}}_{k+1/k}} (\boldsymbol{X}_{k+1} - \hat{\boldsymbol{X}}_{k+1/k}) + V_{k+1}$$

$$(5-110)$$

式中：$l(\hat{\boldsymbol{X}}_{k+1/k}, k+1)$ 为角距的概略计算值，记观测系数矩阵为 $\boldsymbol{H}_{k+1}$，其表达式如下

$$\boldsymbol{H}_{k+1} = \left. \frac{\partial l}{\partial \left[(\boldsymbol{\sigma}_i)_{k+1}^{\mathrm{T}}, (\boldsymbol{\sigma}_j)_{k+1}^{\mathrm{T}} \right]} \right|_{\boldsymbol{X}_{k+1} = \hat{\boldsymbol{x}}_{k+1/k}} \qquad (5-111)$$

一般地，

$$\begin{cases} \dfrac{\partial l}{\partial \boldsymbol{\sigma}_i^{\mathrm{T}}} = \dfrac{\partial l}{\partial \boldsymbol{\sigma}_i^{\mathrm{T}}} = \left(\dfrac{\partial l}{\partial \alpha_{ij}} \dfrac{\partial \alpha_{ij}}{\partial \boldsymbol{\sigma}_i^{\mathrm{T}}} + \dfrac{\partial l}{\partial \delta_{ij}} \dfrac{\partial \delta_{ij}}{\partial \boldsymbol{\sigma}_i^{\mathrm{T}}} \right) \\[3mm] \dfrac{\partial l}{\partial \boldsymbol{\sigma}_j^{\mathrm{T}}} = \dfrac{\partial l}{\partial \boldsymbol{\sigma}_j^{\mathrm{T}}} = \left(\dfrac{\partial l}{\partial \alpha_{ij}} \dfrac{\partial \alpha_{ij}}{\partial \boldsymbol{\sigma}_j^{\mathrm{T}}} + \dfrac{\partial l}{\partial \delta_{ij}} \dfrac{\partial \delta_{ij}}{\partial \boldsymbol{\sigma}_j^{\mathrm{T}}} \right) \end{cases} \qquad (5-112)$$

式中：

$$\begin{cases} \dfrac{\partial l}{\partial \alpha_{ij}} = \dfrac{-\cos\delta_A \cos\delta_{ij} \sin(\alpha_A - \alpha_{ij})}{T_1} \\[3mm] \dfrac{\partial l}{\partial \delta_{ij}} = \dfrac{-\sin\delta_A \cos\delta_{ij} + \cos\delta_A \sin\delta_{ij} \cos(\alpha_A - \alpha_{ij})}{T_1} \end{cases} \qquad (5-113)$$

$$T_1 = \sqrt{1 - \left[\sin\delta_A \sin\delta_{ij} + \cos\delta_A \cos\delta_{ij} \cos(\alpha_A - \alpha_{ij}) \right]^2} \qquad (5-114)$$

$$\begin{cases} \dfrac{\partial \alpha_{ij}}{\partial \boldsymbol{\sigma}_i^{\mathrm{T}}} = \left[\ \dfrac{y_j - y_i}{T_2} \quad -\dfrac{x_j - x_i}{T_2} \quad 0\ \right] \\[4mm] \dfrac{\partial \alpha_{ij}}{\partial \boldsymbol{\sigma}_j^{\mathrm{T}}} = -\dfrac{\partial \alpha_{ij}}{\partial \boldsymbol{\sigma}_i^{\mathrm{T}}} \end{cases} \tag{5-115}$$

$$\begin{cases} \dfrac{\partial \delta_{ij}}{\partial \boldsymbol{\sigma}_i^{\mathrm{T}}} = \left[\ \dfrac{(x_j - x_i)(z_j - z_i)}{T_3\sqrt{T_2}} \quad \dfrac{(y_j - y_i)(z_j - z_i)}{T_3\sqrt{T_2}} \quad -\dfrac{\sqrt{T_2}}{T_3}\ \right] \\[4mm] \dfrac{\partial \delta_{ij}}{\partial \boldsymbol{\sigma}_j^{\mathrm{T}}} = -\dfrac{\partial \delta_{ij}}{\partial \boldsymbol{\sigma}_i^{\mathrm{T}}} \end{cases}$$

$$\tag{5-116}$$

$$T_2 = (x_j - x_i)^2 + (y_j - y_i)^2 \tag{5-117}$$

$$T_3 = T_2 + (z_j - z_i)^2 \tag{5-118}$$

3. **星间测距自主导航系统仿真分析**

基于星间测距的大椭圆轨道星座自主导航原理框图如图 5-7 所示。

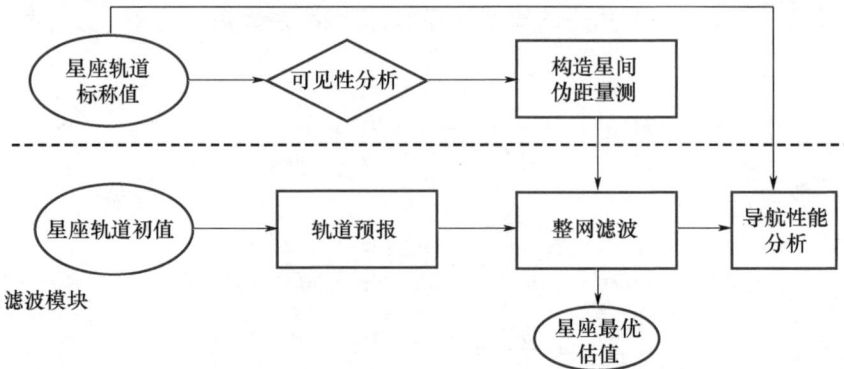

图 5-7　大椭圆轨道星座自主导航仿真系统模块

仿真条件设置如下。

(1) 星座构型:由 STK 生成大椭圆轨道区域星座。

(2) 坐标系:地心惯性坐标系。

(3) 星间测距精度:10m,假设链路信号的最远传输距离为地球半径的 1.5 倍,且信号的切向高度必须大于地球临界半径 6×10^6 m。

（4）仿真时间取 360 天,星间伪距测量周期均为 60min。

（5）迭代初值在 STK 数据的基础上,加入位置误差 10m(1σ,单轴),速度误差 0.01m/s(1σ,单轴)。

（6）模型噪声方差阵:$\boldsymbol{Q} = \begin{bmatrix} q_1\boldsymbol{I}_{3\times3} & \boldsymbol{0}_{3\times3} \\ \boldsymbol{0}_{3\times3} & q_2\boldsymbol{I}_{3\times3} \end{bmatrix}$,其中 $q_1 = 1 \times 10^{-4}$,$q_2 = 1 \times 10^{-6}$。

仿真结果如下。

1）轨道六要素的仿真结果

轨道六要素仿真结果如图 5-8 所示。

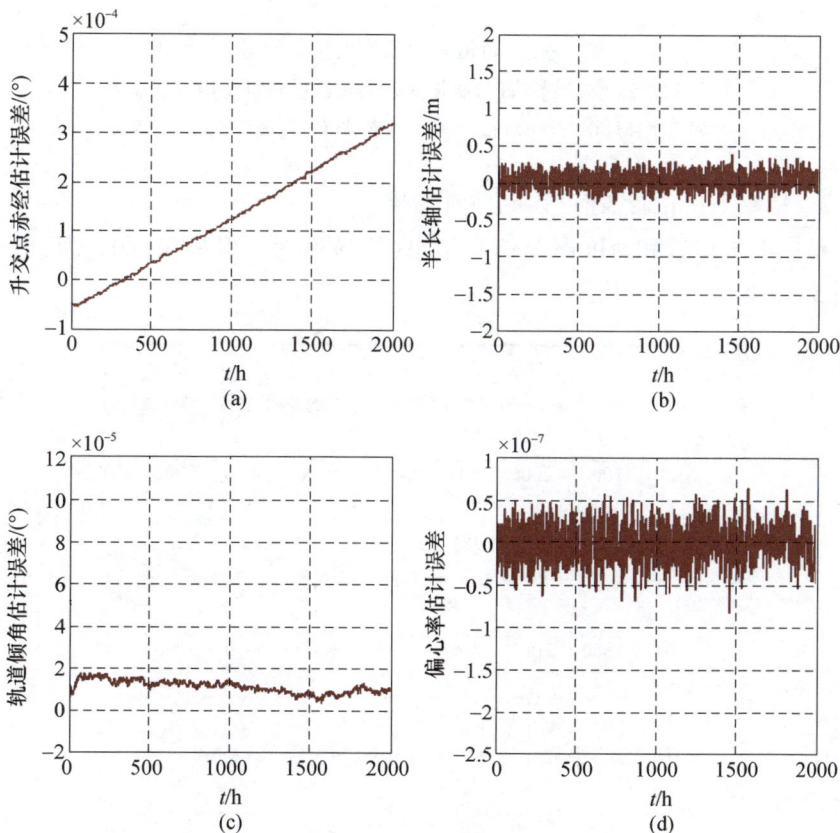

(a)

(b)

(c)

(d)

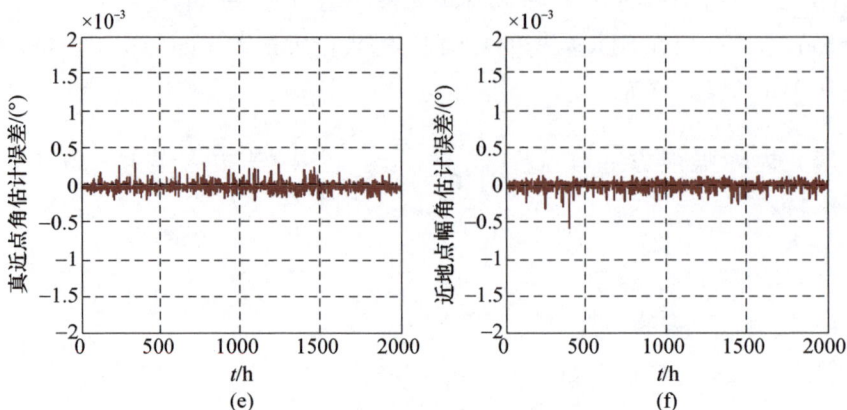

图 5 - 8　轨道六要素实时估计误差

(a)升交点赤经估计误差;(b)半长轴估计误差;(c)轨道倾角估计误差;

(d)偏心率估计误差;(e)真近点角估计误差;(f)近地点幅角估计误差。

2)星座卫星位置、速度误差仿真结果

星座卫星位置和速度误差仿真结果(以轨道面 1 卫星 MEO11 为例)分别如图 5 - 9 和图 5 - 10 所示。

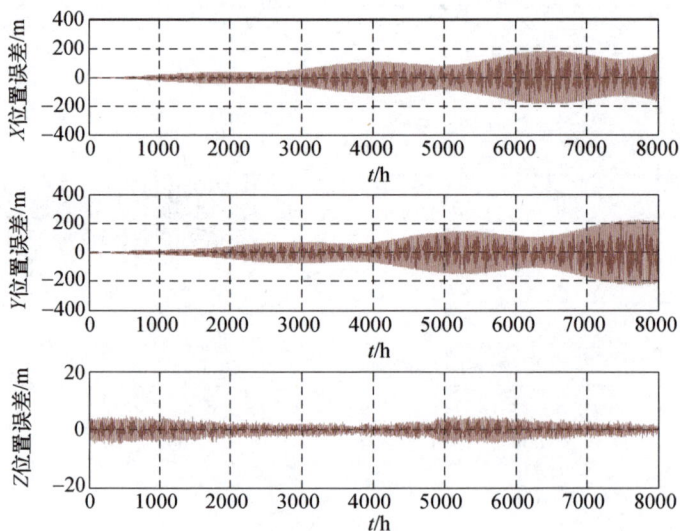

图 5 - 9　轨道面 1 卫星 MEO11 三轴位置实时估计误差

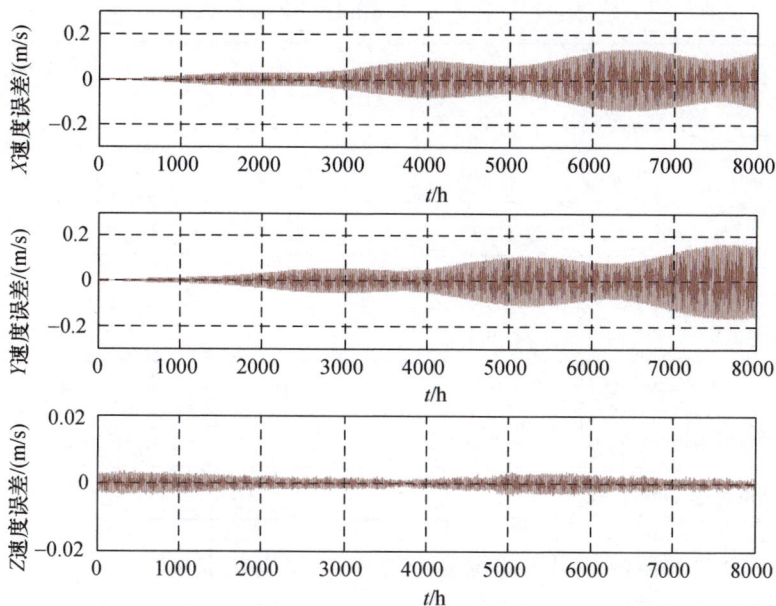

图 5 - 10　轨道面 1 卫星 MEO11 三轴速度实时估计误差

3）星座相对位置和相对速度误差

星座相对位置和相对速度误差如图 5 - 11 所示。

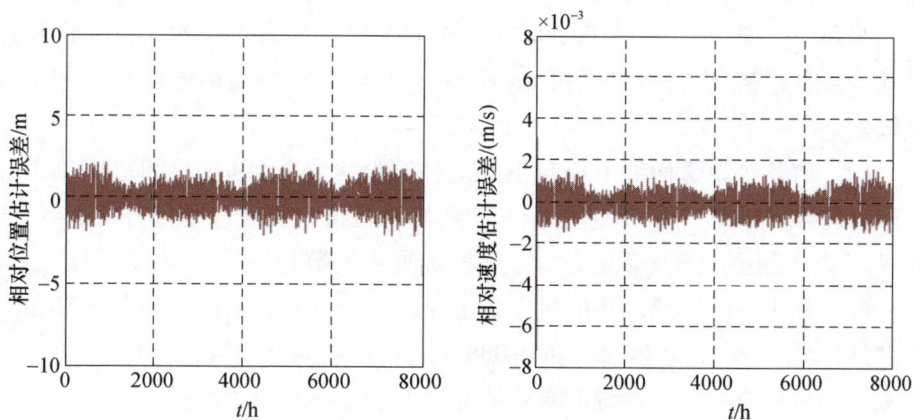

图 5 - 11　星座卫星相对位置和相对速度估计误差

星座卫星各类误差统计如表 5 - 1 所列。

表 5 − 1　卫星星座 8000h 后估计误差

卫星序号		MEO11	MEO21	MEO31
位置误差/m	X 方向	198	230	197
	Y 方向	230	197	230
	Z 方向	5	4	5
速度误差/(m/s)	X 方向	0.14	0.17	0.15
	Y 方向	0.17	0.14	0.17
	Z 方向	0.003	0.003	0.003
相对位置误差/m		2.1		
相对速度误差/(m/s)		0.0015		

同一个轨道面内各卫星的位置、速度估计精度几乎相同。

由仿真结果可得以下结论：

（1）基于星间链路测距的星座导航系统其星间测距观测信息能有效消除星座整星定轨误差，且短时间内自主导航精度较高，但其定轨精度随着时间的增长逐渐下降并出现缓慢的发散趋势。这是由于星间测距信息无法有效消除导致星座误差估计旋转发散的升交点赤经估计误差、轨道倾角估计误差和近地点幅角估计误差部分，故基于星间观测测距的星座自主导航其长期误差还是处于发散趋势，由仿真结果可知经历 8000h 后三轴位置误差分别发散至百米级别。

（2）由各个轨道面的卫星自主导航仿真结果可知，基于星间链路测距的星座自主导航系统，估计误差处于发散趋势的轨道六要素主要为升交点赤经，故 X,Y 方向的位置速度误差估计长时间内处于发散趋势。

（3）基于星间链路测距的星座自主导航系统具有较高的相对位置和相对速度估计精度，分别为 11.2m 和 0.008m/s，且不随时间发散，说明基于星间链路测距的星座自主导航系统能有效估计航天器之间的相对构型。

4. 星间测距/定向自主导航系统仿真分析

基于星间测距/定向的星座自主导航原理框图如图 5 − 12 所示。

仿真所用星座同前所述，分别在各轨道面布置两组星间定向卫星组，每一

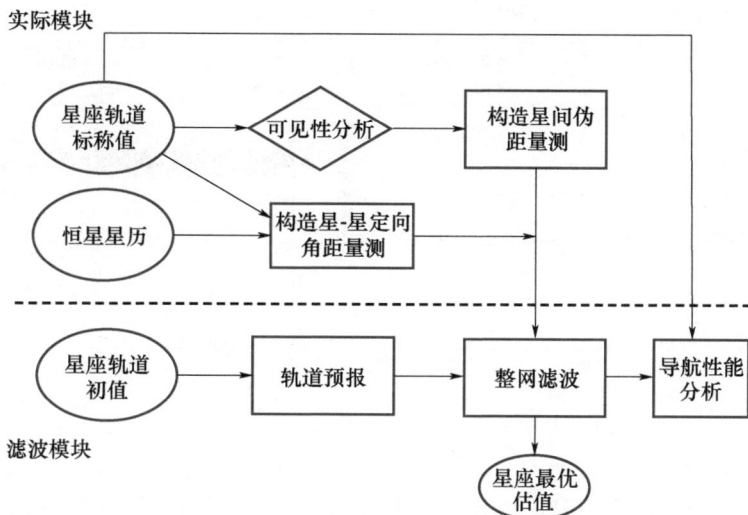

图 5 - 12　基于星间定向/测距星座自主导航仿真系统模块

组星间定向组包括携带定向照相设备的两颗定向观测星和一颗被观测基准星。星间定向角距精度为 0.1″，每次选用 10 个星光角距，星间定向采样周期 60min，其他仿真参数设置同前。

仿真结果如下。

1）星座轨道六要素

轨道六要素仿真结果如图 5 - 13 所示。

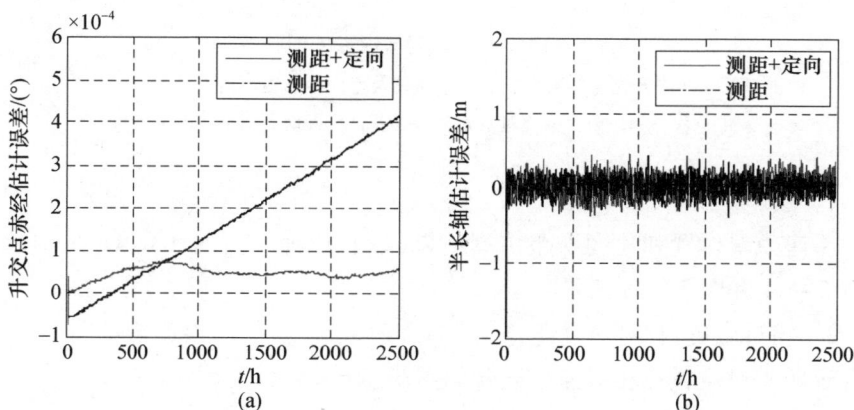

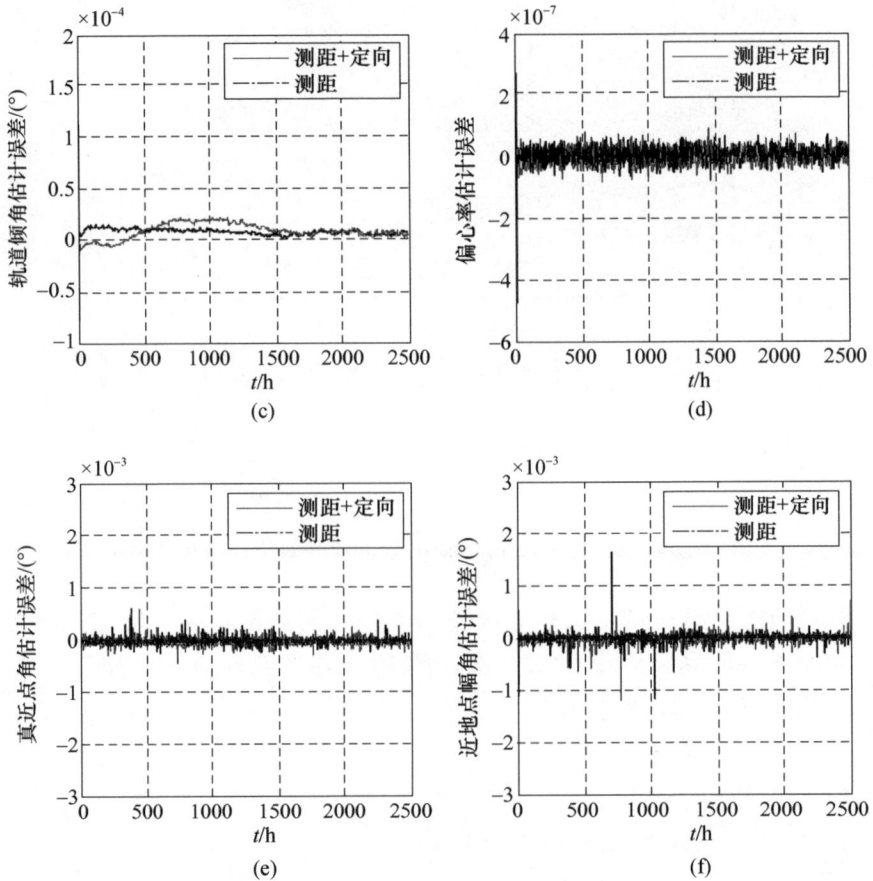

图 5 - 13 轨道六要素误差实时仿真

(a)升交点赤经误差;(b)半长轴误差;(c)轨道倾角误差;

(d)偏心率误差;(e)真近点角估计误差;(f)近地点幅角估计误差。

2）星座位置、速度误差

星座卫星位置和速度误差仿真结果（以轨道面1卫星MEO11为例）分别
如图 5 - 14 和图 5 - 15 所示。

3）相对位置、相对速度误差

星座相对位置和相对速度误差如图 5 - 16 所示。

星座卫星各类误差统计如表 5 - 2 所列。

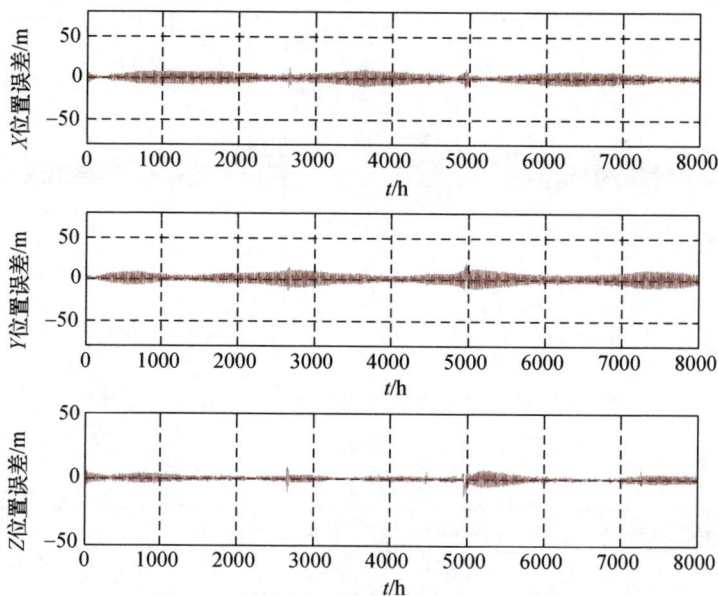

图 5 – 14　轨道面 1 卫星 MEO11 卫星三轴位置实时估计误差

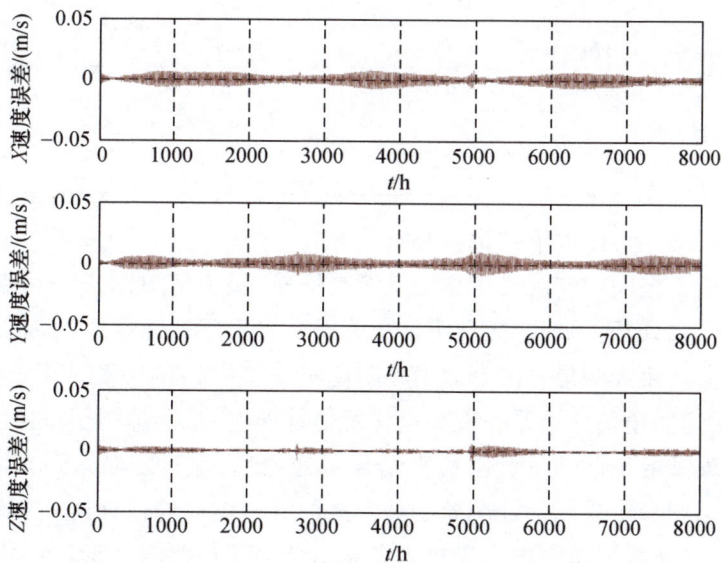

图 5 – 15　轨道面 1 卫星 MEO11 卫星三轴速度实时估计误差

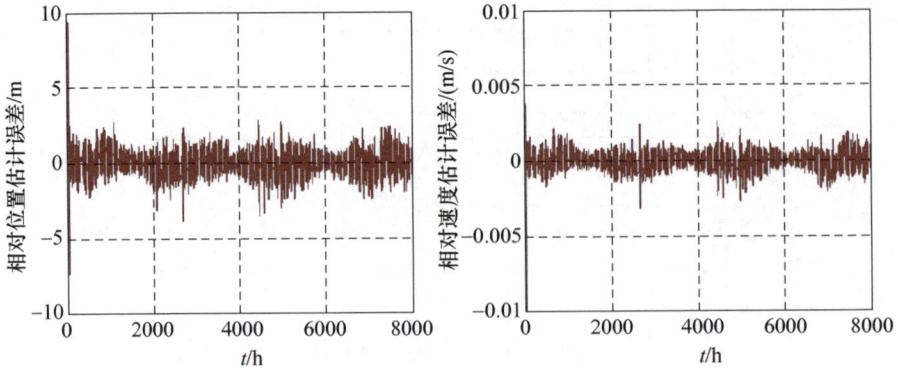

图 5 - 16 星座卫星相对位置和相对速度实时估计误差

表 5 - 2 卫星星座 7000h 后估计误差

卫星序号		MEO11	MEO21	MEO31
位置误差/m	X 方向	10.3	13.1	10.5
	Y 方向	12.5	10.7	13.6
	Z 方向	6.1	6.0	5.8
速度误差/(m/s)	X 方向	0.008	0.009	0.008
	Y 方向	0.01	0.008	0.01
	Z 方向	0.005	0.005	0.005
相对位置误差/m		2.0		
相对速度误差/(m/s)		0.0016		

由仿真结果可得以下结论：

（1）由于星间定向观测信息借助背景恒星（星历已知）为整个星座提供了绝对定向信息，因而星间定向角距信息能反映出星座整体性的旋转漂移变化，即星间定向角距观测信息能有效消除引起星座整体旋转漂移的升交点赤经估计误差、轨道倾角估计误差和近地点幅角估计误差，从而抑制了星座卫星自主导航估计误差的发散趋势。由仿真结果可知，星间绝对定向角距量测信息能有效消除引起星座整体估计误差旋转发散的升交点赤经估计误差和轨道倾角估计误差，最终使得星座内卫星自主导航估计误差长时间处于收敛趋势，位置估计精度如表 5 - 2 所列。

（2）基于星间定向/测距的星座自主导航系统其相对位置和相对速度估

计精度与基于星间测距的星座自主导航系统估计精度相仿。

参考文献

[1] Yang Wenbo, Li s, Li N. A switch – mode information fusion filter based on ISRUKF for autonomous navigation of spacecraft[J]. Information Fusion,2014,18(3):33 – 42.

[2] 杨文博,李少远. 基于强跟踪 UKF 的航天器自主导航间接量测滤波算法[J]. 系统工程与电子技术,2011,11(33):2485 – 2491.

[3] 闰野,周伯昭,任萱. 关于卫星网自主定轨方法的探讨[J]. 宇航学报,2002,23(2):80 – 83.

[4] 杨文博. 通用化自主导航仿真验证平台技术[C]. 八院信息化技术专业组,2012.

[5] 陈金平,尤政,焦文海. 基于星间距离和方向观测的导航卫星自主定轨研究[J]. 宇航学报,2002,23(2):80 – 83.

[6] Psiaki M L. Global magnetometer – based spacecraft attitude and rate estimation[J]. Journal of Guidance, Control and Dynamics,2004,27(2):240 – 250.

[7] Alonso R,Shuster M D. TWOSTEP:a fast robust algorithm for attitude – independent magnetometer – biased determination[J]. Journal of Astronautical Sciences,2002,50(4):433 – 451.

[8] Crassidis J L,Lightsey E G. Attitude determination using combined GPS and three – axis magnetometer data[J]. Space Technology,2001,20(4):147 – 156.

[9] 胡松杰. 卫星星座的动力学研究[D]. 南京:南京大学,2004.

[10] 项军华,张育林. 卫星组网与星座控制设计、分析、仿真系统研究[J]. 系统仿真学报,2006,18(增刊2):691 – 695.

[11] Feng L,Gong C,He A C. A sliding mode controller of attitude tracking system of vehicle based on error – quaternion[J]. Journal of Astronautics,2000,21(1):17 – 22.

[12] 熊凯,魏春岭,刘良栋. 航天器轨道机动过程中自主导航方法[J]. 空间控制技术与应用,2009,35(2):7 – 12.

第 6 章
星间相对导航技术

▶ 6.1 引言

  航天器的相对导航是指利用星载测量设备,结合航天器的相对运动方程和状态估计方法,确定两航天器之间的相对位置和相对速度[1-3]。相对导航是实现航天器交会、伴飞和编队飞行的前提,直接影响制导和控制的精度[4]。运行在圆轨道或近圆轨道的航天器,通过安装在主动星上的光学敏感器和雷达测量目标星相对主动星的方位和距离,同时利用 Clohessy – Wiltshire(C – W)方程和扩展卡尔曼滤波(Extended Kalman Filter,EKF)算法可以确定航天器之间的相对位置和相对速度[5-7]。

  椭圆轨道的相对导航采用的跟瞄设备与近圆轨道类似,以微波雷达、光电组合为主,可测量得到目标的方位角和距离信息。由于运行于椭圆轨道上的航天器相对运动方程和测量方程都是非线性的,椭圆轨道航天器的相对导航本质上是一个非线性状态估计问题,需要选用合适的滤波算法用于椭圆轨道的相对导航。目前广泛采用的非线性滤波算法是扩展卡尔曼滤波(EKF),EKF 是通过对非线性函数的泰勒展开式进行一阶线性化截断、忽略高阶项实现的,EKF 简单易行,与 UKF、粒子滤波等非线性滤波相比,计算量要小很多。相关学者[8]在航天器轨道坐标系下建立了没有圆轨道假设条件的相对运动方程,研究了基于视觉敏感器测量并利用状态观测器进行相对导航的方法。但这种相对运动方程形式复杂,不利于工程实现,且状态观测器无法实现高精度的相对定位。

本章主要分析针对椭圆轨道情况的轨道系和惯性系下相对导航系统模型,并对此进行相应的数学仿真。仿真结果表明,这两种相对导航系统模型均具有较高的相对导航精度以及较快的滤波收敛速度。两者分别采用 Lawden 方程和惯性系下的相对运动方程,均含有主动星的轨道参数,主要区别在于:Lawden 方程需根据主动星的轨道要素进行计算以获取其真近点角的角速度和角加速度;惯性系相对运动方程则是以主动星的绝对位置作为参数,而这些参数可以通过航天器的自主导航方法直接得到。因而,惯性系相对导航系统模型的复杂性要小于主动星轨道系相对导航系统模型,能够在一定程度上减少计算量。

6.2　轨道系下相对导航技术

6.2.1　坐标系定义

主动星轨道坐标系 S_c,如图 6 - 1 所示:坐标系原点 o 定义在主动星质心;x_c 轴沿速度方向,z_c 轴沿径向指向地心,y_c 轴与 x_c、z_c 轴构成右手坐标系。

在该坐标系下,主动星与目标星的相对位置关系,如图 6 - 2 所示。

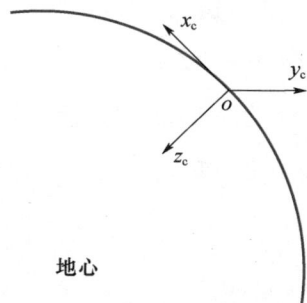

图 6 - 1　主动星轨道坐标系　　　　图 6 - 2　相对位置关系

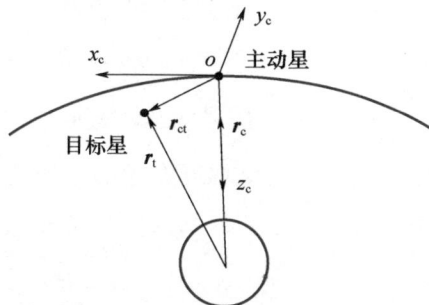

6.2.2　轨道系下相对导航系统建模

在主动星的轨道坐标系下,航天器相对运动方程具有如下形式:

$$\frac{d^2 (\boldsymbol{r}_{ct})_c}{dt^2} + (\dot{\boldsymbol{\omega}}_c)_c^\times (\boldsymbol{r}_{ct})_c + 2 (\boldsymbol{\omega}_c)_c^\times \frac{d (\boldsymbol{r}_{ct})_c}{dt} + (\boldsymbol{\omega}_c)_c^\times (\boldsymbol{\omega}_c)_c^\times (\boldsymbol{r}_{ct})_c$$

$$= -\frac{\mu}{r_c^3} \Big[(\boldsymbol{r}_{ct})_c - 3 \frac{\boldsymbol{r}_{ct} \cdot \boldsymbol{r}_c}{r_c^2} (\boldsymbol{r}_c)_c \Big] - (\boldsymbol{f}_c)_c \qquad (6-1)$$

式中：

$$(\boldsymbol{r}_{ct})_c = \begin{bmatrix} x & y & z \end{bmatrix}^T$$

$$(\boldsymbol{r}_c)_c = \begin{bmatrix} 0 & 0 & -r_c \end{bmatrix}^T$$

$$(\boldsymbol{f}_c)_c = \begin{bmatrix} f_x & f_y & f_z \end{bmatrix}^T$$

式中：$(\boldsymbol{\omega}_c)_c$ 为主动星轨道系下的主动星轨道角速度；$(\dot{\boldsymbol{\omega}}_c)_c$ 为该旋转角速度在轨道坐标系下分量列阵的导数；$(\boldsymbol{\omega}_c)_c^\times$ 为列阵 $(\boldsymbol{\omega}_c)_c$ 的反对称斜方阵，如果设 $(\boldsymbol{\omega}_c)_c = \begin{bmatrix} \omega_{cx} & \omega_{cy} & \omega_{cz} \end{bmatrix}^T$，那么有

$$(\boldsymbol{\omega}_c)_c^\times = \begin{bmatrix} 0 & -\omega_{cz} & \omega_{cy} \\ \omega_{cz} & 0 & -\omega_{cx} \\ -\omega_{cy} & \omega_{cx} & 0 \end{bmatrix}$$

考虑运行于椭圆轨道上航天器的相对运动，由式(6-1)可得到在主动星轨道坐标系下描述的椭圆轨道相对运动方程[9]为

$$\begin{cases} \ddot{x} - 2\dot{\theta}_c \dot{z} - \ddot{\theta}_c z - \dot{\theta}_c^2 x + \overline{\omega}_c^2 x = -f_x \\ \ddot{y} + \overline{\omega}_c^2 y = -f_y \\ \ddot{z} + 2\dot{\theta}_c \dot{x} + \ddot{\theta}_c x - \dot{\theta}_c^2 z - 2\overline{\omega}_c^2 z = -f_z \end{cases} \qquad (6-2)$$

式(6-2)即为描述椭圆轨道上航天器相对运动的 Lawden 方程。其中，$\dot{\theta}_c$ 和 $\ddot{\theta}_c$ 分别为主动星真近点角的角速度和角加速度，可以由主动星的轨道半长轴 a_c、偏心率 e_c 和真近点角 θ_c 表示为

$$\dot{\theta}_c = \sqrt{\frac{\mu}{a_c^3 (1 - e_c^2)^3}} (1 + e_c \cos\theta_c)^2 \qquad (6-3)$$

$$\ddot{\theta}_c = -\frac{2\mu e_c \sin\theta_c}{a_c^3 (1 - e_c^2)^3} \qquad (6-4)$$

$$\overline{\omega}_c = \sqrt{\mu / r_c^3} \qquad (6-5)$$

相对导航的状态量选取为主动星轨道坐标系下的相对位置和相对速度坐

标,即

$$\boldsymbol{X} = \begin{bmatrix} x & y & z & \dot{x} & \dot{y} & \dot{z} \end{bmatrix}^{\mathrm{T}} \qquad (6-6)$$

则根据 Lawden 方程可得到如下具有线性时变形式的相对导航系统状态方程:

$$\dot{\boldsymbol{X}}(t) = \boldsymbol{F}(t)\boldsymbol{X}(t) + \boldsymbol{G}(t)\boldsymbol{W}(t) \qquad (6-7)$$

式中:

$$\boldsymbol{F}(t) = \begin{bmatrix} \boldsymbol{F}_1(t) \\ \boldsymbol{F}_2(t) \end{bmatrix}, \boldsymbol{G}(t) = \begin{bmatrix} \boldsymbol{0}_{3\times3} \\ -\boldsymbol{I}_{3\times3} \end{bmatrix}$$

$$\boldsymbol{F}_1(t) = \begin{bmatrix} \boldsymbol{0}_{3\times3} & \boldsymbol{I}_{3\times3} \end{bmatrix}$$

$$\boldsymbol{F}_2(t) = \begin{bmatrix} \dot{\theta}_c^2 - \bar{\omega}_c^2 & 0 & \ddot{\theta}_c & 0 & 0 & 2\dot{\theta}_c \\ 0 & -\bar{\omega}_c^2 & 0 & 0 & 0 & 0 \\ -\ddot{\theta}_c & 0 & \dot{\theta}_c^2 + 2\bar{\omega}_c^2 & -2\dot{\theta}_c & 0 & 0 \end{bmatrix}$$

和圆轨道上的相对导航问题类似,椭圆轨道上相对导航的测量信息通常也是航天器之间的相对距离和相对方位,这里采用如图 6-3 所示的观测模型。

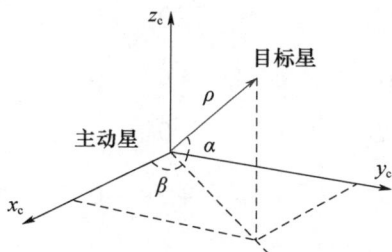

图 6-3　相对导航观测模型

设相对距离观测值为 ρ^m,仰角和方位角观测值为 α^m、β^m,则相对导航系统的量测方程可表示为

$$\boldsymbol{Z} = \begin{bmatrix} \rho^m \\ \alpha^m \\ \beta^m \end{bmatrix} = \begin{bmatrix} \rho \\ \alpha \\ \beta \end{bmatrix} + \begin{bmatrix} v_\rho \\ v_\alpha \\ v_\beta \end{bmatrix} \qquad (6-8)$$

式中:$v_\rho, v_\alpha, v_\beta$ 为互不相关的零均值高斯白噪声;方差分别为 $\sigma_\rho^2, \sigma_\alpha^2, \sigma_\beta^2$。

椭圆轨道相对导航主要就是以相对动力学建模为基础,根据微波雷达、激光雷达或光电组合的测量原理,进行相对导航算法的设计与仿真。

从相对导航流程中可以看出,要提高相对导航精度,一方面需要对相对动力学模型,即状态方程进行改进;另一方面则需要在相对导航算法方面进行研究,提出能实现更高精度的相对导航算法。

此处相对导航系统模型中所选择的状态量是主动星轨道坐标系下两者的相对位置和相对速度,即 $\boldsymbol{X} = \begin{bmatrix} x & y & z & \dot{x} & \dot{y} & \dot{z} \end{bmatrix}^{\mathrm{T}}$,则根据 Lawden 方程可得到如下具有线性时变形式的相对导航系统的状态方程,即

$$\dot{\boldsymbol{X}}(t) = \boldsymbol{F}(t)\boldsymbol{X}(t) + \boldsymbol{G}(t)\begin{bmatrix} a_{xc} \\ a_{yc} \\ a_{zc} \end{bmatrix} \qquad (6-9)$$

式中:a_{xc}, a_{yc}, a_{zc} 为两星三轴的轨道相对摄动加速度之差在主动星轨道系中的投影,在相对导航计算中认为是系统误差部分,其量级随主动星和目标星轨道接近程度的不同而不同。并有

$$\boldsymbol{F}(t) = \begin{bmatrix} 0 & 0 & 0 & 1 & 0 & 0 \\ 0 & 0 & 0 & 0 & 1 & 0 \\ 0 & 0 & 0 & 0 & 0 & 1 \\ \dot{\theta}_c^2 - \bar{\omega}_c^2 & 0 & \ddot{\theta}_c & 0 & 0 & 2\dot{\theta}_{\sqrt{c}} \\ 0 & -\bar{\omega}_c^2 & 0 & 0 & 0 & 0 \\ -\ddot{\theta}_c & 0 & \dot{\theta}_c^2 + 2\bar{\omega}_c^2 & -2\dot{\theta}_c & 0 & 0 \end{bmatrix}, \boldsymbol{G}(t) = \begin{bmatrix} 0 & 0 & 0 \\ 0 & 0 & 0 \\ 0 & 0 & 0 \\ 1 & 0 & 0 \\ 0 & 1 & 0 \\ 0 & 0 & 1 \end{bmatrix}$$

$$(6-10)$$

相对量测方程为星载测量设备的输出,这里主要考虑微波雷达测量的相对距离 ρ^{m},相对视线仰角 α^{m} 和相对视线方位角 β^{m},由式(6-8)可得到量测方程为

$$\boldsymbol{Z} = \begin{bmatrix} \rho^{\mathrm{m}} \\ \alpha^{\mathrm{m}} \\ \beta^{\mathrm{m}} \end{bmatrix} = \begin{bmatrix} \sqrt{x^2 + y^2 + z^2} \\ \arcsin(z/\sqrt{x^2 + y^2 + z^2}) \\ \arcsin(y/\sqrt{x^2 + y^2}) \end{bmatrix} + \begin{bmatrix} v_\rho \\ v_\alpha \\ v_\beta \end{bmatrix} \qquad (6-11)$$

式中:$v_\rho, v_\alpha, v_\beta$ 为系统量测噪声。

可看出上述相对导航系统模型为非线性模型,无法构造经典卡尔曼滤波器,为此采用扩展卡尔曼滤波技术(EKF)进行解算。为适应 EKF 算法要求,需

要首先对非线性模型进行线性化处理。运用成熟的方法将系统状态方程在最优估计点线性化,得到

$$\dot{\boldsymbol{X}}(t) \approx \boldsymbol{f}[\hat{\boldsymbol{X}}(t),t] + \frac{\partial \boldsymbol{f}[\boldsymbol{X}(t),t]}{\partial \boldsymbol{X}}\bigg|_{x=\hat{\boldsymbol{X}}(t)} [\boldsymbol{X}(t) - \hat{\boldsymbol{X}}(t)] + \boldsymbol{GW}$$

$$(6-12)$$

系统状态的最优估计为

$$\dot{\hat{\boldsymbol{X}}} = \boldsymbol{f}[\hat{\boldsymbol{X}}(t),t] \qquad (6-13)$$

由此可以得到

$$\delta\dot{\hat{\boldsymbol{X}}}(t) = \boldsymbol{F}(t)\delta\hat{\boldsymbol{X}}(t) + \boldsymbol{GW} \qquad (6-14)$$

同样,将系统量测方程在最优估计点线性化,得到

$$\boldsymbol{Z}(t) = \boldsymbol{h}[\hat{\boldsymbol{X}}(t),t] + \frac{\partial \boldsymbol{h}[\boldsymbol{X}(t),t]}{\partial \boldsymbol{X}}\bigg|_{x=\hat{\boldsymbol{X}}(t)} \cdot [\boldsymbol{X}(t) - \hat{\boldsymbol{X}}(t)] + \boldsymbol{V}$$

$$(6-15)$$

可得

$$\delta\boldsymbol{Z}(t) = \boldsymbol{H}(t)\delta\hat{\boldsymbol{X}}(t) + \boldsymbol{V} \qquad (6-16)$$

由此就得到线性化后的系统线性干扰方程:

$$\begin{cases} \delta\dot{\hat{\boldsymbol{X}}}(t) = \boldsymbol{F}(t)\delta\hat{\boldsymbol{X}}(t) + \boldsymbol{GW} \\ \delta\boldsymbol{Z}(t) = \boldsymbol{H}(t)\delta\hat{\boldsymbol{X}}(t) + \boldsymbol{V} \end{cases} \qquad (6-17)$$

式中:$\boldsymbol{F}(t) = \dfrac{\partial \boldsymbol{f}[\boldsymbol{X}(t),t]}{\partial \boldsymbol{X}}\bigg|_{x=\hat{\boldsymbol{X}}(t)}$;$\boldsymbol{H}(t) = \dfrac{\partial \boldsymbol{h}[\boldsymbol{X}(t),t]}{\partial \boldsymbol{X}}\bigg|_{x=\hat{\boldsymbol{X}}(t)}$

将式(6-17)离散化后可以得到

$$\delta\dot{\hat{\boldsymbol{X}}}_{k,k-1} = \boldsymbol{\Phi}_{k,k-1}\delta\hat{\boldsymbol{X}}_{k-1} + \boldsymbol{\Gamma}_{k-1}\boldsymbol{W}$$

$$\delta\boldsymbol{Z}_k = \boldsymbol{H}_k\delta\hat{\boldsymbol{X}}_k + \boldsymbol{V} \qquad (6-18)$$

式中:

$$\boldsymbol{\Phi}_{k,k-1} = \boldsymbol{I} + \boldsymbol{F}(t_{k-1})\Delta T \qquad (6-19)$$

$$\boldsymbol{\Gamma}_{k-1} = \Delta T\Big[\boldsymbol{I} + \frac{1}{2!}\boldsymbol{F}(t_{k-1})\Delta T\Big] \qquad (6-20)$$

从而根据扩展卡尔曼滤波理论有

$$\hat{\boldsymbol{X}}_{k/k-1} = \boldsymbol{\Phi}_{k,k-1}\,\hat{\boldsymbol{X}}_{k-1} \qquad\qquad (6-21)$$

$$\hat{\boldsymbol{X}}_{k} = \hat{\boldsymbol{X}}_{k/k-1} + \delta\,\hat{\boldsymbol{X}}_{k} \qquad\qquad (6-22)$$

$$\delta\,\hat{\boldsymbol{X}}_{k} = \boldsymbol{K}_{k}[\,\boldsymbol{Z}_{k} - \boldsymbol{h}(\hat{\boldsymbol{X}}_{k/k-1})\,] \qquad\qquad (6-23)$$

$$\boldsymbol{P}_{k/k-1} = \boldsymbol{\Phi}_{k,k-1}\,\boldsymbol{P}_{k-1}\,\boldsymbol{\Phi}_{k,k-1}^{\mathrm{T}} + \boldsymbol{\Gamma}_{k-1}\boldsymbol{Q}\,\boldsymbol{\Gamma}_{k-1}^{\mathrm{T}} \qquad\qquad (6-24)$$

$$\boldsymbol{K}_{k} = \boldsymbol{P}_{k/k-1}\,\boldsymbol{H}_{k}^{\mathrm{T}}\,(\boldsymbol{H}_{k}\,\boldsymbol{P}_{k/k-1}\,\boldsymbol{H}_{k}^{\mathrm{T}} + \boldsymbol{R})^{-1} \qquad\qquad (6-25)$$

$$\boldsymbol{P}_{k} = (\boldsymbol{I} - \boldsymbol{K}_{k}\,\boldsymbol{H}_{k})\,\boldsymbol{P}_{k/k-1} \qquad\qquad (6-26)$$

式中:$\boldsymbol{Q}$ 和 $\boldsymbol{R}$ 分别为系统噪声和量测噪声的协方差阵。

由上述 EKF 方程构造相对导航滤波器,基于 Matlab 的数学仿真结构如图 6-4所示。

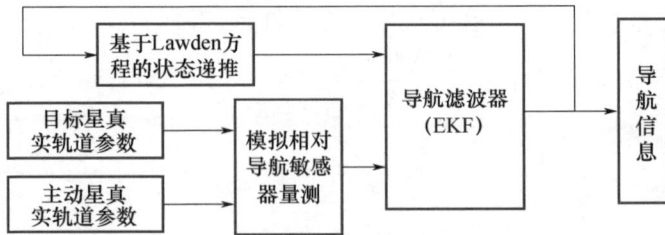

图 6-4   主动星轨道系下相对导航数学仿真模型

图 6-4 中导航滤波器运算流程图如图 6-5 所示。

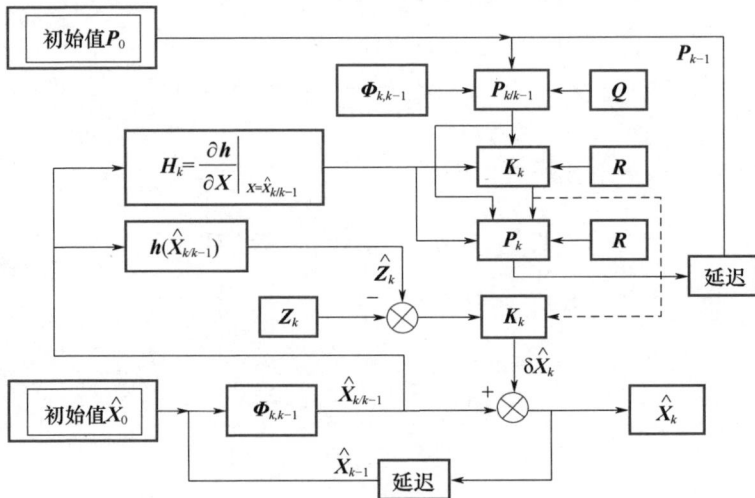

图 6-5   导航滤波器算法流程

✍ 6.2.3　仿真算例

为了验证上述相对导航系统模型,对相应的椭圆轨道相对导航进行了数学仿真,所采用的仿真参数如下。

仿真步长:1s;仿真时长:7000s;跟瞄设备测量精度:高低角和方位角均为0.2°(3σ),相对距离为11m(3σ)(误差满足高斯白噪声分布);相对状态量的标称值由两星各自绝对轨道动力学输出计算得到。卫星绝对动力学中考虑了J_2,J_3,J_4项地球扁率摄动、太阳光压摄动和大气阻力摄动。

相关摄动参数如表6-1所列。

表6-1　太阳光压摄动与大气阻力摄动参数汇总表

	目标星	主动星
质量/kg	2400	1441
大气阻力有效面积/m²	4	9.35
太阳光压有效面积/m²	50	50
太阳光压辐射系数 C_r	1.2	1.2
大气阻力系数 C_D	2.1	2.1

初始时刻两星轨道根数如表6-2所示。

表6-2　初始时刻目标星轨道根数

参数	半长轴/m	偏心率	轨道倾角/(°)	升交点赤经/(°)	近地点角距/(°)	真近点角/(°)
目标星	22175000	0.7	60	60	30	180

设主动星与目标星在目标星轨道系下的相对位置和速度为

[-10000m　-10000m　-1000m　-1m/s　-1m/s　-1m/s]

主动星的初始轨道根数由目标星轨道根数和两者间相对关系来确定。

根据本章提出的相对导航算法,主动星轨道系下相对导航结果如图6-6和图6-7所示。

由图6-6和图6-7可知,在上述仿真条件下,基于主动星轨道系 Lawden 方程的相对导航所实现的三轴位置精度均优于10m,并且三轴速度精度均优于0.1m/s,表明本节所介绍的相对导航方法适用于椭圆轨道。

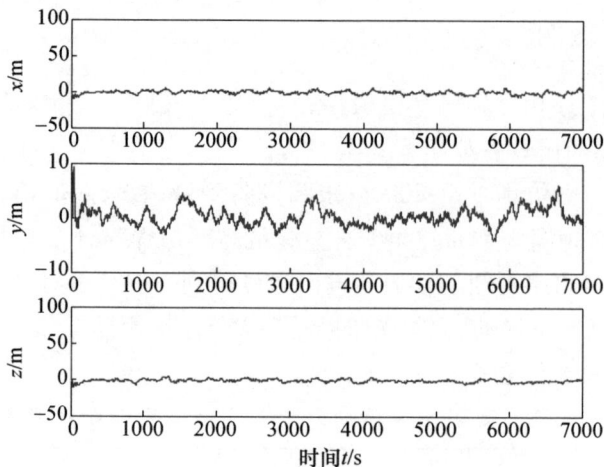

图 6 - 6　主动星轨道系相对导航位置误差

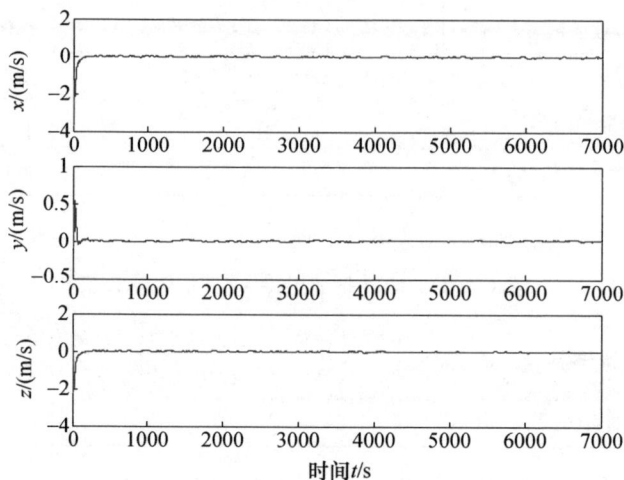

图 6 - 7　主动星轨道系相对导航速度误差

▶ 6.3　惯性系下相对导航技术

☑ 6.3.1　惯性系下相对导航系统建模

在惯性系下建立的航天器相对运动方程,没有圆轨道假设的限制条件,同样适合于椭圆轨道上的相对导航,并且这种导航方法能够直接给出惯性系下的相对位置和相对速度信息。

当两个航天器作近距离相对运动时,惯性系下的航天器相对运动方程如下:

$$\frac{\mathrm{d}^2}{\mathrm{d}t^2}\boldsymbol{r}_{ct} = -\frac{\mu}{r_c^3}\Big[\boldsymbol{r}_{ct} - 3\frac{\boldsymbol{r}_{ct}\cdot\boldsymbol{r}_c}{r_c^2}\boldsymbol{r}_c\Big] - \boldsymbol{f}_c \qquad (6-27)$$

由此可得到在地心赤道惯性坐标系下表示的相对运动的方程,该方程的标量形式为[10]

$$\begin{cases}
\dfrac{\mathrm{d}x_i}{\mathrm{d}t} = \dot{x}_i \\[2mm]
\dfrac{\mathrm{d}y_i}{\mathrm{d}t} = \dot{y}_i \\[2mm]
\dfrac{\mathrm{d}z_i}{\mathrm{d}t} = \dot{z}_i \\[2mm]
\dfrac{\mathrm{d}\dot{x}_i}{\mathrm{d}t} = -\dfrac{\mu}{r_c^3}\Big(x_i - 3\dfrac{x_i x_{ci} + y_i y_{ci} + z_i z_{ci}}{r_c^2}x_{ci}\Big) - f_{xi} \\[3mm]
\dfrac{\mathrm{d}\dot{y}_i}{\mathrm{d}t} = -\dfrac{\mu}{r_c^3}\Big(y_i - 3\dfrac{x_i x_{ci} + y_i y_{ci} + z_i z_{ci}}{r_c^2}y_{ci}\Big) - f_{yi} \\[3mm]
\dfrac{\mathrm{d}\dot{z}_i}{\mathrm{d}t} = -\dfrac{\mu}{r_c^3}\Big(z_i - 3\dfrac{x_i x_{ci} + y_i y_{ci} + z_i z_{ci}}{r_c^2}z_{ci}\Big) - f_{zi}
\end{cases} \qquad (6-28)$$

式中:x_i,y_i,z_i 及 $\dot{x}_i$,$\dot{y}_i$,$\dot{z}_i$ 分别为惯性系下航天器的相对位置坐标和相对速度坐标;x_{ci},y_{ci},z_{ci} 和 f_{xi},f_{yi},f_{zi} 分别为惯性系下主动星的三轴位置坐标和作用在主动星上的控制加速度的三轴分量。

假设不考虑外部控制力作用,则取状态变量为

$$\boldsymbol{X} = \begin{bmatrix} x_i & y_i & z_i & \dot{x}_i & \dot{y}_i & \dot{z}_i \end{bmatrix}^{\mathrm{T}}$$

系统噪声为:

$$\boldsymbol{W} = \begin{bmatrix} 0 & 0 & 0 & a_{xi} & a_{yi} & a_{zi} \end{bmatrix}^{\mathrm{T}}$$

则系统状态方程可表示为

$$\dot{\boldsymbol{X}}(t) = \boldsymbol{f}[\boldsymbol{X}(t), t] + \boldsymbol{W} \qquad (6-29)$$

相对导航的测量信息取为航天器之间的相对距离 ρ 以及目标星在测量敏

感器坐标系中的仰角 α 和方位角 β。但由于系统状态方程是建立在惯性系下的,测量坐标系下得到的观测量无法直接应用,必须变换到惯性系下。设目标星在测量坐标系下的方位用$(\rho)_m$表示,则存在如下公式:

$$(\rho)_m = \begin{bmatrix} x_m \\ y_m \\ z_m \end{bmatrix} = \begin{bmatrix} \cos\alpha\cos\beta \\ \cos\alpha\sin\beta \\ \sin\alpha \end{bmatrix} \qquad (6-30)$$

式中:x_m,y_m,z_m 为目标星相对于主动星的方向矢量在主动星测量敏感器坐标系中的方向余弦。

设L_{bm}表示从测量坐标系到主动星本体坐标系的转换矩阵,L_{ib}表示从本体坐标系到惯性系的转换矩阵,则在惯性系下的观测量,即目标星相对主动星的方向矢量在惯性系下的投影,可以表示为

$$(\rho)_i = L_{ib} L_{bm} (\rho)_m \qquad (6-31)$$

L_{ib}中包含了主动星本体坐标系相对惯性空间的姿态确定误差,该误差引入到测量模型中会影响导航精度。

利用航天器相对距离和相对方位测量信息,建立在惯性系下的观测模型可以表示为

$$Z = \begin{bmatrix} \rho \\ (\rho)_i \end{bmatrix} = \begin{bmatrix} \rho \\ x_i/\rho \\ y_i/\rho \\ z_i/\rho \end{bmatrix} + \begin{bmatrix} v_\rho \\ v_x \\ v_y \\ v_z \end{bmatrix} \qquad (6-32)$$

式中:相对距离 $\rho = \sqrt{x_i^2 + y_i^2 + z_i^2}$;$v_\rho$ 为相对距离测量噪声;v_x,v_y,v_z 为方位模型误差,包括测量噪声和主动星本体相对惯性系的姿态确定误差。

令 $V = \begin{bmatrix} v_\rho & v_x & v_y & v_z \end{bmatrix}^T$,则观测模型可表示为

$$Z(t) = h[X(t),t] + V \qquad (6-33)$$

上述状态方程和观测方程都是非线性的,这样的相对导航属于典型的非线性状态估计问题,同样采用 EKF 算法构造相对导航滤波器,基于 Matlab 的数学仿真结构如图 6-8 所示。

图 6-8 中导航滤波器的运算流程不变,与图 6-5 一致。

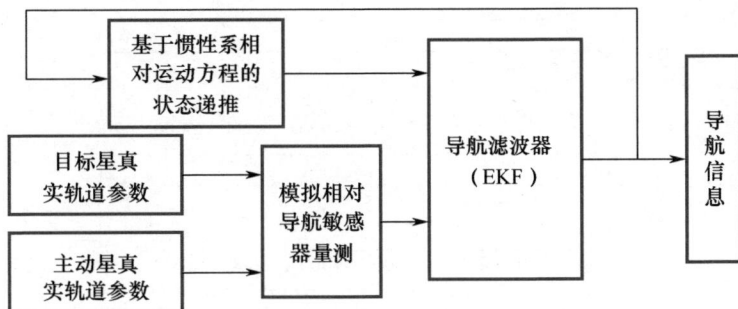

图 6-8　惯性系下相对导航数学仿真模型

📐 6.3.2　仿真算例

采用与轨道系下相对导航数学仿真相同的参数设置,进行惯性系下相对导航仿真,所得结果如图 6-9 和图 6-10 所示。

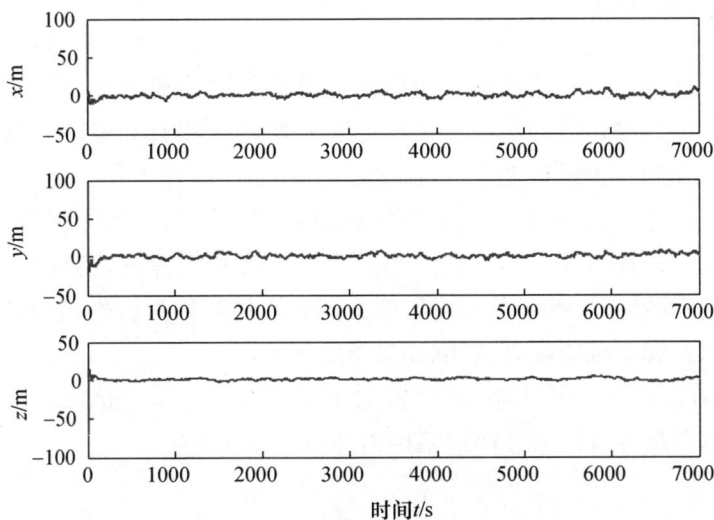

图 6-9　惯性系相对导航位置误差

由图 6-9 和图 6-10 可知,在上述仿真条件下,基于惯性系相对运动方程的相对导航三轴位置精度均优于 10m,三轴速度精度均优于 0.1m/s,表明本节所介绍的惯性系下的相对导航方法也适用于椭圆轨道。

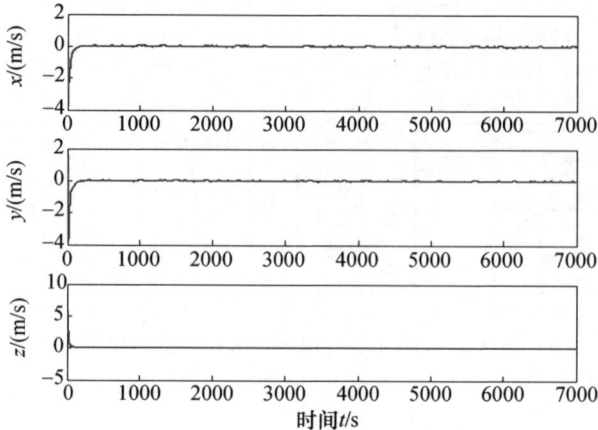

图 6 - 10　惯性系相对导航速度误差

▶6.4　方法比较

　　本章中详细介绍了两种适用于椭圆轨道的相对导航方法,通过理论推导和仿真分析,可以发现,这两种方法都能有效地解决相对导航的非线性问题,导航精度也在同一个量级上。

　　从公式推导中也不难发现,基于轨道系的相对导航方法需根据主动星的轨道要素进行计算以获取其真近点角的角速度和角加速度,会增加星上计算机的计算量;而基于惯性系的相对导航方法需要将测量量转换到惯性下,在这过程中会引入姿态确定误差,影响相对导航的精度。

　　因此,在实际工程应用中,需要根据主动星实际的星上计算处理能力、姿态测量敏感器精度等因素来决定采用何种相对导航方法。

◎▶参 考 文 献

[1] 杨文博,李英波,张小伟,等. 基于 Unscented 滤波的伴飞卫星自主相对导航滤波器[J]. 上海航天,2009,(02):45 - 54.

[2] 杨文博,李英波,施常勇,等. 基于 GPS 的低轨伴飞卫星自主导航轨道确定[J]. 上海航天,2010,27(2):38 - 45.

[3] 施梨,张世杰,叶松. 大椭圆星载轨道预报系统设计[J]. 航天控制,2010,28(6):

43 – 48.

[4] Hari B H, Myron T, David D B. Guidance algorithms for autonomous rendezvous of spacecraft with a target vehicle in circular orbit[C]. AIAA Guidance, Navigation, and Control Conference and Exhibit, 2001:6 – 9.

[5] Hari B H. Autonomous relative navigation, attitude determination, pointing and tracking for spacecraft rendezvous[C]. AIAA Guidance, Navigation, and Control Conference and Exhibit, 2003:11 – 14.

[6] 张洪华, 林来兴. 卫星编队飞行相对轨道的确定[J]. 宇航学报, 2002, 23(6):77 – 81.

[7] 魏春岭, 张洪华. 编队飞行卫星相对轨道的自主确定算法[J]. 航天控制, 2003, 21(3):41 – 47.

[8] Alonso R, Crassidis J L, Junkins J L. Vision – based relative navigation for formation flying of spacecraft[C]. AIAA Guidance, Navigation, and Control Conference and Exhibit, 2000:14 – 17.

[9] 刘勇. 基于非线性滤波的航天器自主导航方法研究[D]. 北京:北京航空航天大学, 2007.

[10] 肖业伦. 航天器飞行动力学原理[M]. 北京:宇航出版社, 1995.

第 7 章
椭圆轨道编队构型维持技术

▶7.1 引言

　　自主编队飞行逐渐成为航天技术研究热点,其中伴飞构型设计和伴飞维持控制是必不可少的技术基础。为了减少控制频率,节省伴飞燃料的消耗,需要依靠自然伴飞,即通过构型的设计来实现对目标的长期稳定伴飞。为完成对目标的伴飞任务,首先需要进行任务分析,根据两星所需保持的相对运动约束,确定伴飞构型约束条件,根据任务需要和约束条件,分析椭圆轨道下的相对轨道动力学,设计伴飞构型,这一部分内容已经在第3章作过介绍。

　　在空间多种摄动力的作用下,伴飞构型会出现长期漂移,主动星的位置不可能长期保持在目标星附近的一定范围内,因此有必要采用合适的控制方法在节省燃料的前提下保持稳定的长时间伴飞。目前对椭圆轨道伴飞的研究主要集中在相对动力学建模和构型设计上,针对伴飞控制的研究相对较少,一些学者提出了利用大气阻力差来实现在不消耗任何燃料条件下的伴飞控制设想,并将该方法进行了进一步深入研究[1],还有学者[2,3]研究了远距离伴飞的控制策略,但这些方法只适用于伴飞中心漂移且构型不发散的圆轨道伴飞。椭圆轨道长期伴飞时不仅构型中心漂移,构型还会逐渐发散,若不施加控制很快会漂出设定的伴飞范围,因此椭圆轨道伴飞构型保持需要寻求其他的控制方法。

　　还有些学者基于相平面法提出了一种编队飞行构型保持控制方法[4]，或是采用双脉冲方法对绕飞轨迹进行控制[5]，这些方法主要针对的是绕飞保持，即目标星在构型中心。伴飞保持相比绕飞保持的区别是由于相对动力学方程存在线性化误差，基于动力学方程推导出的伴飞轨迹并不完全闭合。因此，一些学者研究了目标机动情况下定点伴飞的控制方法[6]，以及针对椭圆轨道非线性相对运动方程，受控编队空间圆构型的最优控制策略[7]。本章针对椭圆轨道的长期稳定自然编队中的伴飞构型保持需求，在分析伴飞构型的运动特性的基础上提出两种构型保持控制方法，首先介绍基于线性二次型最优控制的实时闭环反馈控制，由于每个轨控周期都进行控制导致消耗燃料量很大，因而设计一个误差限，只有当误差超过误差限时才进行控制，达到减小燃料消耗的目的；其次介绍基于相对轨道根数的构型保持策略，在远地点附近调整主动星的轨道半长轴，只调整一次半长轴就可以把伴飞轨迹控制在要求范围内，该方法节省燃料，简单易行，但该方法对进入伴飞的初始条件要求更加苛刻。

▷7.2　相对运动特性分析

◁7.2.1　相对轨道要素描述的相对运动方程

　　用相对轨道要素描述的椭圆轨道相对运动方程推导过程见文献[8]，得出以下重要结论。

　　x 方向近距离相对运动方程为

$$x = r(\Delta\omega + \Delta\Omega\cos i + \Delta\theta) = \left(1 + \frac{r}{a} \times \frac{1}{1 - e^2}\right)a(\Delta e_x \sin u - \Delta e_y \cos u) +$$

$$\sqrt{1 - e^2}\left(\frac{r}{a}\right)a\Delta M'(t) + \Delta_1 \tag{7-1}$$

式中：

$$\Delta_1 = \left(\frac{r}{a}\right)\left[\left(\frac{1 - \sqrt{1 - e^2}}{e} - e\right)\left(\frac{a}{r}\right)^2 - \frac{e}{1 - e^2}\right] \times a(\Delta e_y \cos\omega - \Delta e_x \sin\omega) \tag{7-2}$$

　　z 方向近距离相对运动方程为

$$z = a(\Delta e_x \cos u + \Delta e_y \sin u) + \left(\frac{r}{a}\right)a\frac{2D}{3n} + \Delta_2 \tag{7-3}$$

式中：

$$\Delta_2 = -\frac{a\sin\theta}{\sqrt{1-e^2}}[e\Delta M'(t) + (\sqrt{1-e^2}-1)(\Delta e_y\cos\omega - \Delta e_x\sin\omega)] \quad (7-4)$$

轨道平面外 y 方向的相对运动方程为

$$y = r(\Delta\Omega\sin i\cos u - \Delta i\sin u) = \left(\frac{r}{a}\right)a(\Delta i_x\cos u + \Delta i_y\sin u) \quad (7-5)$$

式(7-1)~式(7-5)即为用相对轨道根数表示的主动星在目标星质心轨道坐标系下的近距离相对运动方程，归纳为下式：

$$\begin{cases} x = \left(1 + \frac{r}{a}\times\frac{1}{1-e^2}\right)a(\Delta e_x\sin u - \Delta e_y\cos u) + \sqrt{1-e^2}\left(\frac{r}{a}\right)a\Delta M'(t) + \Delta_1 \\[2mm] y = \left(\frac{r}{a}\right)a(\Delta i_x\cos u + \Delta i_y\sin u) \\[2mm] z = a(\Delta e_x\cos u + \Delta e_y\sin u) + \left(\frac{r}{a}\right)a\frac{2D}{3n} + \Delta_2 \end{cases}$$

$$(7-6)$$

对式(7-6)求导，并利用以下关系式：

$$\begin{cases} \dfrac{\mathrm{d}u}{\mathrm{d}t} = \dfrac{\mathrm{d}\theta}{\mathrm{d}t} = n\sqrt{1-e^2}\left(\dfrac{a}{r}\right)^2 \\[3mm] \dfrac{\mathrm{d}}{\mathrm{d}t}\left(\dfrac{r}{a}\right) = \sqrt{\dfrac{\mu}{a^3(1-e^2)}}e\sin\theta = n\dfrac{e\sin\theta}{\sqrt{1-e^2}} \\[3mm] \dfrac{\mathrm{d}}{\mathrm{d}t}\left(\dfrac{a}{r}\right) = -\left(\dfrac{a}{r}\right)^2\dfrac{\mathrm{d}}{\mathrm{d}t}\left(\dfrac{r}{a}\right) = -n\left(\dfrac{a}{r}\right)^2\dfrac{e\sin\theta}{\sqrt{1-e^2}} \end{cases} \quad (7-7)$$

可得相对运动的速度关系为

$$\begin{cases} \dfrac{\mathrm{d}x}{\mathrm{d}t} = an\sqrt{1-e^2}\left(\dfrac{a}{r}\right)^2\left(1+\dfrac{r}{a}\times\dfrac{1}{1-e^2}\right)\times(\Delta e_x\cos u + \Delta e_y\sin u) + \\[3mm] \qquad \dfrac{an}{1-e^2}\times\dfrac{e\sin\theta}{\sqrt{1-e^2}}(\Delta e_x\sin u - \Delta e_y\cos u) - (ane\sin\theta)\left(\dfrac{a}{r}\right)^2\Delta M'(t) + \\[3mm] \qquad a\sqrt{1-e^2}\left(\dfrac{a}{r}\right)D + \dfrac{\mathrm{d}\Delta_1}{\mathrm{d}t} \\[3mm] \dfrac{\mathrm{d}y}{\mathrm{d}t} = an\sqrt{1-e^2}\left(\dfrac{a}{r}\right)(-\Delta i_x\sin u + \Delta i_y\cos u) + an\dfrac{e\sin\theta}{\sqrt{1-e^2}}(\Delta i_x\cos u + \Delta i_y\sin u) \\[3mm] \dfrac{\mathrm{d}z}{\mathrm{d}t} = an\sqrt{1-e^2}\left(\dfrac{a}{r}\right)^2(-\Delta e_x\sin u + \Delta e_y\cos u) + an\dfrac{e\sin\theta}{\sqrt{1-e^2}}\times\dfrac{2D}{3n} + \dfrac{\mathrm{d}\Delta_2}{\mathrm{d}t} \end{cases}$$

$$(7-8)$$

式中：

$$\begin{cases} \dfrac{\mathrm{d}\Delta_1}{\mathrm{d}t} = -an\dfrac{e\sin\theta}{\sqrt{1-e^2}}\Big[\Big(\dfrac{1-\sqrt{1-e^2}}{e}-e\Big)\times\Big(\dfrac{a}{r}\Big)^2+\dfrac{e}{1-e^2}\Big](\Delta e_y\cos\omega-\Delta e_x\sin\omega) \\ \dfrac{\mathrm{d}\Delta_2}{\mathrm{d}t} = -\dfrac{ae\sin\theta}{\sqrt{1-e^2}}D-(ane\cos\theta)\Big(\dfrac{a}{r}\Big)^2\times \\ \qquad\qquad \Big[\Delta M'(t)-\dfrac{1-\sqrt{1-e^2}}{e}\times(\Delta e_y\cos\omega-\Delta e_x\sin\omega)\Big] \end{cases}$$

$$(7-9)$$

7.2.2　基于轨道要素的相对运动特性分析

不考虑摄动力影响情况下的仿真结果如图 7-1 所示。

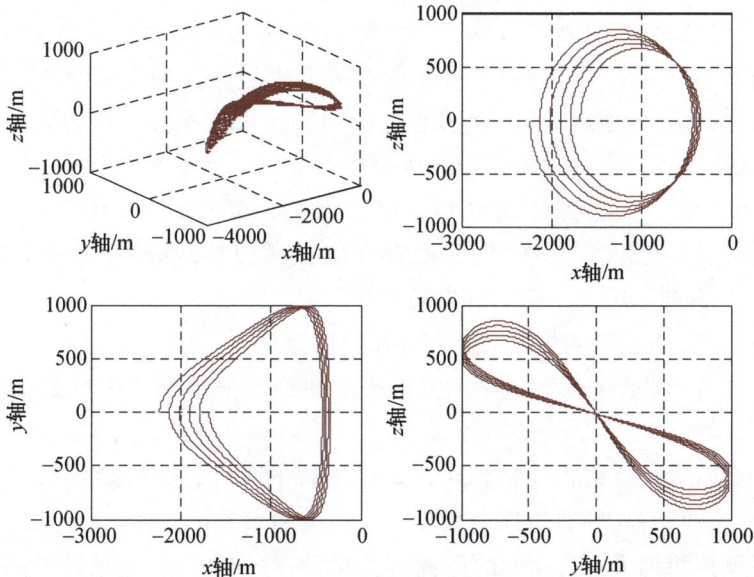

图 7-1　理想情况下伴飞构型

从图中可以看出伴飞轨迹并不完全闭合，利用相对运动模型，不难分析出不考虑摄动情况下相对运动的漂移特性。

（1）x 方向：相对运动方程中的长期漂移项为 $\Big[\sqrt{1-e^2}\Big(\dfrac{r}{a}\Big)a\Delta M'(t)\Big]=$

$\left[\dfrac{1+e\cos\theta}{\sqrt{1-e^2}}a\Delta M'(t)\right]$。如果相对漂移率 $D\neq0$，即两星的半长轴不严格相等，主动星会逐渐漂移。根据仿真参数可以算出，a_a 为目标星半长轴；a_b 为主动星半长轴。当 $a_b>a_a$ 时，$\Delta M'(t)<0$，所以主动星会逐渐向后方漂移。当主动星运行到轨道近地点 $\theta=0°$ 时，漂移项的值最大，为 $\left[\dfrac{1+e}{\sqrt{1-e^2}}a\Delta M'(t)\right]$，当主动星运行到与目标星轨道拱线垂直的位置，即 $\theta=90°$ 和 $\theta=270°$（半通径的位置）时，漂移项为 $\left[\dfrac{1}{\sqrt{1-e^2}}a\Delta M'(t)\right]$，$\theta=180°$ 时漂移项最小，为 $\left[\dfrac{1-e}{\sqrt{1-e^2}}a\Delta M'(t)\right]$。

（2）z 方向：相对运动方程中附加项 Δ_2 包含 $\Delta M'(t)$ 部分 $\left[-\dfrac{ae}{\sqrt{1-e^2}}\sin\theta\Delta M'(t)\right]$，该项为长期漂移项，如果相对漂移率 $D\neq0$，即两星的半长轴不严格相等，随着 $\Delta M'(t)$ 的增大，附加项 Δ_2 的影响会凸显出来。除 θ 影响外，剩余部分只是在平近点角移动的基础之上进一步的平移修正量。当主动星运行到轨道近地点 $\theta=0°$ 和远地点 $\theta=180°$ 时，$\Delta_2=0$，当主动星运行到与目标星轨道拱线垂直的位置，即 $\theta=90°$ 和 $\theta=270°$（半通径的位置）时，Δ_2 的模 $|\Delta_2|$ 达到最大。根据仿真参数可以算出，$a_b>a_a$，$\Delta M'(t)<0$，因此真近点角在 $0°\sim180°$ 之间该漂移项 >0，每一圈都在向正向漂移，真近点角在 $180°\sim360°$ 之间该漂移项 <0，每一圈都在向负向漂移。

（3）y 方向：轨道平面外方向上不存在长期漂移项。

可见，分析出的漂移特性与图 7-1 中的曲线图所呈现出来的是完全相符的。

实际上，$a_b=a_a$ 严格相等是相对运动周期解的条件，这是显然的，因为当两星轨道半长轴相等（即轨道周期相等）时，无论两星处于何种轨道，经过一个周期后，两星都回到了各自相同的位置，它们的相对位置自然也经过了一个周期的变化。因此两星轨道半长轴相等可以认为是相对运动有周期解的精确条件。

▷ 7.3　编队构型保持控制策略

根据 3.2.2 节分析，当 $d_2=d_3=d_4=d_6=0$，两星相对运动轨迹变为

$$x(f) = d_1 + d_1 e \cos f$$

$$y(f) = -d_5 \frac{\sin(f)}{1 + e \cos f} \qquad (7-10)$$

$$z(f) = -d_1 e \sin f$$

速度表达式变为

$$\dot{x}(f) = -d_1 e \sin f$$

$$\dot{y}(f) = -\frac{d_5(e + \cos f)}{(1 + e \cos f)^2} \qquad (7-11)$$

$$\dot{z}(f) = -d_1 e \cos f$$

轨道平面内有

$$\left(\frac{x - d_1}{d_1 e}\right)^2 + \left(\frac{z}{d_1 e}\right)^2 = 1 \qquad (7-12)$$

即相对运动轨迹是中心在 $(d_1, 0)$，半径为 $|d_1 e|$ 的圆。

取构型参数 $d_1 = -2000$，$d_5 = 1000$，在存在摄动的情况下仿真时间 10 天，可得构型图如图 7-2 所示。

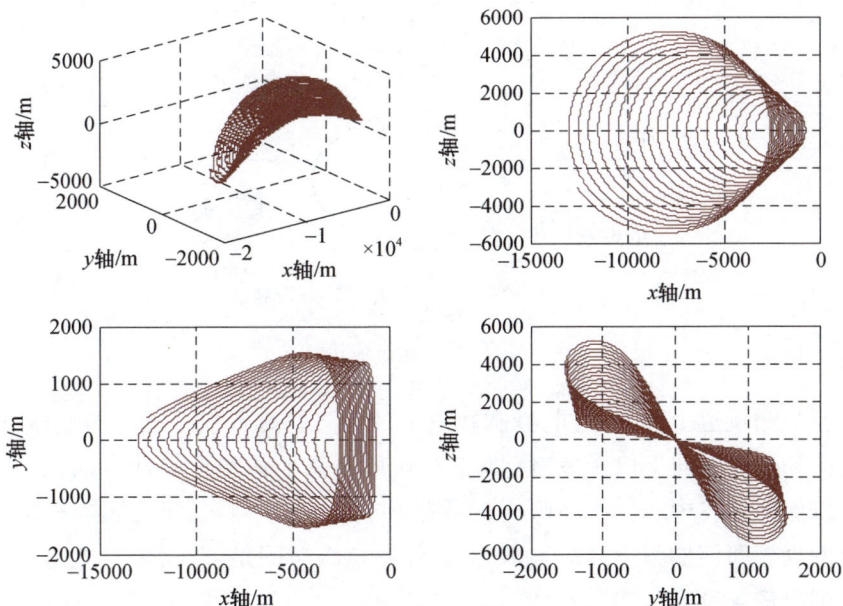

图 7-2　无控下的空间伴飞

从图中可以看出,只有 y 方向变化不大,x 和 z 方向已经严重超过伴飞范围,且发散趋势明显,因此为了保持编队构型必须施加控制。

◁ 7.3.1　实时闭环构型保持

构型保持控制算法的关键是要在保持控制精度的同时尽量的节约燃料,闭环构型保持方法主要有以下几种。

方法一。

以主动星轨道中心点作为控制对象,根据当前中心点的位置和长期漂移速率预测漂移量的变化趋势,在恰当时刻实施控制,从而将伴飞中心点限制在指定范围内,形成稳定伴飞。如图 7 – 3 所示,虚线表示理想伴飞轨迹,以目标星后方 1km 为伴飞中心,实线表示实际伴飞轨迹,实际轨迹与理想轨迹有误差。$ABCD$ 为限制实际伴飞中心漂移的矩形区域,通过控制伴飞中心的位置,达到长期伴飞的目的。

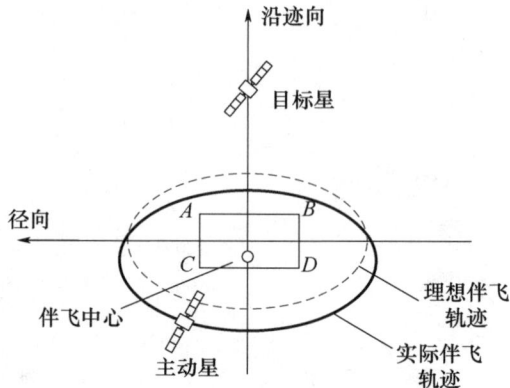

图 7 – 3　伴飞轨迹

但与圆轨道上伴飞不同,椭圆轨道上的伴飞轨迹不仅会随时间漂移,还会在径向和速度方向上出现发散,即伴飞椭圆的长半轴和短半轴会加长。方法一可以保证伴飞中心始终在限定的界限内,但不能把整个伴飞轨迹控制在一定范围内。即使构型设计的很紧凑,若任务持续时间足够长,相对轨迹终究会发散超出任务设定范围。

方法二。

针对不同的伴飞距离和任务要求设置大小不同的误差限,如果两个航天器之间的真实伴飞轨迹和理想伴飞轨迹之间的偏差超过误差限,则必须对伴飞轨迹进行控制。

设初始构型捕获已使得主动星的相对位置处于所允许的误差范围内,构型保持控制的任务是使主动星的相对位置误差保持在一个三维空间误差盒内,该误差盒是沿目标星轨道坐标系三个方向的三维封闭区域,定义为 Box = $\{|x_e| \leqslant l_x, |y_e| \leqslant l_y, |z_e| \leqslant l_z\}$,其中,$l$ 表示相应方向位置误差的上界,它们取决于任务的精度要求,x_e、y_e、z_e 分别是主动星实际位置相对于理想位置的误差。具体的控制方法如图 7-4 所示。

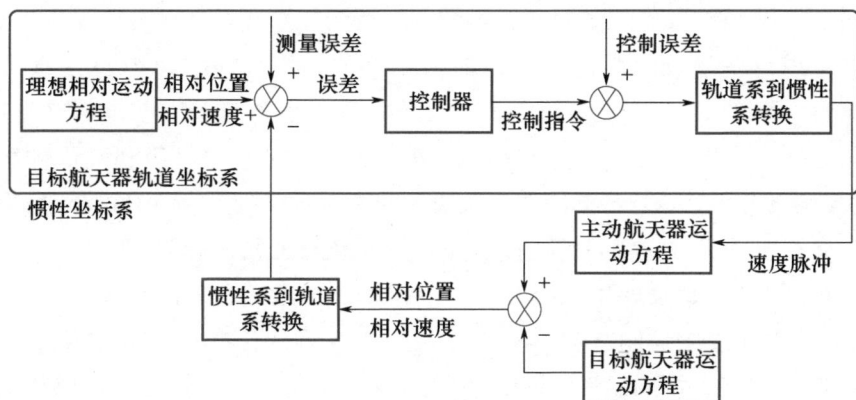

图 7-4　控制原理图

该方法相当于运用阶段性的强迫控制手段实现精确伴飞,通过闭环控制获得高精度的相对运动轨迹[9]。

本节采用方法二的思路,定义区间 Box = $\{|x_e| \leqslant 100, |y_e| \leqslant 100, |z_e| \leqslant 100\}$,当真实相对位置与理想相对位置之差进入到该区间内,可以停止控制,当超出该区间时采用线性二次型最优控制。

设线性时变系统的状态空间描述为

$$\dot{\boldsymbol{x}}(t) = \boldsymbol{A}(t)\boldsymbol{x}(t) + \boldsymbol{B}(t)\boldsymbol{u}(t) \qquad (7-13)$$

式中:$\boldsymbol{x}$ 为 n 维状态向量;$\boldsymbol{u}$ 为 r 维输入向量;$\boldsymbol{A}(t)$,$\boldsymbol{B}(t)$ 分别为 $n \times n$ 维系统状态矩阵和 $n \times r$ 维系统状态矩阵。

寻求最优控制输入 $\boldsymbol{u}(t)$,使控制系统的终端状态满足约束条件,终端控制

问题通常转化成下面二次性能指标的最优化问题[10]，即

$$J = \frac{1}{2}\int_{t_0}^{t_f}(\boldsymbol{x}^{\mathrm{T}}(t)\boldsymbol{Q}\boldsymbol{x}(t) + \boldsymbol{u}^{\mathrm{T}}(t)\boldsymbol{R}\boldsymbol{u}(t))\mathrm{d}t + \frac{1}{2}\boldsymbol{x}^{\mathrm{T}}(t_f)\boldsymbol{Q}_0\boldsymbol{x}(t_f) \qquad \min_{u}J$$

$$(7-14)$$

式中：$\boldsymbol{Q},\boldsymbol{R},\boldsymbol{Q}_0$ 为性能指标加权矩阵；$\boldsymbol{Q}$ 为 $n \times n$ 维半正定状态加权矩阵；$\boldsymbol{R}$ 为 $r \times r$ 维正定控制加权矩阵；$\boldsymbol{Q}_0$ 为 $n \times n$ 维半正定终端状态加权矩阵。

根据极小值原理，使得性能指标函数 J 最小的控制输入为

$$\boldsymbol{u}(t) = -\boldsymbol{K}(t)\boldsymbol{x}(t) \qquad (7-15)$$

$$\boldsymbol{K}(t) = \boldsymbol{R}^{-1}\boldsymbol{B}(t)^{\mathrm{T}}\boldsymbol{P}(t) \qquad (7-16)$$

$P(t)$ 为对称非负定矩阵，满足下列黎卡提矩阵微分方程，即

$$-\dot{\boldsymbol{P}}(t) = \boldsymbol{P}(t)\boldsymbol{A}(t) + \boldsymbol{A}^{\mathrm{T}}(t)\boldsymbol{P}(t) - \boldsymbol{P}(t)\boldsymbol{B}(t)\boldsymbol{R}^{-1}\boldsymbol{B}^{\mathrm{T}}(t)\boldsymbol{P}(t) + \boldsymbol{Q}$$

$$(7-17)$$

LQR 控制中需要设计的参数有 $\boldsymbol{Q}$、$\boldsymbol{R}$、$\boldsymbol{Q}_0$ 三个，然后可以得到最优控制输入的反馈增益矩阵 $\boldsymbol{K}$。$\boldsymbol{K}$ 阵的取值取决于状态方程中的 $\boldsymbol{A}$、$\boldsymbol{B}$ 和目标函数中的 $\boldsymbol{Q}$、$\boldsymbol{R}$、$\boldsymbol{Q}_0$。其中 $\boldsymbol{A}$、$\boldsymbol{B}$ 由相对轨道动力学方程决定，加权矩阵 $\boldsymbol{Q}$、$\boldsymbol{R}$ 可以选择确定。状态加权阵 $\boldsymbol{Q}$ 反映了系统在控制过程中动态跟踪误差的积累和；控制加权阵 $\boldsymbol{R}$ 反映了整个控制过程中所消耗的控制能量。不同的 $\boldsymbol{Q}$、$\boldsymbol{R}$ 决定了不同的 $\boldsymbol{K}$ 阵，也决定了不同的控制性能，因此有必要对 $\boldsymbol{Q}$、$\boldsymbol{R}$ 阵进行选择，以得到满足时间和精度要求的 $\boldsymbol{K}$ 阵。

通过调整参数进行多次仿真，综合考虑燃料消耗和控制效果等，得到 LQR 控制最优的参数组合如下：

$$\boldsymbol{Q} = \begin{bmatrix} 1 \times 10^{-3} & 0 & 0 & 0 & 0 & 0 \\ 0 & 1 \times 10^{-3} & 0 & 0 & 0 & 0 \\ 0 & 0 & 1 \times 10^{-3} & 0 & 0 & 0 \\ 0 & 0 & 0 & 0.1 & 0 & 0 \\ 0 & 0 & 0 & 0 & 0.1 & 0 \\ 0 & 0 & 0 & 0 & 0 & 0.1 \end{bmatrix}, \boldsymbol{R} = 10^9 \times \begin{bmatrix} 1 & 0 & 0 \\ 0 & 1 & 0 \\ 0 & 0 & 1 \end{bmatrix}$$

考虑各种空间摄动影响，得到仿真结果如图 7-5 所示。

从图中可以看出，该方法把伴飞轨迹控制在 ±1.5km 范围内，线性二次型最优控制为实时闭环反馈控制，每个轨控周期都进行控制，导致消耗燃料量很

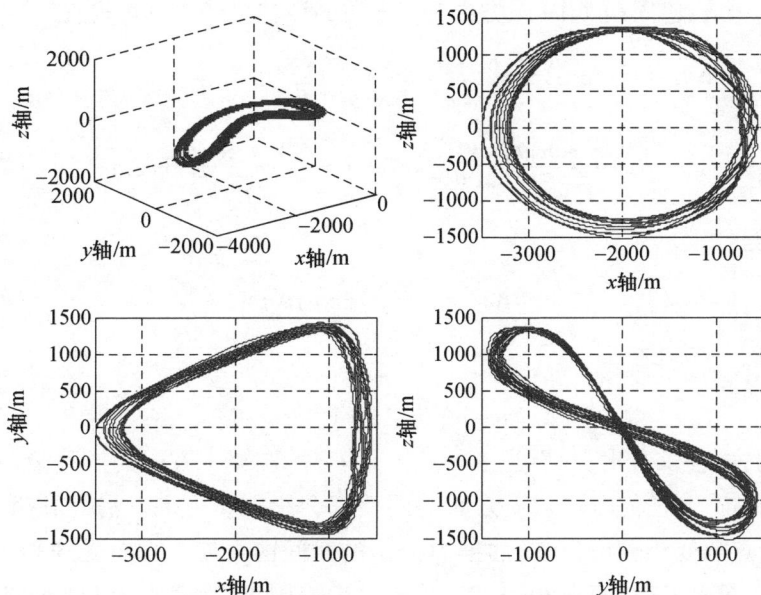

图 7 - 5　基于线性最优二次型控制方法

大,可以通过设计一个误差限来解决该问题,只有当误差超过误差限时才进行控制,达到了减小燃料消耗的目的,经仿真算出 10 天的伴飞任务共需速度增量 5.69m/s。

7.3.2　基于相对轨道要素的伴飞控制[11]

根据前面相对运动特性的分析,令 x 方向的长期漂移项为 x_{ex},z 方向的长期漂移项为 z_{ex},定义 $x_{ex} = \dfrac{1 + e\cos\theta}{\sqrt{1 - e^2}}a\Delta M'(t)$,$z_{ex} = -\dfrac{ae}{\sqrt{1 - e^2}}\sin\theta\Delta M'(t)$。

由于 $\Delta M'(t) = \Delta M'(t_0) + D(t - t_0)$,那么 $\Delta M'(t)$ 中的漂移项为 $Dt = (n_b - n)t = \left(\sqrt{\dfrac{\mu}{a_b^3}} - \sqrt{\dfrac{\mu}{a^3}}\right)t$,$x$ 方向和 z 方向的漂移项可以简化为

$$x_{ex} = \frac{1 + e\cos\theta}{\sqrt{1 - e^2}}a\left(\sqrt{\frac{\mu}{a_b^3}} - \sqrt{\frac{\mu}{a^3}}\right)t \qquad (7 - 18)$$

$$z_{ex} = -\frac{ae}{\sqrt{1 - e^2}}\sin\theta\left(\sqrt{\frac{\mu}{a_b^3}} - \sqrt{\frac{\mu}{a^3}}\right)t \qquad (7 - 19)$$

在一个轨道周期 T_b 内，x 方向和 z 方向的漂移量经计算可得

$$\Delta x_T = \frac{1 + e\cos\theta}{\sqrt{1 - e^2}} a \left(\sqrt{\frac{\mu}{a_b^3}} - \sqrt{\frac{\mu}{a^3}} \right) \frac{2\pi}{n}$$

$$= \frac{1 + e\cos\theta}{\sqrt{1 - e^2}} 2\pi \left(a - \sqrt{\frac{a_b^3}{a}} \right) \approx -\frac{1 + e\cos\theta}{\sqrt{1 - e^2}} 3\pi\Delta a \qquad (7-20)$$

同理

$$\Delta z_T = \frac{ae\sin\theta}{\sqrt{1 - e^2}} 3\pi\Delta a \qquad (7-21)$$

可以得出

$$\Delta x_T ae\sin\theta = \Delta z_T (1 + e\cos\theta) \qquad (7-22)$$

从上式可以看出，只有当 $\theta = 0°$ 和 $180°$ 时，调整 x 方向的漂移量不会对 z 轴产生影响，而任何时候对 z 方向的调整都会影响 x 方向。另外在近地点附近，真近点角变化较快，在施加推力控制的时间内会使 z 方向受到影响，相对运动轨迹容易发散，而在 $\theta = 180°$，处于远地点附近时，真近点角变化较慢，可以近似认为在轨道机动期间不会改变 z 方向的漂移。故选择在远地点附近调整半长轴，每次需要调整的量为

$$\Delta a = -\frac{\sqrt{1 - e^2} \Delta x_T}{3\pi(1 - e)} \qquad (7-23)$$

根据高斯型摄动方程有

$$\frac{\mathrm{d}a}{\mathrm{d}t} = \frac{2}{n\sqrt{1 - e^2}} [a_T e\sin\theta + a_S (1 + e\cos\theta)] \qquad (7-24)$$

式中：a_T 是主动星轨道系下径向的控制加速度；a_S 是沿速度方向的控制加速度。

可以推导出调整半长轴 Δa 所需的速度增量 Δv 为

$$\Delta v_S = \Delta a \frac{n\sqrt{1 - e^2}}{2(1 - e)} \qquad (7-25)$$

将式(7-23)代入，可得

$$\Delta v_S = -\frac{n(1 + e)}{6\pi(1 - e)} \Delta x_T = -\frac{(1 + e)}{3T(1 - e)} \Delta x_T \qquad (7-26)$$

根据之前的仿真结果设定一个周期的 Δx_T 为 100m，那么 $\Delta v_S \approx 0.00398\text{m/s}$，仿真 10 天，结果如图 7-6 所示。

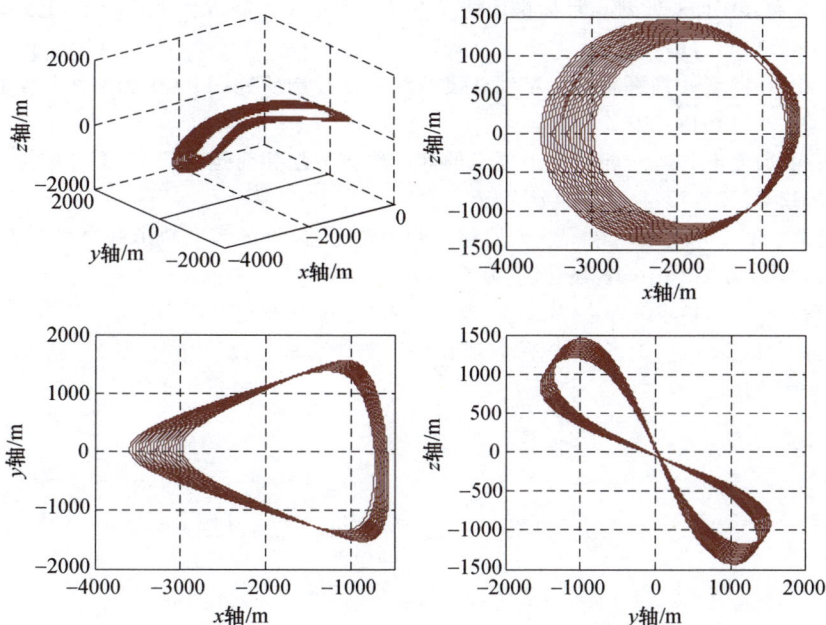

图 7-6 基于相对轨道要素控制方法

从图中可以看出，只调整一次半长轴就可以弥补模型误差，把伴飞轨迹控制在 ±1.7km 范围内，并且只需要 0.00398m/s 的速度增量。这种基于相对轨道要素进行长期伴飞的控制方法节省燃料，简单易行，更适于工程应用。但该方法相比于闭环控制方法，对进入伴飞的初始条件要求更加苛刻。

参 考 文 献

[1] Palmerin G B. Low altitude formation control using air drag[C]. Proceedings of the 3rd International Workshop on Satellite Constellations and Formation Flying,2003:257-262.

[2] 卢山,徐世杰. 采用 Lyapunov 最小-最大方法的卫星编队飞行队形保持控制研究[J]. 航天控制,2009,27(2):30-35.

[3] 卢山,徐世杰. 卫星远距离伴飞的变结构控制[J]. 航天控制,2007,25(6):56-61.

[4] 于萍,张洪华. 椭圆轨道编队飞行的典型模态与构型保持控制方法[J]. 宇航学报,2005,26(1):7-12.

[5] 周文勇,袁建平,罗建军. 对异面椭圆轨道目标航天器的长期绕飞轨迹设计与控制[J]. 中国空间科学技术,2006,26(4):20-25.

[6] 杨勤利,卢山,朱思莉. 目标机动情况下的定点伴飞控制方法研究[J]. 上海航天,
   2014,31(3):11-15.

[7] 卢山,徐世杰. 椭圆轨道卫星编队飞行的最优控制研究[J]. 中国空间科学技术,
   2008,28(1):18-26.

[8] 韩潮,殷建丰. 基于相对轨道要素的椭圆轨道卫星相对运动研究[J]. 航空学报,
   2011,32(12):2244-2258.

[9] 徐帷,武海雷,卢山,等. 航天器超近距离绕飞、悬停的姿态轨道联合控制方法研
   究[C]. 第23届中国控制会议,2013:2792-2799.

[10] 段广仁. 线性系统理论[M]. 哈尔滨:哈尔滨工业大学出版社,2004.

[11] 孙玥,田少雄,卢山,等. 椭圆轨道长期稳定伴飞构型设计与控制[J]. 上海航天,
   2016,33(1):42-49.

第 8 章
椭圆轨道自主交会技术

8.1　引言

　　轨道交会包括远程导引段、近程导引段和最后逼近段,远程导引段是指从主动航天器入轨开始到相对测量敏感器捕获到目标航天器为止[1],主要采用 Hohmann 变轨或 Lambert 变轨转移到目标轨道附近[2,3];近程导引段是指将主动航天器导引至接近走廊外的位置保持点为止;最后逼近段包括绕飞段和平移靠拢段,是为航天器完成后续在轨操控等任务提供条件[4-6]。本章主要介绍椭圆轨道交会的近程导引段。

　　传统的圆轨道近程交会往往采用 C－W 制导,该方法是根据 C－W 方程推导出的相对状态转移矩阵,给出起始时刻、交会时刻以及终端状态,求出两次变轨所需的速度增量来实现近程导引的。但当航天器运行在椭圆轨道上时,航天器运行的角速度、角加速度和地心距是时变的,使得动力学方程具有时变非线性特点,C－W 制导失效,其他针对圆轨道交会常用的制导律也都不再适用,给相对运动控制带来了难度,因此需要研究适用于大椭圆轨道快速交会的制导律[7]。

　　本章第二节将重点介绍椭圆轨道上时变非线性自主交会的控制方法。首先基于线性二次型高斯(LQR)最优控制律的轨道控制算法,针对推导出的大

177

椭圆轨道反馈线性化相对轨道动力学模型,介绍在已知目标星绝对轨道信息情况下自主交会的 LQR 控制律,即利用实时的轨道导航数据,星上自主解算轨道控制量,进行高精度的实时闭环轨道控制,从而实现自主交会。虽然该方法鲁棒性强,控制精度高,但是每个轨控周期都要计算一次控制增益,对星载计算机要求比较高。考虑到工程可实现性,根据大椭圆轨道的状态转移矩阵,又介绍了一种采用两冲量的轨道交会方法。该方法类似于圆轨道的 C – W 制导,给定交会过程目标星转过的真近点角,在起始和终端位置施加计算出的速度增量,实现轨道交会。

另一方面,目前大多数椭圆轨道相对运动制导律都需要知道主动星自身的绝对轨道信息,但在工程实际应用中,大椭圆轨道的卫星远地点超出 GPS 覆盖范围,GPS 导航失效,同时当卫星运行轨道超出地面测控站的监测范围时,准确的绝对轨道信息不易获得。为了使大椭圆轨道航天器全天域都具备交会能力,可采用相对导航获得目标航天器与主动航天器之间的相对位置和速度信息,然后根据这些相对信息设计不依赖绝对轨道参数的自主交会控制律,以增加椭圆轨道交会的适用性。欠绝对轨道信息的大椭圆轨道交会控制技术可以作为备份,提升 GNC 系统的冗余可靠性,还可以减轻地面监控站的负担和减少对导航星的依赖,提高星上操作的自主性。

本章 8.3 节将重点介绍针对椭圆轨道全天域自主交会需求的欠绝对轨道信息情况下的控制方法。首先介绍模糊 PD 控制方法,由于模糊 PD 控制器在动态过程中可以根据系统偏差有目的地不断变化调整 PD 控制参数,从而相对 PD 控制器具有快速响应性和鲁棒性等优点,可应用于绝对轨道信息不确定情况下的交会控制律设计。然后根据 Lawden 方程系数是慢时变的特性,建立以圆轨道为基础带有不确定项的相对运动模型,介绍在大椭圆轨道缺少绝对轨道信息的条件下,基于鲁棒滑模控制的航天器自主接近方法。滑模控制本身具有鲁棒性,对未知参数的扰动不敏感,而本书的控制律在设计过程中就预先把扰动参数加入进去,这样鲁棒性必然会更强。不过代价是这种方法要求未知参数的界限已知,而大椭圆轨道交会的地心距、角速度和角加速度三个未知量也确实是有界限的,界限也容易得出,所以并不影响控制律的设计,在界限内参数如何变化不会影响控制效果,仿真结果表明该控制律可以使系统渐近稳定到所给的参考信号。

8.2　最优自主交会方法

8.2.1　椭圆轨道反馈线性化动力学模型

相对动力学建模是自主交会控制问题的基础,提高动力学模型的准确性也是提高控制方法精度的手段之一。椭圆轨道的精确相对动力学模型是非线性的,形式复杂,难以直接用来设计控制律,而经过简化的 Lawden 方程存在线性化误差,尤其是当两航天器距离比较远的时候误差更大,会影响到控制精度。

为解决此问题,采用现代控制理论中的反馈线性化手段,把相对轨道动力学方程中的非线性项放到控制输入中去,将相对轨道动力学在不作任何简化处理的情况下转换成线性状态方程的形式,易于控制系统设计。本节考虑采用反馈线性化手段,下面给出用于控制的轨道相对动力学方程推导的过程。

在惯性系下,两航天器相对运动方程为[8]

$$\frac{d^2(r_c - r_t)}{dt^2} = \frac{d^2 \Delta r}{dt^2} = -\frac{\mu}{\|r_c\|^3}r_c + \frac{\mu}{\|r_t\|^3}r_t + u_c - u_t + d_c - d_t$$

$$(8-1)$$

式中:r_c 为主动航天器地心距矢量;r_t 为目标航天器地心距矢量;u_c 为施加在主动航天器上的控制力加速度矢量;u_t 为施加在目标星控制力加速度矢量,也就是目标机动加速度;d_c 为主动航天器的摄动加速度;d_t 为目标星航天器的摄动加速度;μ 为地球引力常数。

将矢量方程(8-1)在目标星轨道坐标系 S_o 下投影得到

$$(\Delta \ddot{r})_{S_o} - \begin{bmatrix} \dot{\theta}_t^2 & \ddot{\theta}_t & 0 \\ -\ddot{\theta}_t & \dot{\theta}_t^2 & 0 \\ 0 & 0 & 0 \end{bmatrix}(\Delta r)_{S_o} - 2\begin{bmatrix} 0 & \dot{\theta}_t & 0 \\ -\dot{\theta}_t & 0 & 0 \\ 0 & 0 & 0 \end{bmatrix}(\Delta \dot{r})_{S_o}$$

$$= -\frac{\mu}{\|r_c\|^3}(r_c)_{S_o} + \frac{\mu}{\|r_t\|^3}(r_t)_{S_o} + (u_c)_{S_o} - (u_t)_{S_o} + (d_c)_{S_o} - (d_t)_{S_o}$$

$$(8-2)$$

令

$$u_{\mathrm{g}} = \frac{\mu}{\parallel r_{\mathrm{c}} \parallel^{3}} (r_{\mathrm{c}})_{S_{\mathrm{o}}} - \frac{\mu}{\parallel r_{\mathrm{t}} \parallel^{3}} (r_{\mathrm{t}})_{S_{\mathrm{o}}} \qquad (8-3)$$

那么式(8-2)可化为

$$(\Delta \ddot{r})_{S_{\mathrm{o}}} - \begin{bmatrix} \dot{\theta}_{\mathrm{t}}^{2} & \ddot{\theta}_{\mathrm{t}} & 0 \\ - \ddot{\theta}_{\mathrm{t}} & \dot{\theta}_{\mathrm{t}}^{2} & 0 \\ 0 & 0 & 0 \end{bmatrix} (\Delta r)_{S_{\mathrm{o}}} - 2 \begin{bmatrix} 0 & \dot{\theta}_{\mathrm{t}} & 0 \\ - \dot{\theta}_{\mathrm{t}} & 0 & 0 \\ 0 & 0 & 0 \end{bmatrix} (\Delta \dot{r})_{S_{\mathrm{o}}}$$

$$= - u_{\mathrm{g}} + (u_{\mathrm{c}})_{S_{\mathrm{o}}} - (u_{\mathrm{t}})_{S_{\mathrm{o}}} + (d_{\mathrm{c}})_{S_{\mathrm{o}}} - (d_{\mathrm{t}})_{S_{\mathrm{o}}} \qquad (8-4)$$

式(8-4)即为没有任何简化处理的相对轨道动力学方程,为了便于设计轨道控制算法,下面将其化为状态空间形式。

在方程右边加减

$$u_{\mathrm{G}} = \begin{bmatrix} \dfrac{2\mu}{r_{\mathrm{t}}^{3}} & 0 & 0 \\ 0 & \dfrac{-\mu}{r_{\mathrm{t}}^{3}} & 0 \\ 0 & 0 & \dfrac{-\mu}{r_{\mathrm{t}}^{3}} \end{bmatrix} (\Delta r)_{S_{\mathrm{o}}} \qquad (8-5)$$

得到如下形式:

$$(\Delta \ddot{r})_{S_{\mathrm{o}}} = \begin{bmatrix} \dot{\theta}_{\mathrm{t}}^{2} + \dfrac{2\mu}{r_{\mathrm{t}}^{3}} & \ddot{\theta}_{\mathrm{t}} & 0 \\ - \ddot{\theta}_{\mathrm{t}} & \dot{\theta}_{\mathrm{t}}^{2} - \dfrac{\mu}{r_{\mathrm{t}}^{3}} & 0 \\ 0 & 0 & - \dfrac{\mu}{r_{\mathrm{t}}^{3}} \end{bmatrix} (\Delta r)_{S_{\mathrm{o}}} + 2 \begin{bmatrix} 0 & \dot{\theta}_{\mathrm{t}} & 0 \\ - \dot{\theta}_{\mathrm{t}} & 0 & 0 \\ 0 & 0 & 0 \end{bmatrix} (\Delta \dot{r})_{S_{\mathrm{o}}}$$

$$- u_{\mathrm{g}} - u_{\mathrm{G}} + (u_{\mathrm{c}})_{S_{\mathrm{o}}} - (u_{\mathrm{t}})_{S_{\mathrm{o}}} + (d_{\mathrm{c}})_{S_{\mathrm{o}}} - (d_{\mathrm{t}})_{S_{\mathrm{o}}} \qquad (8-6)$$

令状态变量

$$X = \begin{pmatrix} \Delta r \\ \Delta \dot{r} \end{pmatrix}_{S_{\mathrm{o}}} = \begin{bmatrix} x \\ y \\ x \\ v_{x} \\ v_{y} \\ v_{z} \end{bmatrix} \qquad (8-7)$$

及

$$\boldsymbol{u} = -\boldsymbol{u}_g - \boldsymbol{u}_G + (\boldsymbol{u}_c)_{S_o} - (\boldsymbol{u}_t)_{S_o} + (\boldsymbol{d}_c)_{S_o} - (\boldsymbol{d}_t)_{S_o} \qquad (8-8)$$

式中: x, y, z 为两航天器的相对位置在目标星轨道坐标系下的分量; v_x, v_y, v_z 为两航天器的相对速度在目标星轨道坐标系下的分量。

那么式(8-6)可化为状态空间的形式如下:

$$\dot{\boldsymbol{X}} = \boldsymbol{A}(t)\boldsymbol{X} + \boldsymbol{Bu} \qquad (8-9)$$

式中:

$$\boldsymbol{A}(t) = \begin{bmatrix} 0 & 0 & 0 & 1 & 0 & 0 \\ 0 & 0 & 0 & 0 & 1 & 0 \\ 0 & 0 & 0 & 0 & 0 & 1 \\ \dfrac{2\mu}{r_t^3} + \dot{\theta}_t^2 & \ddot{\theta} & 0 & 0 & 2\dot{\theta}_t & 0 \\ -\ddot{\theta}_t & -\dfrac{\mu}{r_t^3} + \dot{\theta}_t^2 & 0 & -2\dot{\theta}_t & 0 & 0 \\ 0 & 0 & -\dfrac{\mu}{r_t^3} & 0 & 0 & 0 \end{bmatrix} \qquad (8-10)$$

$$\boldsymbol{B} = \begin{bmatrix} 0 & 0 & 0 \\ 0 & 0 & 0 \\ 0 & 0 & 0 \\ 1 & 0 & 0 \\ 0 & 1 & 0 \\ 0 & 0 & 1 \end{bmatrix} \qquad (8-11)$$

可以看出该状态空间方程是一个线性时变系统,且与 Lawden 方程的形式完全一致,这是由于在方程的右边加减了 $\boldsymbol{u}_G$ 这一项,实际上该式就是 Lawden 方程中两星中心引力加速度差 $\boldsymbol{u}_G$ 一阶线性化的结果。

这样最终相对轨道动力学化成了线性方程的形式,可以按照常规的线性系统调节器理论进行轨道控制律设计,同时该方程未经过任何简化,可以提高系统控制精度。

8.2.2 线性二次型最优控制

1. LQR 控制律设计

轨道控制律的设计主要考虑几个原则：一是自主性，即星上能够自主实现控制；二是实时性，这要求控制律要简单，计算量要小；三是推进剂消耗要少，做到最优或次优控制。基于以上原则，现采用基于线性二次型高斯最优控制的轨道控制律。

线性二次型最优控制是一种实时闭环控制方法，它实时的将误差反馈到系统输入，从而达到提高控制精度的目的，具有一定的鲁棒性。由性能指标函数可知，它是一种基于过程状态最优和燃料最优的控制方法。由于线性二次型最优控制有很多优点，可以将其用于轨道控制中。

针对式(8-9)中的线性时变系统，寻求最优控制输入 $u(t)$，使控制系统的终端状态满足约束条件，终端控制问题通常转化成下面二次性能指标的最优化问题[9]，即

$$J = \frac{1}{2} \int_{t_0}^{t_f} \left[(x^{\mathrm{T}}(t)Qx(t) + u^{\mathrm{T}}(t)Ru(t)) \right] \mathrm{d}t + \frac{1}{2} x^{\mathrm{T}}(t_f)Q_0 x(t_f) \quad \min_u J$$

$$(8-12)$$

式中：Q,R,Q_0 为性能指标加权矩阵；Q 为 $n \times n$ 维半正定状态加权矩阵；R 为 $r \times r$ 维正定控制加权矩阵；Q_0 为 $n \times n$ 维半正定终端状态加权矩阵。

线性系统的二次型最优状态调节器为

$$u(t) = K(t)X(t) \qquad (8-13)$$

$$K(t) = -R^{-1}B(t)^{\mathrm{T}}P(t) \qquad (8-14)$$

式中：$P(t)$ 为对称非负定矩阵，满足下列黎卡提矩阵微分方程，即

$$-\dot{P}(t) = P(t)A(t) + A^{\mathrm{T}}(t)P(t) - P(t)B(t)R^{-1}B^{\mathrm{T}}(t)P(t) + Q$$

$$(8-15)$$

椭圆轨道的地心距和角速度具有时变的特性，状态方程的系统矩阵 A 是关于地心距、角速度和角加速度的函数，因而也是时变的，所以反馈增益矩阵 K 也是时变的。可以设计一个轨控周期 T，每个周期计算一次 K 值，为保证控制精度，T 不能取得太大，本书的仿真算例中选择 $T = 0.4\mathrm{s}$。因而根据上面的式子即可求出每个轨控时刻对应的状态反馈增益矩阵 $K(t)$。

2. 线性二次型控制实现

计算出来的控制量是在目标星轨道系上的,需要经坐标转换到主动星本体系中。由于控制力是由推力器提供的,需要将计算出来的控制加速度转换成推力器的喷气时间,转换公式如下:

$$t = \frac{maT}{F} \qquad\qquad (8-16)$$

式中:m 为主动星质量;a 为计算得到的加速度;T 为轨控周期;F 为推力器推力。喷气时间不能大于一个轨控周期,因而必须对喷气时间的输出进行限幅,同时喷气时间不得少于发动机的最小脉宽。

因为近地点速度变化比较大,在不受控的情况下,主动航天器有远离目标的趋势,所以交会时间比较长,燃料消耗较大。而在远地点航天器运行速度变化慢,交会时间短,燃料消耗小,所以应该选在远程导引刚结束,目标星在远地点附近的时候进行近程交会。

3. LQR 控制参数设计

LQR 控制中需要设计的参数有 Q、R、Q_0 三个,然后可以得到最优控制输入的反馈增益矩阵 K。

从上面的推导中可以看出,K 阵的取值取决于状态方程中的 A、B 和目标函数中的 Q、R、Q_0,其中 A、B 由相对轨道动力学方程决定,加权矩阵 Q、R 通过选择确定。状态加权阵 Q 反映系统在控制过程中动态跟踪误差的积累和,控制加权阵 R 反映整个控制过程中所消耗的控制能量。不同的 Q、R 决定不同的 K 阵,也决定不同的控制性能,因此有必要对 Q、R 阵进行选择,以得到满足时间和精度要求的 K 阵。

在调整 Q、R 的过程中,有如下关系:

(1) Q 不变,R 阵增大,则控制过程中,控制输入量变小,控制误差相对变大;R 不变,Q 阵增大,则控制过程中,控制误差变小,控制输入量变大。

(2) 若 Q、R 阵同比例增大,K 阵不变。

4. 仿真分析

选取目标星轨道初始值如表 8-1 所列。

目标星相对于主动星的初始距离和速度,在主动星第二轨道系下为

$$R_0 = \begin{bmatrix} 10 & -1 & -10 \end{bmatrix}^T \text{km}$$

$$V_0 = \begin{bmatrix} 1 & -1 & -1 \end{bmatrix}^T m/s$$

表 8 - 1　目标星轨道初始值

a/km	e	$i/(°)$	$\Omega/(°)$	$\omega/(°)$	$\theta/(°)$
22175	0.7	60	60	30	180

要求最终的相对位置和速度为

$$\begin{cases} R_f = \begin{bmatrix} 100 & 0 & 0 \end{bmatrix}^T m \\ V_f = \begin{bmatrix} 0 & 0 & 0 \end{bmatrix}^T m/s \end{cases} \tag{8-17}$$

假定绝对导航理论定轨精度 1500m,工程应用实际精度约 3000m,相对导航定位精度 15m,相对速度测量精度 0.2m/s。仿真中将发动机理论推力的 10% 作为随机噪声加入到实际推力大小中,并设定发动机最小开机时间为 0.03s。

通过调整参数进行多次仿真,得到 LQR 控制最优的参数组合如下:

$$Q = \begin{bmatrix} 1 \times 10^{-4} & 0 & 0 & 0 & 0 & 0 \\ 0 & 1 \times 10^{-4} & 0 & 0 & 0 & 0 \\ 0 & 0 & 1 \times 10^{-4} & 0 & 0 & 0 \\ 0 & 0 & 0 & 30 & 0 & 0 \\ 0 & 0 & 0 & 0 & 20 & 0 \\ 0 & 0 & 0 & 0 & 0 & 20 \end{bmatrix} \quad R = 10^6 \times \begin{bmatrix} 1 & 0 & 0 \\ 0 & 0.5 & 0 \\ 0 & 0 & 1 \end{bmatrix}$$

设定仿真步长 0.2s,轨道控制周期为 0.4s,仿真结果如图 8 - 1 所示。

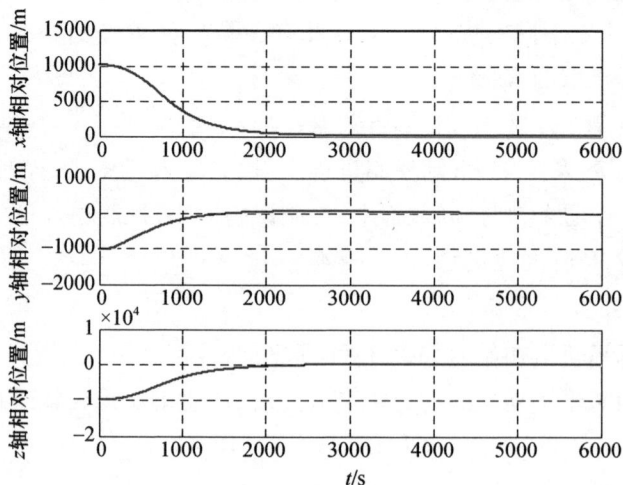

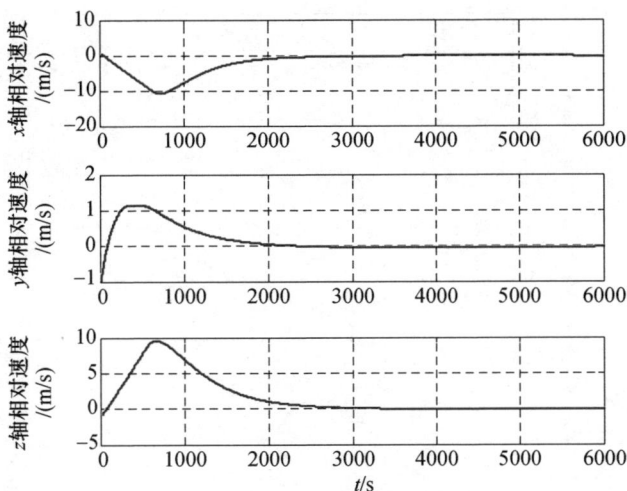

图 8 - 1　相对位置速度变化

表 8 - 2　LQR 轨道交会控制结果分析

轴向	x 轴	y 轴	z 轴
稳定时间/s	2500	1500	3000
燃料消耗/(m/s)	22.0	3.4	20.7

　　从表中可以看出,3000s 可以完成近程交会,燃料消耗共计 46.1m/s。

　　为进一步分析算法的控制精度,在主动星到达指定交会点后继续进行实时闭环轨控,实现定点伴飞。在远地点开始交会,分析到达交会时间后控制精度的变化,仿真结果如图 8 - 2 所示。

　　远地点交会后三轴相对位置误差是 4m,20m,12m,运行到半个轨道周期,在近地点附近,相对运动趋势变化剧烈,位置误差最大达到 13m,20m,45m,经过大约 5000s 后,重新恢复稳定状态,控制到允许的误差范围内。

5. 线性二次型控制算法总结

　　利用反馈线性化相对轨道动力学模型,在已知目标星绝对轨道信息情况下可采用自主交会的 LQR 控制律,对 LQR 闭环轨道控制律经过数学仿真后,证明其具有算法简单、鲁棒性强、控制精度高、燃料消耗少等优点。另外通过输入不同的仿真条件,还可以得出如下结论:

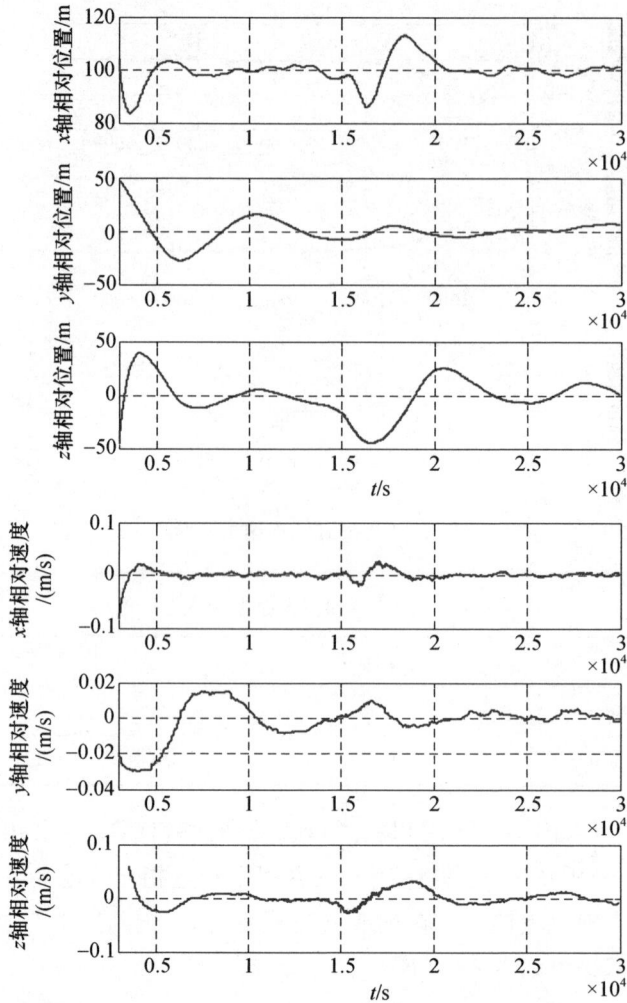

图 8-2　相对位置速度变化放大图

（1）考虑到交会时间和燃料消耗两个指标,应该选在远程导引刚结束,目标星在远地点附近的时候进行近程交会。

（2）目标航天器运行到近地点附近时,轨道平面内两个方向的相对位置误差急剧增加,轨道法向变化较小。说明在近地点附近主动星要实现对目标星的交会比较困难,从控制精度的角度也建议在椭圆轨道的远地点对目标星进行交会。

◁ 8.2.3　基于 T – H 方程双脉冲控制

1. **椭圆轨道 T – H 方程**

3.2.1 小节中推导出了航天器轨道系下的 T – H 方程,其可用于描述任何偏心率情况下的相对轨道运动。但本节将要阐述的自主交会的双脉冲控制方法需要将坐标系建立在本体系下,便于速度增量的求解,坐标转换后的 T – H 方程表达式变为

$$\boldsymbol{X}'(\theta) = \begin{bmatrix} \boldsymbol{\Phi}_{rr}(\theta) & \boldsymbol{\Phi}_{rv}(\theta) \\ \boldsymbol{\Phi}_{vr}(\theta) & \boldsymbol{\Phi}_{vv}(\theta) \end{bmatrix} \boldsymbol{X}(\theta) + \boldsymbol{B}\boldsymbol{u}(\theta) \qquad (8-18)$$

式中:

$$\boldsymbol{\Phi}_{rr}(\theta) = \begin{bmatrix} 0 & 0 & 0 \\ 0 & 0 & 0 \\ 0 & 0 & 0 \end{bmatrix}, \boldsymbol{\Phi}_{rv}(\theta) = \begin{bmatrix} 1 & 0 & 0 \\ 0 & 1 & 0 \\ 0 & 0 & 1 \end{bmatrix},$$

$$\boldsymbol{\Phi}_{vr}(\theta) = \begin{bmatrix} \dfrac{3 + e\cos\theta}{1 + e\cos\theta} & \dfrac{-2e\sin\theta}{1 + e\cos\theta} & 0 \\ \dfrac{2e\sin\theta}{1 + e\cos\theta} & \dfrac{e\cos\theta}{1 + e\cos\theta} & 0 \\ 0 & 0 & \dfrac{-1}{1 + e\cos\theta} \end{bmatrix}$$

$$\boldsymbol{\Phi}_{vv}(\theta) = \begin{bmatrix} \dfrac{2e\cos\theta}{1 + e\cos\theta} & 2 & 0 \\ -2 & \dfrac{2e\sin\theta}{1 + e\cos\theta} & 0 \\ 0 & 0 & \dfrac{2e\sin\theta}{1 + e\cos\theta} \end{bmatrix}, \boldsymbol{B}(\theta) = \dfrac{(1 - e^2)^3}{(1 - e\cos\theta)^4 n^2} \begin{bmatrix} 0 & 0 & 0 \\ 0 & 0 & 0 \\ 0 & 0 & 0 \\ 1 & 0 & 0 \\ 0 & 1 & 0 \\ 0 & 0 & 1 \end{bmatrix}$$

式(8 – 18)为基于真近点角域的 T – H 方程[10],可用于描述任何偏心率情况下的相对轨道动力学方程。

2. **椭圆轨道相对状态转移矩阵**

为书写简便,记为 $s = \sin(\theta)$, $c = \cos(\theta)$, $\rho = \rho(\theta) = [1 + e\cos(\theta)]$, $s_0 = \sin(\theta_0)$, $c_0 = \cos(\theta_0)$, $\rho_0 = \rho(\theta_0) = [1 + e\cos(\theta_0)]$。式(8 – 18)的解析解为[11]

$$\begin{cases} x(\theta) = s[d_1e + 2d_2e^2H(\theta)] - c\left(\dfrac{d_2e}{\rho^2} + d_3\right) \\[2mm] y(\theta) = \left[d_1 + \dfrac{d_4}{\rho} + 2d_2eH(\theta)\right] + s\left(\dfrac{d_3}{\rho} + d_3\right) + \\[2mm] \qquad\quad c[d_1e + 2d_2e^2H(\theta)] \\[2mm] z(\theta) = s\dfrac{d_5}{\rho} + c\dfrac{d_6}{\rho} \end{cases} \qquad (8-19)$$

对上式求导可得

$$\begin{cases} \dot{x}(\theta) = c[d_1e + 2d_2e^2H(\theta)] + 2sd_2e^2\dot{H}(\theta) + s\left(\dfrac{d_2e}{\rho^2} + d_3\right) - c\dfrac{d_2e^2s}{\rho^3} \\[2mm] \dot{y}(\theta) = \left[\dfrac{d_4es}{\rho^2} + 2d_2e\dot{H}(\theta)\right] + d_3c\dfrac{1+\rho}{\rho} + \dfrac{d_3es^2}{\rho^2} - s[d_1e + 2d_2e^2H(\theta)] + \\[2mm] \qquad\quad 2d_2e^2c\dot{H}(\theta) \\[2mm] \dot{z}(\theta) = \dfrac{d_5(e+c)}{\rho^2} - \dfrac{d_6s}{\rho^2} \end{cases} \qquad (8-20)$$

式中:d_i 为积分常数,与初始条件有关;$H(\theta)$ 为非周期项,是引起非周期性相对运动的主要因素,其表达式如下:

$$H(\theta) = \int_{\theta_0}^{\theta} \dfrac{c}{\rho^3} \mathrm{d}f$$

$$= -(1-e^2)^{-5/2}\left[\dfrac{3Ee}{2} - (1+e^2)\sin E + \dfrac{e}{2}\sin E\cos E + d_H\right] \qquad (8-21)$$

式中:E 为偏近点角;d_H 是从 $H(\theta_0) = 0$ 计算出来的积分常量。式(8-19)与式(8-20)用于描述任意偏心率情况下,两星自然相对运动轨迹表达式和相对速度表达式。

由式(8-19)与式(8-20)可以得到状态矢量 $\boldsymbol{X}(\theta) = [x(\theta), y(\theta), z(\theta), x'(\theta), y'(\theta), z'(\theta)]^{\mathrm{T}}$ 和相应的常数矢量 $\boldsymbol{D} = [d_1, d_2, d_3, d_4, d_5, d_6]^{\mathrm{T}}$ 的关系式:$\boldsymbol{X}(\theta) = \boldsymbol{\Phi}(\theta)\boldsymbol{D}$。因为基本解矩阵 $\boldsymbol{\Phi}(\theta)$ 可逆,那么就有 $\boldsymbol{D} = \boldsymbol{\Phi}(\theta_0)^{-1}\boldsymbol{X}(\theta_0)$。从而得到状态转移方程 $\boldsymbol{X}(\theta) = \boldsymbol{\Phi}(\theta)\boldsymbol{\Phi}(\theta_0)^{-1}\boldsymbol{X}(\theta_0)$,则状态转移矩阵 $\boldsymbol{\Phi}(\theta_0, \theta) = \boldsymbol{\Phi}(\theta)\boldsymbol{\Phi}(\theta_0)^{-1}$,$\boldsymbol{\Phi}(\theta)$ 和 $\boldsymbol{\Phi}(\theta_0)$ 的表达式如下所示[12],$\boldsymbol{\Phi}(\theta_0, \theta)$ 的具体形式不再列出。

$$\Phi(\theta) = \begin{bmatrix}
es & 2se^2H - ce/\rho^2 & -c & 0 & 0 & 0 \\
\rho & 2eH + 2e^2cH & s/\rho + s & 1/\rho & 0 & 0 \\
0 & 0 & 0 & 0 & s/\rho & c/\rho \\
ec & 2e^2cH + 2se^2H - ce^2s/\rho^3 + se/\rho^2 & s & 0 & 0 & 0 \\
-se & 2\dot{e}H - 2e^2sH + 2e^2cH & c(1+\rho)/\rho + es^2/\rho^2 & es/\rho^2 & 0 & 0 \\
0 & 0 & 0 & (e+c)/\rho^2 & 0 & -s/\rho^2
\end{bmatrix}$$

$$\Phi(\theta_0) = \begin{bmatrix}
es_0 & -c_0e/\rho_0^2 & -c_0 & 0 & 0 & 0 \\
\rho_0 & 0 & s_0/\rho_0 + s_0 & 1/\rho_0 & 0 & 0 \\
0 & 0 & 0 & 0 & s_0/\rho_0 & c_0/\rho_0 \\
ec_0 & 2s_0e^2\dot{H}_0 - c_0e^2s_0/\rho_0^3 + s_0e/\rho_0^2 & s_0 & 0 & 0 & 0 \\
-es_0 & 2\dot{e}H_0 + 2e^2c_0\dot{H}_0 & c_0(1+\rho_0)/\rho_0 + es_0^2/\rho_0^2 & es_0/\rho_0^2 & 0 & 0 \\
0 & 0 & 0 & (e+c_0)/\rho_0^2 & 0 & -s_0/\rho_0^2
\end{bmatrix}$$

根据求解出的 $\boldsymbol{\Phi}(\theta_0,\theta)$ 可以得到目标星处于任意真近点角时的两星相对运动状态为

$$\begin{bmatrix} \boldsymbol{r}(\theta) \\ \boldsymbol{v}(\theta) \end{bmatrix} = \boldsymbol{\Phi}(\theta_0,\theta)\begin{bmatrix} \boldsymbol{r}(\theta_0) \\ \boldsymbol{v}(\theta_0) \end{bmatrix} = \begin{bmatrix} \boldsymbol{\Phi}_{rr} & \boldsymbol{\Phi}_{rv} \\ \boldsymbol{\Phi}_{vr} & \boldsymbol{\Phi}_{vv} \end{bmatrix}\begin{bmatrix} \boldsymbol{r}(\theta_0) \\ \boldsymbol{v}(\theta_0) \end{bmatrix} \tag{8-22}$$

3. 适用于任意偏心率轨道的两冲量交会

C – W 制导是应用于近圆轨道的双脉冲交会方法,该方法具体实现如下:

给出初始相对状态量 $\boldsymbol{r}_0$、$\boldsymbol{v}_0$,终端状态 $\boldsymbol{r}_f$、$\boldsymbol{v}_f$,通过在初始点施加脉冲 $\Delta\boldsymbol{v}_1$ 消除到达终端的位置偏差,经过时间 Δt 后到达终端位置 $\boldsymbol{r}_f$,再在终端处施加第二次脉冲 $\Delta\boldsymbol{v}_2$ 来消除终端速度偏差。两次速度增量的求解如下[13]:

$$\begin{bmatrix} \boldsymbol{r}_f \\ \boldsymbol{v}_{f-} \end{bmatrix} = \begin{bmatrix} \boldsymbol{r}_f \\ \boldsymbol{v}_f - \Delta\boldsymbol{v}_2 \end{bmatrix} = \begin{bmatrix} \boldsymbol{\Phi}_{rr} & \boldsymbol{\Phi}_{rv} \\ \boldsymbol{\Phi}_{vr} & \boldsymbol{\Phi}_{vv} \end{bmatrix}\begin{bmatrix} \boldsymbol{r}_0 \\ \boldsymbol{v}_0 + \Delta\boldsymbol{v}_1 \end{bmatrix} \tag{8-23}$$

解上面方程可得两冲量交会解为

$$\begin{cases} \Delta\boldsymbol{v}_1 = \boldsymbol{\Phi}_{rv}^{-1}(\boldsymbol{r}_f - \boldsymbol{\Phi}_{rr}\boldsymbol{r}_0) - \boldsymbol{v}_0 \\ \Delta\boldsymbol{v}_2 = \boldsymbol{v}_f - \boldsymbol{\Phi}_{vr}\boldsymbol{r}_0 - \boldsymbol{\Phi}_{vv}(\boldsymbol{v}_0 + \Delta\boldsymbol{v}_1) \end{cases} \tag{8-24}$$

对于运行于大偏心率轨道的目标星,C – W 制导不再适用,但是可以根据上节推导的在真近点角域下的相对状态转移式,得到类似于 C – W 制导的方法。由于坐标系建立在主动星的轨道系下,速度增量的求解式变为

$$\begin{bmatrix} \boldsymbol{r}_f \\ \boldsymbol{v}_{f-} \end{bmatrix} = \begin{bmatrix} \boldsymbol{r}_f \\ \boldsymbol{v}_f + \Delta\boldsymbol{v}_2 \end{bmatrix} = \begin{bmatrix} \boldsymbol{\Phi}_{rr} & \boldsymbol{\Phi}_{rv} \\ \boldsymbol{\Phi}_{vr} & \boldsymbol{\Phi}_{vv} \end{bmatrix}\begin{bmatrix} \boldsymbol{r}_0 \\ \boldsymbol{v}_0 - \Delta\boldsymbol{v}_1 \end{bmatrix} \tag{8-25}$$

两冲量解为($\boldsymbol{v}_0$、$\boldsymbol{v}_f$ 是相对位置对真近点角的导数,注意要转换成对时间的导数)

$$\begin{cases} \Delta\boldsymbol{v}_1 = -\boldsymbol{\Phi}_{rv}^{-1}(\boldsymbol{r}_f - \boldsymbol{\Phi}_{rr}\boldsymbol{r}_0) \times \dot{\theta}_0 + \boldsymbol{v}_0 \\ \Delta\boldsymbol{v}_2 = -\boldsymbol{v}_f + (\boldsymbol{\Phi}_{vr}\boldsymbol{r}_0 + \boldsymbol{\Phi}_{vv}(\boldsymbol{v}_0 - \Delta\boldsymbol{v}_1)/\dot{\theta}_0) \times \dot{\theta}_f \end{cases} \tag{8-26}$$

4. 仿真分析

选择在远地点处进行交会,这是由于在建立线性微分方程时对引力进行了一阶近似,会引起线性化误差,在同样的时间过程中近地点交会时两星转过的角度大,误差的累积也就更大些。

选取目标星轨道初始值如表 8 – 3 所示。

表 8 - 3　目标星轨道初始值

a/km	e	i/(°)	Ω/(°)	ω/(°)	θ/(°)
22175	0.7	60	60	30	180

目标星相对于主动星的初始距离和速度,在主动星第二轨道系下为

$$\boldsymbol{R}_0 = \begin{bmatrix} 1 & -1 & -1 \end{bmatrix}^{\mathrm{T}} \text{km}$$

$$\boldsymbol{V}_0 = \begin{bmatrix} 1 & -1 & -1 \end{bmatrix}^{\mathrm{T}} \text{m/s}$$

要求最终的相对位置和速度为

$$\boldsymbol{R}_{\mathrm{f}} = \begin{bmatrix} 100 & 0 & 0 \end{bmatrix}^{\mathrm{T}} \text{m}$$

$$\boldsymbol{V}_{\mathrm{f}} = \begin{bmatrix} 0 & 0 & 0 \end{bmatrix}^{\mathrm{T}} \text{m/s}$$

相对导航定位精度 15m,相对速度测量精度 0.2m/s。发动力推力 490N,追踪星质量 2800kg。设定交会时间为 812s,由于远地点附近轨道角速度很低,主动星转过的真近点角只有 2.2°,即交会时主动星的真近点角是 182.2°,仿真得到的相对位置速度曲线如图 8 - 3 所示。

起点时施加第一次速度增量是 $\begin{bmatrix} 2.1 & -2.17 & -2.14 \end{bmatrix}^{\mathrm{T}}$ m/s,终端施加的第二次速度增量是 $\begin{bmatrix} -1.01 & 1.18 & 1.25 \end{bmatrix}^{\mathrm{T}}$ m/s,总燃料消耗是 5.7m/s,终端位置误差是 $\begin{bmatrix} -10 & 7 & 8 \end{bmatrix}^{\mathrm{T}}$ m。

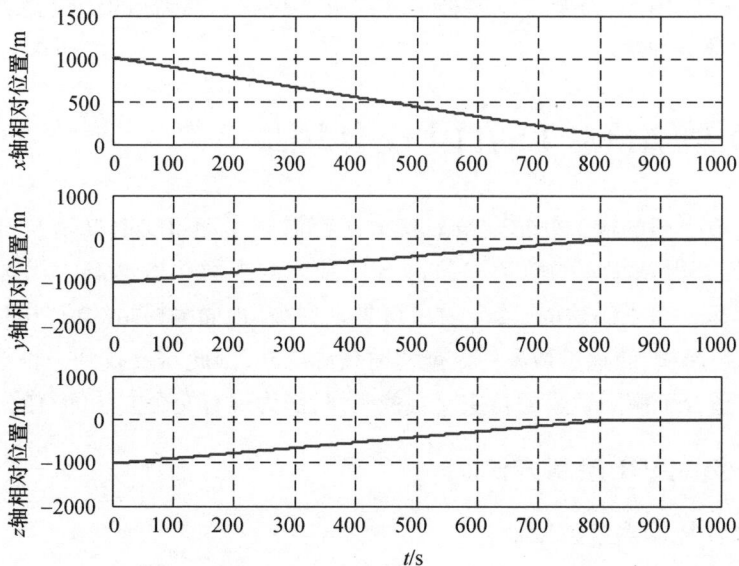

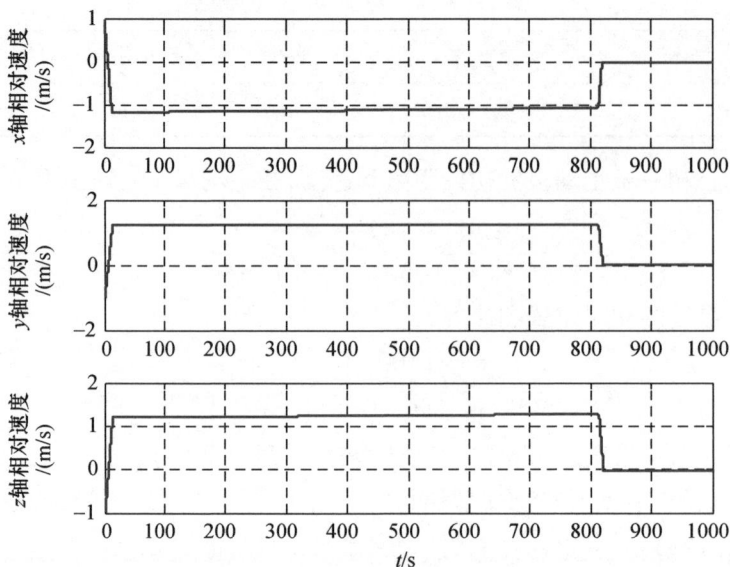

图 8-3　相对位置速度变化

　　双脉冲控制方法的燃料消耗比实时闭环控制有了大幅减少,如果想进一步提高精度,可以采用中途或末端修正的办法,但相应的燃料消耗也会增加。因此在实际应用中,需要考虑多种工程约束,根据综合指标的优化要求选择相应的交会对接方法。

8.3　欠轨道信息下的自主交会方法

　　上一节介绍的椭圆轨道交会对接方法都需要主动星实时知道自身的轨道信息,并计算得到相应的轨道参数进行控制律的求解。考虑到大椭圆轨道上的航天器运行在中高轨时,受导航星可见性约束、地面测控站约束、长时间轨道递推误差等影响,轨道参数不一定能实时精确已知,因此需要找到一种不依赖轨道参数的适合于椭圆轨道的自主交会控制律,作为现有交会方法的有效补充。

8.3.1　模糊 PD 控制方法

1. PD 控制器参数设计

PD 控制器凭借其结构简单、稳定性好、工作可靠、调整方便等优点成为工业控制的主要技术之一。当被控对象的结构和参数不能完全掌握、得不到精确的数学模型时,采用 PD 控制技术最为方便。PD 控制是自动控制领域产生最早、应用最广的一种控制方法。

简化的卫星轨道 PD 控制器设计原理示意图如图 8 - 4 所示。

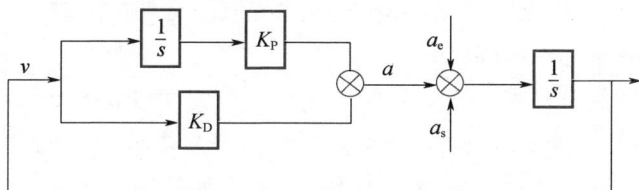

图 8 - 4 PD 控制框图

从上面框图可得出其开环传递函数为

$$G(s) = \frac{K_P + K_D s}{s^2} \qquad (8-27)$$

由式(8-27)可得二阶系统的特征方程为

$$s^2 + K_D s + K_P = 0 \qquad (8-28)$$

将式(8-28)与标准二阶系统的特征方程

$$s^2 + 2\xi\omega_n s + \omega_n^2 = 0 \qquad (8-29)$$

进行比较,即可得出 $K_P K_D$ 的值为

$$K_P = \omega_n^2 \text{、} K_D = 2 \times \xi \times \omega_n \qquad (8-30)$$

式中:ω_n 为系统带宽。

2. 模糊控制原理

模糊控制具有以下特点:

(1)它是非线性控制方法,工作范围宽,适用范围广,特别适合于非线性系统的控制。

(2)它不依赖于对象的数学模型,对无法建模或很难建模的复杂对象,也能利用人的经验知识或其他方法来设计模糊控制器完成控制任务,而传统的控制方法都要已知被控对象的数学模型,才能设计控制器。

(3)它具有极强的鲁棒性,对被控对象的特性变化不敏感。

(4)算法简单,执行快,易于实现。

由于模糊控制具有以上这些优点,所以在没有绝对轨道信息即被控对象无法正确建模的情况下,考虑采用模糊控制的方法来实现自主交会。

确定性数学模型往往用于描述具有清晰的确定性、归属界线分明、相互间关系明确的事物。对这类事物可以用精确的数学函数予以描述,典型的代表学科就是"数学分析"、"微分方程"、"矩阵分析"等常用的重要数学分支。模糊性数学模型适用于描述含义不清晰、概念界线不分明的事物,它的外延不分明,在概念的归属上不明确[14]。

我们知道,集合是指具有某种共同属性且彼此间可以区别的事物的总体。组成集合的事物称为元或元素,经典集合的元素与集合之间的关系是属于或不属于的关系,非此即彼。模糊集合是经典集合的拓展,事物是否属于它所描述的概念,不能绝对地以"是"或"非"来加以区别。这里的属于与不属于之间无明显的界限,而是在某种程度上的属于,这是无法用经典集合来描述的,而只能用模糊集合来描述这种模糊概念。

经典集合和模糊集合在数轴上的映射,即它们的特征函数或隶属函数取值可以形象地画在下图中,左侧图中的 A 为模糊集合,右侧图中的 A 为经典集合。

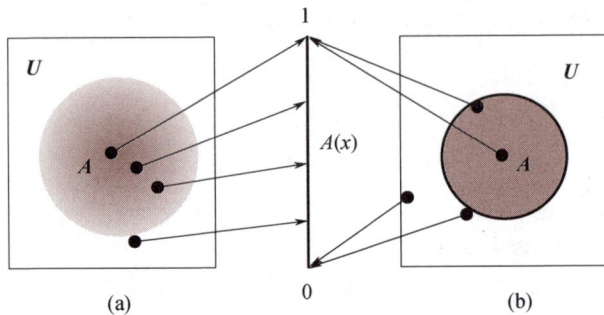

图 8 – 5　模糊集合和经典集合的映射比较
(a)模糊集合;(b)经典集合。

设给定域(指被讨论的全体对象)U,U 到 $[0,1]$ 闭区间的任一映射,

$$\mu_A : U \to [0,1] ; u \to \mu_A(u)$$

都确定 U 的一个模糊子集 A。其中,$\mu_A(u)$ 称为模糊子集的隶属函数,称为 u 对于 U 的隶属度。也就是说,论域 u 上的模糊子集 A 由隶属函数 $\mu_A(u)$ 来表征,$\mu_A(u)$ 的取值范围是 $[0,1]$,$\mu_A(u)$ 的大小反映了 u 对于 A 从属程度的高

低。正确地确定隶属函数是利用模糊集合解决实际问题的基础。

模糊控制器是模糊控制系统的核心,它一般以系统的误差和误差变化率为输入量,以对被控对象的控制量作为输出量。具体设计方法如下。

1)精确量的模糊化

选择偏差 e 和偏差变化 ec 的模糊语言变量为 E 和 EC,把精确量(如偏差 e 和偏差变化 ec)转化为相应的模糊量(E,EC),在控制系统中误差及误差变化率的实际变化范围叫做这些变量的基本论域,分别记为 $[-x_e,x_e]$ 及 $[-x_{ec}, x_{ec}]$。根据 e、ec 实际的基本论域,设定 E、EC 的论域,确定出量化因子 K_e 和 K_c。设误差所取的论域为

$$x = [-n, -n+1, \cdots, 0, \cdots, n-1, n]$$

式中:x 为表征误差大小的精确量,一般取 $n=6$ 或 7。通过量化因子进行论域变换,量化因子 K_e 的定义是

$$K_e = n/x_e$$

同样对于误差变化率,若其论域为

$$x = [-m, -m+1, \cdots, 0, \cdots, m-1, m]$$

则误差变化率的量化因子为

$$K_c = m/x_{ec}$$

2)输入输出空间的模糊分割

模糊控制规则中前提的语言变量构成模糊输入空间,结论的语言变量构成模糊输出空间,每个语言变量的取值为一组模糊语言名称,它们构成了语言名称的集合。每个语言名称对应一个模糊集合,对于每个语言名称,其取值的模糊集合具有相同的论域。选取 E、EC 和 U 的各语言变量值为正大 PL,正中 PM,正小 PS,零 Z,负小 NS,负中 NM,负大 NL,设定它们各自在论域上的模糊子集隶属度函数。模糊变量定义的状态越多,控制效果越好,但需要定义的模糊规则也越多,设计和计算也越复杂。

3)模糊控制器的控制规则

根据前面介绍的两种模糊模型分别说明其规则的建立。

(1)Mamdani 模糊模型。

Mamdani 模糊模型是一种语言模型,利用 Mamdani 模型构成的模糊逻辑系统实质上是一组 IF – THEN 规则,在这组规则中前件变量和后件变量均为

模糊语言集,在现有的模糊控制系统中,大多数都采用这种形式,其模糊规则的表达式如下所示:

If A = PB and B = PB and C = PM then D = PS

If A = PB and B = PM and C = PM then D = PS

$\vdots$

(2) Takagi – Sugeno 模糊模型。

这种模型也是基于 IF – THEN 规则,规则的前件含有模糊语言值,后件是前件变量的函数,该模型多用于辩识,很少用于控制。模糊规则的表达式为

If A = PB and B = PB and C = PM then D = f (A, B, C)

本书采用 Mamdani 模糊模型来制定控制规则。

4)模糊推理

模糊推理又称为模糊决策,根据总结的人工操作策略设计出模糊控制策略表(模糊控制规则表)进行模糊推理,由输入模糊变量得到输出模糊变量的过程。常用的模糊推理方法有最大最小推理和最大乘积推理两种。

5)输出量的去模糊化

把推理结果(U)从模糊量转化为可以用于实际控制的精确量(u),这个过程叫做"去模糊化",主要的解模糊器有以下三种方法:

(1)最大值解模糊器:选取隶属度最大的论域元素为去模糊的结果。

这种方法的优点是简单易行,缺点是它概括的信息量很少,因为这种方法排除了其他隶属度较小的元素的影响和作用。

(2)重心解模糊器所确定的执行量是隶属度函数所涵盖区域的中心。重心解模糊器的优点在于其直观合理,言之有据;缺点在于其计算要求高。

(3)中心平均解模糊器:所有模糊集中心的加权平均,其权重等于相应模糊集的高度,其执行量 u 由下式决定:

$$u = \frac{\Sigma\mu(u_i)u_i}{\Sigma\mu(u_i)}$$

中心平均解模糊器是在模糊系统与模糊控制中最常用的解模糊器。它计算简便,直观合理,本书重点介绍"中心平均解模糊器"。解模糊公式获得模糊控制器输出,完成模糊控制。

最后,加到被控过程的控制量应是去模糊的结果 u 与比例因子 K_u 的乘积。

模糊控制原理如图 8-6 所示。

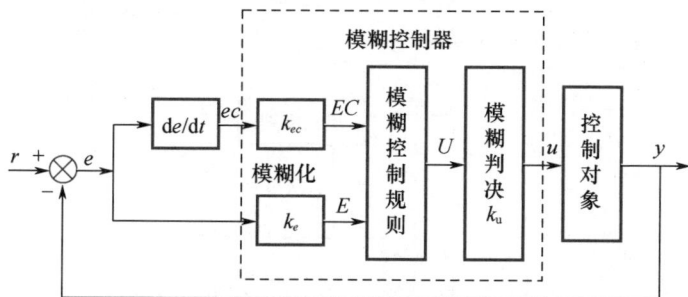

图 8-6　模糊控制原理图

3. 模糊 PD 控制器设计

模糊控制的优点:其一是不需要被控对象的精确数学模型,其二是控制速度快、鲁棒性好,模糊控制本身就具备预测功能,这点相比于其他控制方法是最为难能可贵的。但是模糊控制的控制精度不高,主要原因是模糊控制的稳态误差和零点极限环振荡问题,这一缺陷直接制约了其在高精度控制领域的应用。

传统的 PD 控制最主要的问题是参数整定问题,一旦整定计算好后,在整个控制过程中都是固定不变的,而在实际系统中,由于系统状态和参数等发生变化时,过程中会出现状态和参数的不确定性,系统很难达到最佳的控制效果。

模糊 PD 控制就是将模糊控制与传统的 PD 控制相结合,利用当前的控制偏差,结合被控过程动态特性的变化,以及针对具体过程的实际经验,根据一定的控制要求或目标函数,通过模糊规则推理,对 PD 控制器的两个参数进行在线调整、实时优化,以达到较为理想的控制效果,对系统参数变化具有较好的适应性。

PD 控制器能达到精确控制的效果,但是调整速度不快。模糊控制器正好相反,能做迅速的调整,但是控制精度较差。模糊 PD 控制器能达到较快的调整速度,也能达到精确控制的效果。

模糊 PD 控制共包括参数模糊化、模糊规则推理、参数解模糊、PD 控制器等几个重要组成部分。计算机根据所设定的输入和反馈信号,计算实际位置

和理论位置的偏差 e 以及当前的偏差变化 ec，并根据模糊规则进行模糊推理，最后对模糊参数进行解模糊，输出 PD 控制器的比例、微分系数。模糊 PD 控制的原理结构图如图 8 - 7 所示[15]。

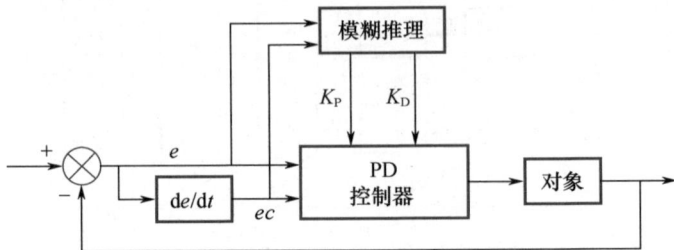

图 8 - 7   模糊 PD 控制原理图

PD 调节器的控制规律为：$u(k) = K_P \times e(k) + K_D \times ec(k)$。应用模糊合成推理设计的 PD 参数的计算式如下：

$$K_P = K_{P0} + (E,EC)p$$
$$K_D = K_{D0} + (E,EC)d$$

式中：K_{P0}、K_{D0} 为 PD 参数的初始设计值，由传统的 PD 控制器的参数整定方法设计；$(E,EC)p$、$(E,EC)d$ 即 $(\Delta K_P, \Delta K_D)$ 为模糊控制器的输出，可根据被控对象的状态自动调整 PD 两个控制参数的取值。

参数模糊自整定是找出 $\Delta K_P, \Delta K_D$ 与 e 和 ec 之间的模糊关系，在运行中通过不断检测 e 和 ec，根据模糊控制原理来对参数进行在线修改，以满足不同 e 和 ec 时对控制参数的不同要求，从而使被控对象有良好的动、静态性能。从系统的稳定性、响应速度、超调量和稳态精度等方面来考虑，参数 K_P、K_D 在不同的 e 和 ec 下的自调整要满足如下调整原则：

（1）当 e 较大时，为加快系统的响应速度，防止因开始时 e 的瞬间变大可能会引起的微分溢出，应取较大的 K_P 和较小的 K_D。

（2）当 e 中等大小时，为减小系统的超调量，保证一定的响应速度，K_P 应适当减小，同时 K_D 的取值大小要适中。

（3）当 e 较小时，为了减小稳态误差，K_P 应取得大些，为了避免输出响应在设定值附近振荡，同时考虑系统的抗干扰性能，K_D 值的选择应在 $|ec|$ 值较大时，K_D 取较小值，通常 K_D 为中等大小。

表 8 - 4　$\Delta K_{\rm P}$ 模糊规则表

$\Delta K_{\rm P}$ ＼ ec e	NL	NM	NS	Z0	PS	PM	PL
NL	PL	PL	PM	PM	PS	Z0	Z0
NM	PL	PL	PM	PS	PS	Z0	NS
NS	PM	PM	PM	PS	Z0	NS	NS
Z0	PM	PM	PS	Z0	NS	NM	NM
PS	PS	PS	Z0	NS	NS	NM	NM
PM	PS	Z0	NS	NM	NM	NM	NL
PL	Z0	Z0	NM	NM	NM	NL	NL

表 8 - 5　$\Delta K_{\rm D}$ 模糊规则表

$\Delta K_{\rm D}$ ＼ ec e	NL	NM	NS	Z0	PS	PM	PL
NL	PS	NS	NL	NL	NL	NM	PS
NM	PS	NS	NL	NM	NM	NS	Z0
NS	Z0	NS	NM	NM	NS	NS	Z0
Z0	Z0	NS	NS	NS	NS	NS	Z0
PS	Z0	Z0	Z0	Z0	Z0	Z0	Z0
PM	PL	NS	PS	PS	PS	PS	PL
PL	PL	PM	PM	PM	PS	PS	PL

4. 仿真分析

欠绝对轨道信息是指目标星和主动星的绝对位置信息都未知,只有相对跟瞄设备测出的视线角、视线角变化率、相对距离及变化率,这些测量量通过计算可以得出在主动星本体系下的两航天器相对位置和速度,再由主动星当前的姿态角进行坐标系转换,得到在主动星轨道系下的相对位置和速度,根据这些相对量进行轨道控制。

在欠绝对轨道信息情况下的自主交会,绝对参考轨道不应建立在目标星轨道系上,这是因为若参考系是目标星轨道系,相对位置和速度要想转换到主动星轨道系上需要知道主动星和目标星的六个轨道根数,而欠绝对信息时两星轨道根数都是不可知的;另外制导环节算出的控制加速度同样需要经过坐标转换到主动星轨道系,也要有轨道根数信息。所以针对没有绝对轨道信息情况设计制导律时,出于对测量和控制两方面的考虑,绝对参考轨道应该选择主动星轨道坐标系[16,17]。

选取目标星轨道初始值如表 8-6 所列。

表 8-6 目标星轨道初始值

a/km	e	$i/(°)$	$\Omega/(°)$	$\omega/(°)$	$\theta/(°)$
22175	0.7	60	60	30	180

在主动星第二轨道坐标系中,目标星相对于主动星的初始距离和速度为

$$R_0 = \begin{bmatrix} 10 & -1 & -10 \end{bmatrix}^T km$$

$$V_0 = \begin{bmatrix} 1 & -1 & -1 \end{bmatrix}^T m/s$$

要求最终的相对位置和速度为

$$R_f = \begin{bmatrix} 100 & 0 & 0 \end{bmatrix}^T m$$

$$V_f = \begin{bmatrix} 0 & 0 & 0 \end{bmatrix}^T m/s$$

相对导航采用微波雷达,测距精度 11m,高低角和方位角精度 $0.2°(3\sigma)$。仿真中将发动机理论推力的 10% 作为随机噪声加入到实际推力大小中,轨控周期 0.2s,并设定发动机最小开机时间为 0.03s。

1) PD 控制仿真

采用传统 PD 控制,经多次仿真选取 PD 参数为

$K_P = diag[0.0001 \quad 0.0001 \quad 0.0001]$,$K_D = diag[0.03 \quad 0.03 \quad 0.03]$

自主交会的仿真结果如图 8-8 所示。表 8-7 为 PD 控制轨道交会结果分析。

2) 模糊 PD 控制仿真

采用模糊 PD 控制,K_{P0}、K_{D0} 按 PD 控制器的参数选取,即

$K_{P0} = diag[0.0001 \quad 0.0001 \quad 0.0001]$,$K_{D0} = diag[0.03 \quad 0.03 \quad 0.03]$

经过多次仿真确定三轴方向的 K_P、K_D 比例因子分别为 0.00015,0.008;0.00015,0.003;0.0001,0.008。ΔK_P、ΔK_D 按照模糊控制规则表计算。

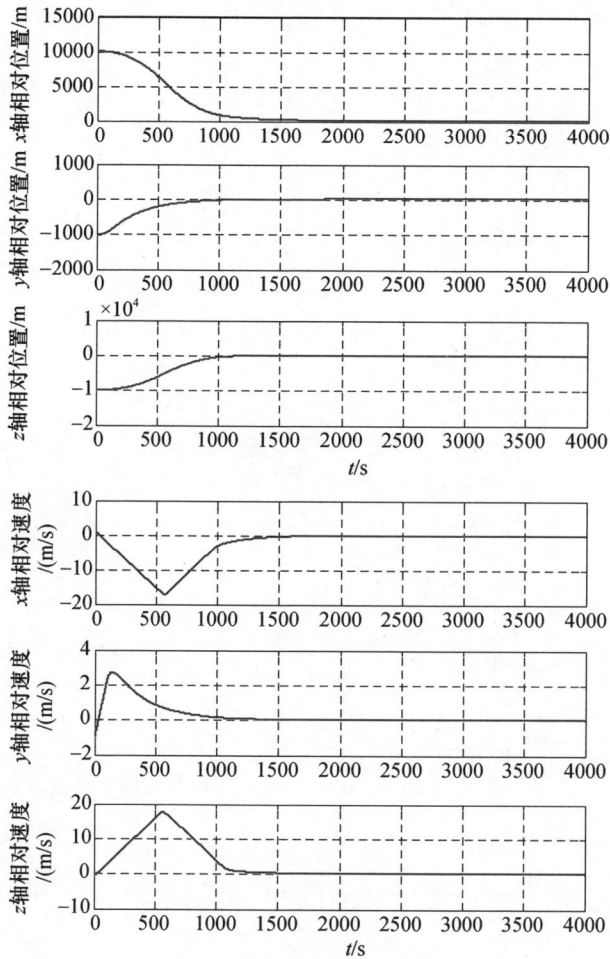

图 8-8　相对位置速度变化

表 8-7　PD 控制轨道交会结果分析

轴向	x 轴	y 轴	z 轴
稳定时间/s	1500	800	1350
稳态误差/m	45	46	47
燃料消耗/(m/s)(一个轨道周期)	35.2	8.1	37.7

　　输入相对位置速度和输出控制量的隶属度函数如图 8-9 ~ 图 8-11 所示。

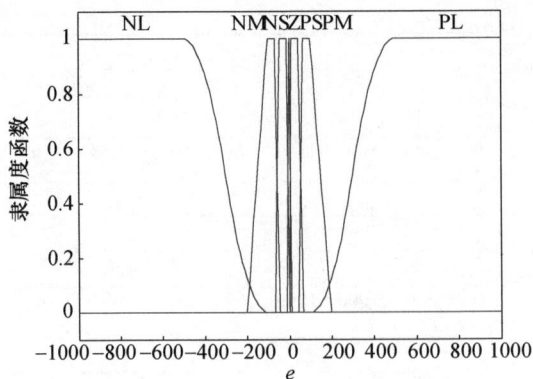

图 8 - 9   相对位置 e 的隶属度函数

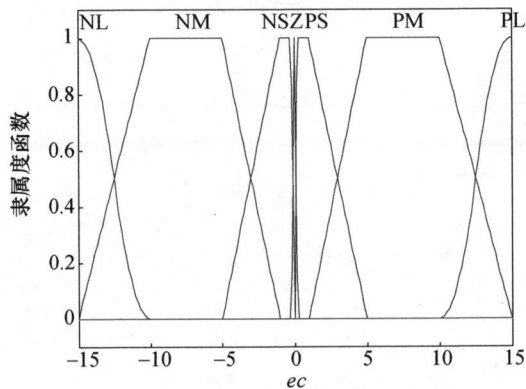

图 8 - 10   相对速度 ec 的隶属度函数

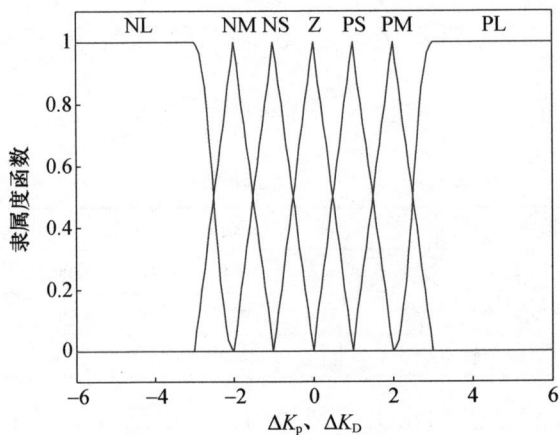

图 8 - 11 ΔK_P、ΔK_D 的隶属度函数

仿真参数见表8-8,仿真结果如图8-12所示。

表8-8　模糊PD控制轨道交会结果分析

轴向	x轴	y轴	z轴
稳定时间/s	1350	550	1100
稳态误差/m	20	20	24
燃料消耗(一个轨道周期)/(m/s)	36.8	9.9	38.8

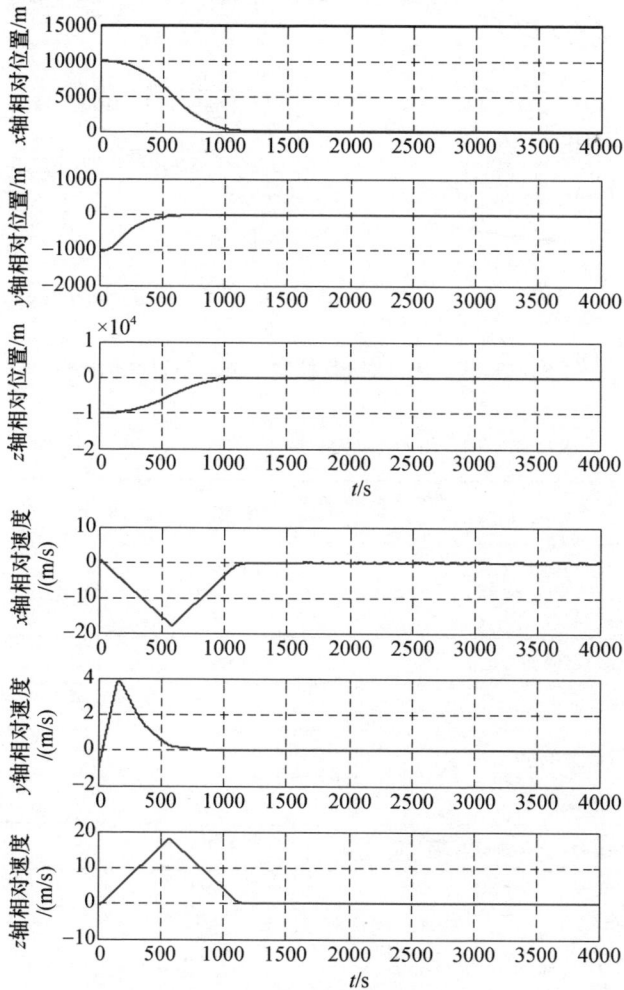

图8-12　相对位置变化

下面比较说明 PD 和模糊 PD 控制的区别(图 8 - 13 和表 8 - 9)。

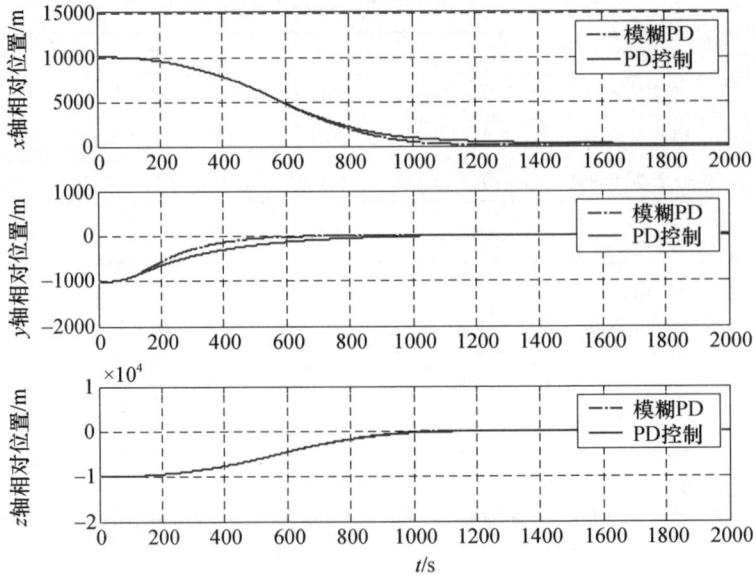

图 8 - 13　PD 和模糊 PD 控制下相对位置变化比较

表 8 - 9　PD 和模糊 PD 控制下的交会结果比较

交会结果　　　　　控制方法	PD 控制	模糊 PD 控制
x 轴稳定时间/s	1500	1350
y 轴稳定时间/s	800	550
z 轴稳定时间/s	1350	1100
稳态误差/m	45	20
稳态误差/m	46	20
稳态误差/m	47	24
燃料消耗/(m/s)(一个轨道周期)	81.3	85.5

3) 仿真结论

通过比较仿真结果,可以看出:

(1) PD 和模糊 PD 两种控制方法的燃料消耗相差不大。

(2) 与 PD 控制器相比,模糊 PD 控制能明显减少响应时间,加快收敛速度。

（3）PD 控制和模糊 PD 控制几乎没有超调，这是因为控制中的微分环节把相对运动的趋势考虑了进去，能够提前改变控制策略，防止控制量过大造成的超调。

（4）模糊 PD 的控制精度相比于 PD 控制更高。

可见，从稳定时间、控制精度两方面比较分析，模糊 PD 控制效果优于单独 PD 控制。

8.3.2　鲁棒滑模控制方法

滑模变结构控制是一种应用范围十分广泛的鲁棒控制方法，成功应用于很多工程领域。该方法突出优点是对系统的参数和干扰不确定性具有较强的鲁棒性，可以实现滑动模态与系统的外干扰和参数变化完全无关，这种性质称为滑动模态的不变性，这也是滑模控制受到重视的主要原因。本书把动力学方程中含时变的绝对轨道信息归在一起当做扰动，然后针对这一不确定系统模型介绍制导律的设计方法，从而实现参数未知的自主交会。

1. 鲁棒滑模控制基本原理

滑动模态控制理论是变结构控制理论的主要部分，滑动模态控制器设计过程由两部分组成，即到达运动控制器设计和滑动面及开关面设计。

首先考虑一个系统

$$\ddot{x} + a_2\dot{x} + a_1x = 0 \qquad (8-31)$$

假设：λ_1、λ_2 是该系统特征方程的两个根，且 $\lambda_1 > 0, \lambda_2 < 0$。

从其相轨迹图上可看出存在着直线 $s = \dot{x} + \lambda_1 x = 0$ 把相空间分成两个区域 $s > 0$ 和 $s < 0$。这里原点为鞍点，除了以 $s = 0$ 上的点为起始点的相轨迹，其他都是不稳定的。可是我们看到，如果能够设计一个控制器，使从状态空间的任意点起始的相轨迹都能到达直线 $s = 0$，那么系统的相轨迹就会回到 0 点，那么 s

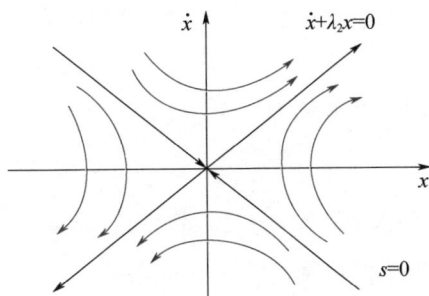

图 8-14　系统的相轨迹

就称为滑动面。沿着滑动面的运动称为滑动运动或滑动模态,到达滑动面的运动称为到达运动。滑动模态控制器设计的目的就是使从状态空间任一点起始的状态轨迹在有限时间内到达滑动面,且沿着滑动面滑动到平衡点。

滑模控制是一种综合的控制方法,目前被公认的滑模控制的定义如下。

确定切换函数向量(其维数一般取为控制的维数):

$$S(X)$$

寻求一种控制律:

$$u_i(X) = \begin{cases} u_i^+(X) & s_i(X) > 0 \\ u_i^-(X) & s_i(X) < 0 \end{cases}$$

式中:$u_i^+(X) \neq u_i^-(X)$,使得系统满足下列三个条件:

(1)滑动模态存在。

(2)满足可达性条件,在切换面、$X = 0$ 以外的运动点都将于有限的时间内到达切换面。

(3)保证滑模运动的稳定性,动态品质良好。

这里的滑动模态实际上就是沿切换面的运动,又称为滑动运动。若控制律的设计满足以上条件,则闭环系统全局渐近稳定。

对于一般线性系统,变结构滑模控制不变性的成立是有条件的,需要满足滑动模态的匹配条件。分以下三种情况进行讨论。

1)系统受外干扰时

$$\dot{X} = AX + BU + Df$$

式中:Df 表示系统所受的外干扰。

滑动模态不受干扰 f 影响的充分必要条件为

$$\text{rank}[B, D] = \text{rank } B \qquad (8-32)$$

则系统可化为

$$\dot{X} = AX + B(U + \tilde{D}f)$$

式中:$\tilde{D} = B^{-1}D$,则通过设计控制律可实现对干扰的完全补偿。式(8-32)称为干扰系统的完全匹配条件。

2)系统存在不确定性时

$$\dot{X} = AX + \Delta AX + BU$$

滑动模态与 ΔA 不确定量无关的充分必要条件为

$$\text{rank}\,[\,\boldsymbol{B},\ \Delta\boldsymbol{A}\,]=\text{rank}\ \boldsymbol{B} \qquad\qquad (8-33)$$

则系统可化为

$$\dot{\boldsymbol{X}}=\boldsymbol{A}\boldsymbol{X}+\boldsymbol{B}(\,\boldsymbol{U}+\tilde{\Delta\boldsymbol{A}}\boldsymbol{X}\,)$$

式中：$\tilde{\Delta\boldsymbol{A}}=\boldsymbol{B}^{-1}\Delta\boldsymbol{A}$，则通过设计控制律可实现对不确定系统的完全补偿。式 $(8-33)$ 称为不确定系统的完全匹配条件。

3）对于同时存在外干扰和参数摄动的系统

$$\dot{\boldsymbol{X}}=\boldsymbol{A}\boldsymbol{X}+\Delta\boldsymbol{A}\boldsymbol{X}+\boldsymbol{B}\boldsymbol{U}+\boldsymbol{D}\boldsymbol{f}$$

如果满足匹配条件式 $(8-32)$ 和式 $(8-33)$，则系统可化为

$$\dot{\boldsymbol{X}}=\boldsymbol{A}\boldsymbol{X}+\boldsymbol{B}(\,\boldsymbol{U}+\tilde{\Delta\boldsymbol{A}}\boldsymbol{X}+\tilde{\boldsymbol{D}}\boldsymbol{f}\,)$$

变结构滑模控制的设计问题一般分为两个独立的步骤[18,19]：

（1）选择理想的滑动面。

（2）设计某种控制律将系统的状态驱动到滑动面上，并将该状态保持在滑动面上，使之渐近地趋向系统的平衡点。

根据变结构滑模控制的定义和设计步骤，系统状态的运动由两部分构成[20]：

（1）第一部分是在变结构控制律作用下，将系统的状态由状态空间中的某点，驱动至滑动面 $s=0$ 上，这就是滑动模态的可达性问题。

（2）第二部分是系统在滑动面附近，并且沿 $s=0$ 的滑模运动，这就是滑动模态运动的稳定性问题。

由此可见，系统的动态品质是由这两部分决定的。为了改善系统的动态品质，在第一部分可以设计某种控制律使系统状态以有限的速度趋向滑动面，下面研究该控制律的设计问题。

2. 鲁棒滑模控制器设计

将状态方程中的三个无法获得实时信息的慢时变参数：目标航天器的真近点角的角速度 $\dot{\theta}$ 和角加速度 $\ddot{\theta}$ 以及目标航天器相对于地球的距离 r_{t}，视为不确定量，单独归到一起当作参数摄动，从而构成一个不确定相对运动系统，可以利用不确定系统的鲁棒滑模控制理论来实现参数未知情况下的自主交会[21]。

首先将 Lawden 方程写成状态方程的形式

$$\dot{X} = (A + \Delta A)X + BU \qquad (8-34)$$

式中:ΔA 是不确定但有界的。

$$A = \begin{bmatrix} 0 & 0 & 0 & 1 & 0 & 0 \\ 0 & 0 & 0 & 0 & 1 & 0 \\ 0 & 0 & 0 & 0 & 0 & 1 \\ 0 & 0 & 0 & 0 & 0 & 0 \\ 0 & 0 & 0 & 0 & 0 & 0 \\ 0 & 0 & 0 & 0 & 0 & 0 \end{bmatrix}, \Delta A = \begin{bmatrix} 0 & 0 & 0 & 0 & 0 & 0 \\ 0 & 0 & 0 & 0 & 0 & 0 \\ 0 & 0 & 0 & 0 & 0 & 0 \\ \dfrac{2\mu}{r_t^{\ 3}} + \dot{\theta}^2 & \ddot{\theta} & 0 & 0 & 2\dot{\theta} & 0 \\ -\ddot{\theta} & -\dfrac{\mu}{r_t^{\ 3}} + \dot{\theta}^2 & 0 & -2\dot{\theta} & 0 & 0 \\ 0 & 0 & -\dfrac{\mu}{r_t^{\ 3}} & 0 & 0 & 0 \end{bmatrix},$$

$$B = \begin{bmatrix} 0 & 0 & 0 \\ 0 & 0 & 0 \\ 0 & 0 & 0 \\ 1 & 0 & 0 \\ 0 & 1 & 0 \\ 0 & 0 & 1 \end{bmatrix}$$

容易看出,该不确定系统满足完全匹配条件,可以通过设计控制律来实现对不确定系统的完全补偿。

令 $\Delta A = B\Delta_1$,进一步整理式(8-34)后可以得到

$$\dot{X} = AX + B(U + \Delta_1 X) \qquad (8-35)$$

这里

$$\Delta_1 = \begin{bmatrix} \dfrac{2\mu}{r_t^{\ 3}} + \dot{\theta}^2 & \ddot{\theta} & 0 & 0 & 2\dot{\theta} & 0 \\ -\omega & -\dfrac{\mu}{r_t^{\ 3}} + \dot{\theta}^2 & 0 & -2\dot{\theta} & 0 & 0 \\ 0 & 0 & -\dfrac{\mu}{r_t^{\ 3}} & 0 & 0 & 0 \end{bmatrix}$$

3. 滑动面的设计及其稳定性

滑动面 $s > 0$ 时 $u = u^+$,$s < 0$ 时,$u = u^-$,那么滑动面 $s = 0$ 像是一个开关,

因此有时也称为开关面。滑动面的个数可以任意选取,如果状态向量是 n 维的,控制向量是 m 维的,那么每个滑动面是 $n-m$ 维的,对于本系统来说,状态向量是由相对位置和相对速度组成的,共 6 维,控制向量是三轴推力器的输出,共 3 维,则滑动面是 $6-3=3$ 维的。

滑动面选为

$$s = B^{\mathrm{T}}PX = 0 \tag{8-36}$$

设 A 是稳定的,那么存在正定的 P 满足

$$A^{\mathrm{T}}P + PA = -Q \tag{8-37}$$

这里 Q 选择为正定的对角矩阵,下面证明该滑动面的稳定性。

选 $V = X^{\mathrm{T}}PX$ 为 Lyapunov 函数,有

$$\dot{V} = \dot{X}^{\mathrm{T}}PX + X^{\mathrm{T}}P\dot{X}$$
$$= X^{\mathrm{T}}(A^{\mathrm{T}}P + PA)X + X^{\mathrm{T}}PB(U + \Delta_1 X) + (U + \Delta_1 X)^{\mathrm{T}}B^{\mathrm{T}}PX \tag{8-38}$$

把式(8-36)、式(8-37)代入式(8-38)最终可以得到

$$\dot{V} = -X^{\mathrm{T}}QX < 0 \tag{8-39}$$

由此可知,系统在滑动面上具有渐近稳定的滑动运动。

4. 到达条件

$s=0$ 把状态空间分割成为两部分 $s>0$ 和 $s<0$。不等式型到达条件一般表示为

$$\begin{cases} \dot{s} < 0, \text{如果 } s > 0 \\ \dot{s} > 0, \text{如果 } s < 0 \end{cases} \tag{8-40}$$

或

$$\dot{s}s < 0 \tag{8-41}$$

对多变量情况,可写成

$$\begin{cases} \dot{s}_i < 0, \text{如果 } s_i > 0 \\ \dot{s}_i > 0, \text{如果 } s_i < 0 \end{cases} \tag{8-42}$$

或

$$s_i \dot{s}_i < 0 \quad (i = 1, 2, \cdots) \tag{8-43}$$

如果满足到达条件,则可以保证从状态空间任意一点出发的状态轨迹在有限的时间内到达滑动面。有一种到达条件是利用 Lyapunov 方法给出的,即选择正定的函数 V:

$$V = \frac{1}{2}s^{\mathrm{T}}Ps > 0 \tag{8-44}$$

要求
$$\dot{V} = \dot{s}^{\mathrm{T}} P s < 0 \qquad (8-45)$$

还有一种等式型到达条件，即到达律，一般有以下两种形式：

$$\dot{s} = -\varepsilon \cdot \mathrm{sign}(s) \qquad (8-46)$$

或
$$\dot{s} = -Ks - \varepsilon \cdot \mathrm{sign}(s) \qquad (8-47)$$

很容易检验，如果式(8-46)或式(8-47)满足，则式(8-43)也一定满足。以单输入系统为例，对式(8-46)使用到达条件有

$$s\dot{s} = -s\varepsilon \cdot \mathrm{sign}(s) = -\varepsilon |s| < 0$$

对式(8-47)使用到达条件有

$$s\dot{s} = -Ks^2 - \varepsilon |s| < 0$$

可以类似地检验多输入情况。

到达律方法不但能保证状态轨迹到达滑动面，还可以通过选择 K 和 ε 来保证到达运动的响应品质。一般来说，K 决定了收敛到滑动面的速度，而 ε 决定了状态轨迹在滑动面附近的状况。比如，从式(8-47)来看，当 s 的绝对值很大时，右端的第一项起主要作用，大的 K 值可以加大 s 的收敛速度；当 $s \rightarrow 0$ 时，式(8-47)右端的第一项趋于 0，从而式(8-47)退化到式(8-46)，此时

$$当 s \rightarrow 0^+ 时, \dot{s} = -\varepsilon$$
$$当 s \rightarrow 0^- 时, \dot{s} = \varepsilon$$

因为速度不为 0，所以状态轨迹将会反复穿越滑动面 $s = 0$，这就产生颤振现象，而且振动的幅值和频率和 ε 有关，所以 ε 应取较小的值。

5. 到达运动控制律

选择到达律 $\dot{s} = -Ks - \varepsilon \cdot \mathrm{sign}(s)$

滑动面为 $s = B^{\mathrm{T}} P X = \mathbf{0}$，那么

$$\dot{s} = B^{\mathrm{T}} P \dot{X} = B^{\mathrm{T}} P A X + B^{\mathrm{T}} P B (U + \Delta_1 X) \qquad (8-48)$$

比较式(8-47)和式(8-48)两式可得

$$-Ks - \varepsilon \cdot \mathrm{sign}(s) = B^{\mathrm{T}} P A X + B^{\mathrm{T}} P B (U + \Delta_1 X)$$

从而求得

$$U = -(B^{\mathrm{T}} P B)^{-1} [Ks + \varepsilon \cdot \mathrm{sign}(s) + B^{\mathrm{T}} P A X + B^{\mathrm{T}} P B \Delta_1 X]$$

因为 U 中有不确定项，所以是不可实现的，可以这样设计 U：

$$U = -(B^{\mathrm{T}} P B)^{-1} [Ks + \varepsilon \cdot \mathrm{sign}(s) + B^{\mathrm{T}} P A X + Z] \qquad (8-49)$$

其中 $\boldsymbol{Z}$ 待定,可用到达条件来确定 $\boldsymbol{Z}$。把式(8 - 49)代入式(8 - 48)得到

$$\dot{\boldsymbol{s}} = -\boldsymbol{K}\boldsymbol{s} - \boldsymbol{\varepsilon} \cdot \mathrm{sign}(\boldsymbol{s}) - \boldsymbol{Z} + \boldsymbol{B}^{\mathrm{T}}\boldsymbol{P}\boldsymbol{B}\boldsymbol{\Delta}_1\boldsymbol{X}$$

其分量形式为

$$\dot{s}_i = -K_i s_i - \varepsilon_i \cdot \mathrm{sign}(s_i) - z_i + v_i \boldsymbol{\Delta}_1 \boldsymbol{X}(i = 1,\ 2,\ 3) \qquad (8 - 50)$$

式中:v_i 是矩阵 $\boldsymbol{B}^{\mathrm{T}}\boldsymbol{P}\boldsymbol{B}$ 的第 i 行。由系统模型确定 $\boldsymbol{\Delta}_1$ 的表达式如下,

$$\boldsymbol{\Delta}_1 = \begin{bmatrix} \dfrac{2\mu}{r_{\mathrm{t}}^3} + \dot{\theta}^2 & \ddot{\theta} & 0 & 0 & 2\dot{\theta} & 0 \\[3mm] -\ddot{\theta} & -\dfrac{\mu}{r_{\mathrm{t}}^3} + \dot{\theta}^2 & 0 & -2\dot{\theta} & 0 & 0 \\[3mm] 0 & 0 & -\dfrac{\mu}{r_{\mathrm{t}}^3} & 0 & 0 & 0 \end{bmatrix}$$

考虑在一个轨道周期内,根据 8.3.1 节的仿真输入条件,计算可得,$\dfrac{2\mu}{r_{\mathrm{t}}^3}$ 的数量级是 10^{-6},$\ddot{\theta}$ 的数量级是 10^{-6},$\dot{\theta}$ 的数量级是 10^{-3}。若考虑在远地点处进行交会,那么从目标星在远地点开始到运行 3000s 之内,计算得到 $\dfrac{2\mu}{r_{\mathrm{t}}^3}$ 的数量级是 10^{-9},$\ddot{\theta}$ 的数量级是 10^{-9},$\dot{\theta}$ 的数量级是 10^{-5}。$\dfrac{2\mu}{r_{\mathrm{t}}^3}$ 和 $\dot{\theta}^2$ 项带来的扰动影响与 $\dot{\theta}$ 相比很小,从而可以忽略 $\dfrac{2\mu}{r_{\mathrm{t}}^3}$ 和 $\dot{\theta}^2$ 两项。这样 $\boldsymbol{\Delta}_1$ 的表达式简化为

$$\boldsymbol{\Delta}_1 = \begin{bmatrix} 0 & 0 & 0 & 0 & 2\dot{\theta} & 0 \\ 0 & 0 & 0 & -2\dot{\theta} & 0 & 0 \\ 0 & 0 & 0 & 0 & 0 & 0 \end{bmatrix} \qquad (8 - 51)$$

$\dot{\theta}$ 中包含 $\dot{\theta}_0$ 和 $\Delta\dot{\theta}$,$\dot{\theta}_0$ 是轨道角速度的均值,$\Delta\dot{\theta}$ 是实际轨道角速度与均值的差值,$\Delta\dot{\theta}$ 的最大值就是角速度的波动范围,远地点开始到交会一段时间内有 $\dot{\theta}_0 = 4.7 \times 10^{-5}$ 及 $\Delta\dot{\theta} < 3 \times 10^{-6}$。把 $\dot{\theta}_0$ 加入到系统矩阵 $\boldsymbol{A}$ 中,这样就有

$$A = \begin{bmatrix} 0 & 0 & 0 & 1 & 0 & 0 \\ 0 & 0 & 0 & 0 & 1 & 0 \\ 0 & 0 & 0 & 0 & 0 & 1 \\ 0 & 0 & 0 & 0 & 2 \times 4.7 \times 10^{-5} & 0 \\ 0 & 0 & 0 & -2 \times 4.7 \times 10^{-5} & 0 & 0 \\ 0 & 0 & 0 & 0 & 0 & 0 \end{bmatrix}$$

而 $\boldsymbol{\Delta}_1$ 变为

$$\boldsymbol{\Delta}_1 = \begin{bmatrix} 0 & 0 & 0 & 0 & 2\Delta\dot{\theta} & 0 \\ 0 & 0 & 0 & -2\Delta\dot{\theta} & 0 & 0 \\ 0 & 0 & 0 & 0 & 0 & 0 \end{bmatrix}$$

令 $\boldsymbol{\Delta}_1 = \boldsymbol{EDF}$,其中

$$\boldsymbol{E} = \text{diag}([0.002\ 0.002\ 0.002]),$$

$$\boldsymbol{F} = \text{diag}([0.003\ 0.003\ 0.003\ 0.003\ 0.003\ 0.003])$$

$$\boldsymbol{D} = \begin{bmatrix} 0 & 0 & 0 & 0 & \frac{1}{3}\Delta\dot{\theta} \times 10^6 & 0 \\ 0 & 0 & 0 & -\frac{1}{3}\Delta\dot{\theta} \times 10^6 & 0 & 0 \\ 0 & 0 & 0 & 0 & 0 & 0 \end{bmatrix}$$

对于从远地点处开始交会的情况,有

$$\boldsymbol{D}^{\mathrm{T}}\boldsymbol{D} = \begin{bmatrix} 0 & 0 & 0 & 0 & 0 & 0 \\ 0 & 0 & 0 & 0 & 0 & 0 \\ 0 & 0 & 0 & 0 & 0 & 0 \\ 0 & 0 & 0 & \frac{1}{9}\Delta\dot{\theta}^2 \times 10^{12} & 0 & 0 \\ 0 & 0 & 0 & 0 & \frac{1}{9}\Delta\dot{\theta}^2 \times 10^{12} & 0 \\ 0 & 0 & 0 & 0 & 0 & 0 \end{bmatrix} < \boldsymbol{I} \quad (8-52)$$

对任何参数 $\dot{\theta} > 0$ 都有

$$\left(\frac{1}{2}\dot{\theta}^{\frac{1}{2}}\boldsymbol{DFX} + \dot{\theta}^{-\frac{1}{2}}\boldsymbol{E}^{\mathrm{T}}\boldsymbol{v}_i^{\mathrm{T}} \right)^{\mathrm{T}} \left(\frac{1}{2}\dot{\theta}^{\frac{1}{2}}\boldsymbol{DFX} + \dot{\theta}^{-\frac{1}{2}}\boldsymbol{E}^{\mathrm{T}}\boldsymbol{v}_i^{\mathrm{T}} \right) \geqslant 0$$

$$\left(\frac{1}{2}\dot{\theta}^{\frac{1}{2}}\boldsymbol{DFX} - \dot{\theta}^{-\frac{1}{2}}\boldsymbol{E}^{\mathrm{T}}\boldsymbol{v}_i^{\mathrm{T}} \right)^{\mathrm{T}} \left(\frac{1}{2}\dot{\theta}^{\frac{1}{2}}\boldsymbol{DFX} - \dot{\theta}^{-\frac{1}{2}}\boldsymbol{E}^{\mathrm{T}}\boldsymbol{v}_i^{\mathrm{T}} \right) \geqslant 0$$

展开上两式分别得到

$$\frac{1}{4}\dot{\theta}\boldsymbol{X}^{\mathrm{T}}\boldsymbol{F}^{\mathrm{T}}\boldsymbol{D}^{\mathrm{T}}\boldsymbol{DFX} + \dot{\theta}^{-1}\boldsymbol{v}_i\boldsymbol{E}\boldsymbol{E}^{\mathrm{T}}\boldsymbol{v}_i^{\mathrm{T}} + \boldsymbol{v}_i\boldsymbol{EDFX} \geqslant 0 \qquad (8-53)$$

$$\frac{1}{4}\dot{\theta}\boldsymbol{X}^{\mathrm{T}}\boldsymbol{F}^{\mathrm{T}}\boldsymbol{D}^{\mathrm{T}}\boldsymbol{DFX} + \dot{\theta}^{-1}\boldsymbol{v}_i\boldsymbol{E}\boldsymbol{E}^{\mathrm{T}}\boldsymbol{v}_i^{\mathrm{T}} - \boldsymbol{v}_i\boldsymbol{EDFX} \geqslant 0 \qquad (8-54)$$

式中:$\dot{\theta}$ 为选定的正常数。

取控制律如下,

$$z_i = \left[\frac{1}{4}\dot{\theta}\boldsymbol{X}^{\mathrm{T}}\boldsymbol{F}^{\mathrm{T}}\boldsymbol{FX} + \dot{\theta}^{-1}\boldsymbol{v}_i\boldsymbol{E}\boldsymbol{E}^{\mathrm{T}}\boldsymbol{v}_i^{\mathrm{T}} \right] \mathrm{sign}(s_i) \qquad (8-55)$$

将式(8-55)代入式(8-50),有

$$\dot{s}_i = -K_i s_i - \varepsilon_i \mathrm{sign}(s_i) - \left[\frac{1}{4}\dot{\theta}\boldsymbol{X}^{\mathrm{T}}\boldsymbol{F}^{\mathrm{T}}\boldsymbol{FX} + \dot{\theta}^{-1}\boldsymbol{v}_i\boldsymbol{E}\boldsymbol{E}^{\mathrm{T}}\boldsymbol{v}_i^{\mathrm{T}} \right] \mathrm{sign}(s_i) + \boldsymbol{v}_i\boldsymbol{EDFX}$$

那么由式(8-50)~式(8-52)可以推导出,

$$s_i \dot{s}_i = -K_i s_i^2 - \varepsilon_i \mid s_i \mid - \mid s_i \mid \left[\frac{1}{4}\dot{\theta}\boldsymbol{X}^{\mathrm{T}}\boldsymbol{F}^{\mathrm{T}}\boldsymbol{FX} + \dot{\theta}^{-1}\boldsymbol{v}_i\boldsymbol{E}\boldsymbol{E}^{\mathrm{T}}\boldsymbol{v}_i^{\mathrm{T}} \right] + s_i\boldsymbol{v}_i\boldsymbol{EDFX}$$

$$< -K_i s_i^2 - \varepsilon_i \mid s_i \mid - \mid s_i \mid \left[\frac{1}{4}\dot{\theta}\boldsymbol{X}^{\mathrm{T}}\boldsymbol{F}^{\mathrm{T}}\boldsymbol{D}^{\mathrm{T}}\boldsymbol{DFX} + \dot{\theta}^{-1}\boldsymbol{v}_i\boldsymbol{E}\boldsymbol{E}^{\mathrm{T}}\boldsymbol{v}_i^{\mathrm{T}} \right] + s_i\boldsymbol{v}_i\boldsymbol{EDFX}$$

$$\leqslant -K_i s_i^2 - \varepsilon_i \mid s_i \mid$$

$$< 0$$

$$(8-56)$$

即到达条件满足。那么组合式(8-49)和式(8-55)就构成了到达运动控制器。

6. 仿真分析

仿真条件与8.3.1中相同。制导律共涉及四个待定参数:$\boldsymbol{Q}$、$\boldsymbol{K}$、ε,$\dot{\theta}$,其中 $\boldsymbol{Q}$ 是滑动面参数,$\boldsymbol{K}$、ε,$\dot{\theta}$ 是到达运动参数。

$\boldsymbol{K}$ 决定了收敛到滑动面的速度,而 ε 决定了状态轨迹在滑动面附近的状况。当 s 的绝对值很大时,式(8-47)中的 $\boldsymbol{K}s$ 起主要作用,大的 $\boldsymbol{K}$ 值可以加大收敛速度;当 $s\to 0$ 时,$\boldsymbol{K}s$ 趋于 0,因为速度不为 0,所以状态轨迹将会反复穿越滑动面 $s=0$,这就产生抖振现象,而且振动的幅值和频率和 ε 有关,所以 ε 应取较小的值,从而兼有抖振小及过渡过程时间短的优点。但 K 若是太大的话,就会容易超出控制部件——推力器所提供的加速度范围,而且燃料消耗也会较大,所以要折衷考虑。经过仿真确定了 K 和 ε 的值如下:

$$K = \mathrm{diag}(\begin{bmatrix} 0.001 & 0.001 & 0.001 \end{bmatrix}) \quad \varepsilon = 0.01$$

下面给出一组参数 Q 和 $\dot{\theta}$,以及得到的结果曲线(图 8 - 15)以及交会结果分析(表 8 - 10)。

$$Q = \mathrm{diag}(\begin{bmatrix} 2 \times 10^{-3} & 0.5 \times 10^{-4} & 2 \times 10^{-3} & 1 & 1 & 1 \end{bmatrix}) \quad \dot{\theta} = 1 \times 10^{-4}$$

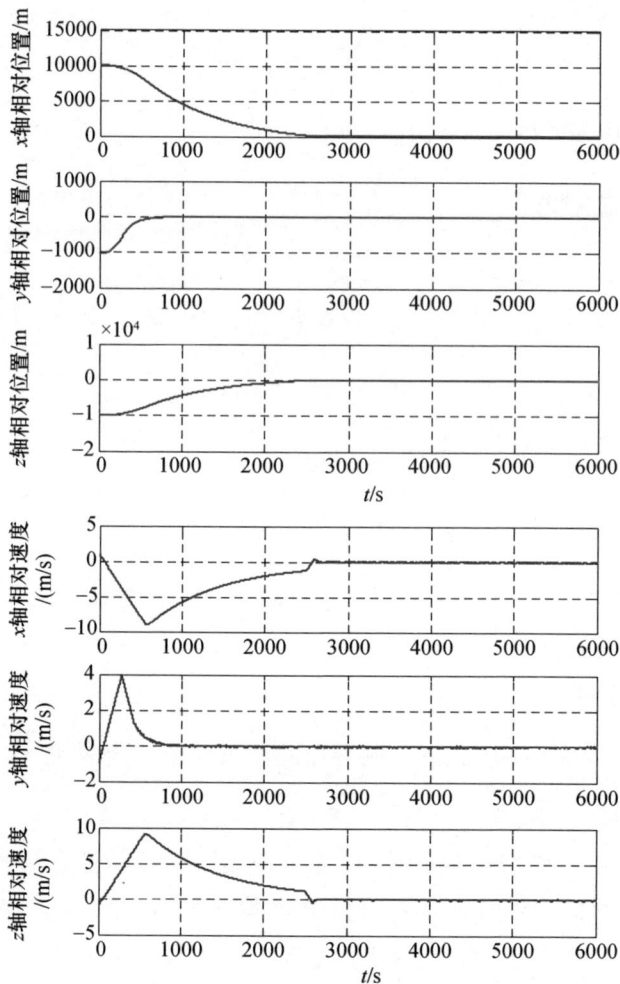

图 8 - 15 相对位置速度变化

表 8 - 10　交会结果分析

轴向	x 轴	y 轴	z 轴
稳定时间/s	2500	600	2500
燃料消耗/(m/s)(6000s)	79.7	107.1	81.0
燃料消耗/(m/s)(加上误差盒)	25.0	52.4	26.3

由于考虑了扰动,控制量较大,达到稳定后推力器仍频繁开关机,导致燃料消耗较大,而且相对位置波动频率大。为解决这一问题,可以采用误差盒,仿真算例中选取控制误差极限为 [50m　50m　50m　0.1m/s　0.1m/s 0.1m/s],加上误差盒后的燃料消耗大幅减小,而控制系统的动态性能不变,如表 8 - 10 所示。

采用这一组参数 $\boldsymbol{Q}$ 和 $\dot{\theta}$,控制结果没有超调,交会后相对位置能保持稳定,不会因为临近近地点而使误差增加,系统鲁棒性好,可以作为读者在类似设计过程中的一种参考。

◎▶ 参 考 文 献

[1] 张柏楠. 航天器交会对接任务分析与设计[M]. 北京:科学出版社,2011.

[2] 卢山,陈统,徐世杰. 基于自适应模拟退火遗传算法的最优 Lambert 转移[J]. 北京航空航天大学学报,2007,33(10):1191 - 1195.

[3] 卢山,段佳佳,徐世杰. 基于蚁群算法的转移轨道中途修正技术研究[J]. 系统仿真学报,2009,21(14):4400 - 4404.

[4] 卢山,徐世杰. 面向高轨航天器的在轨操控技术[J]. 宇航学报,2014,35(4): 425 - 431.

[5] 卢山,徐世杰. 发动机失效状态下空间交会的主动防撞设计[J]. 宇航学报,2009,30 (3):1265 - 1270.

[6] 郭雯婷,卢山. 在轨服务的超近距离姿轨联合控制研究[J]. 上海航天,2015,32(6): 17 - 23.

[7] Shan Lu,Shijie Xu. Adaptive control for autonomous rendezvous of spacecraft on elliptical orbit[J]. Acta Mechanica Sinica,2009,25(4):539 - 545.

[8] 卢山,徐世杰. 航天器椭圆轨道自主交会的自适应学习控制策略[J]. 航空学报, 2009,30(1):127 - 131.

[9] 段广仁. 线性系统理论[M]. 哈尔滨:哈尔滨工业大学出版社,2004.

[10] Carter T E. Closed - form solution of an idealized, optimal, highly eccentric hyperbolic

rendezvous problem[J]. Dynamics and Control,1996,6:293 - 307.

[11] Inalhan G,Tillerson M,How J P. Relative dynamics and control of spacecraft formations in eccentric orbits[J]. Journal of Guidance, Control, and Dynamics,2002,25(1):48 - 59.

[12] 岳晓奎,苑云霞. 椭圆轨道相对动力学状态转移矩阵[J]. 中国空间科学技术,2011, 131(1):42 - 46.

[13] Yue Sun,Shan Lu,Chaozhen Liu. Research of autonomous rendezvous technology on highly elliptical orbit[C]. The 5th CSA - IAA Conference on Advanced Space Technology,2013.

[14] 李士勇. 模糊控制、神经控制和智能控制论[M]. 哈尔滨:哈尔滨工业大学出版社,1998.

[15] 李健,王冬青,王丽美. 模糊 PID 控制器设计及 MATLAB 仿真[J]. 工业控制计算机, 2011,24(5):56 - 60.

[16] 卢山,徐世杰. 非合作目标的自主接近控制律研究[J]. 中国空间科学技术,2008,28 (5):7 - 12.

[17] Shan Lu,Shijie Xu. Satellites formation keeping using lyapunov min - max approach[C]. Proceedings of the 11th International Space Conference of Pacific - basin Societies,2007: 248 - 254.

[18] Polites M E. An assessment of the technology of automated rendezvous and capture in space[R]. NASA TP - 1998 - 208528,1998.

[19] 杨盐生,贾欣乐. 不确定系统的鲁棒控制及其应用[M]. 大连:大连海事大学出版社, 2003.

[20] 卢山,夏永江. 航天器椭圆轨道自主交会的鲁棒滑模控制[J]. 上海航天,2012,29 (4):14 - 18.

[21] 卢山. 航天器自主交会的相对轨道动力学与控制研究[D]. 北京:北京航空航天大学,2009.

主要符号表

符号	主要含义
a	轨道半长轴
a_x, a_y, a_z	轨道摄动加速度
C_D	大气阻力系数
C_R	表面反射系数
C_r	太阳光压辐射系数
e	轨道偏心率
F_o	地球质心引力
F_e	非质心引力
F_n	太阳和地球的三体摄动引力
F_s	太阳辐射压力
f_{bx}, f_{by}, f_{bz}	加速度计比力
f^b	加速度计测得比力信息
f_x, f_y, f_z	作用在主动星上的控制加速度
GEO	地球同步轨道
HEO	高轨道
i	轨道倾角
J_2	地球引力势的二阶带谐系数
L	坐标转换矩阵
LEO	低轨道
MEO	中轨道
M	轨道平近点角
n	平均轨道角速度,$n^2 a^3 = \mu$
n_E	地球惯性角速度
Q	系统噪声协方差阵
q_1, q_2, q_3, q_4	姿态四元数的元素
R	量测噪声协方差阵
R_E	地球赤道半径
r	地心距

r_a	远地点	
r_p	近地点	
S_i	J2000 地心惯性坐标系	
S_e	地球固连坐标系	
S_o	轨道坐标系	
S_b	本体坐标系	
S_n	导航坐标系	
T	轨道周期	
U	地球引力势	
u	纬度幅角 $= \omega + \theta$	
Δv	速度增量	
v_x, v_y, v_z	卫星速度	
x	卫星位置	
y	卫星位置	
z	卫星位置	
α^m	仰角观测值	
β^m	方位角观测值	
γ	滚动角	
ε_c	陀螺常值漂移	
ε_r	陀螺一阶马尔科夫过程漂移	
θ	俯仰角	
θ	轨道真近点角	
$\dot{\theta}$	真近点角的角速度	
$\ddot{\theta}$	真近点角的角加速度	
$\theta_I, \gamma_I, \psi_I$	捷联惯导输出的姿态角	
$\theta_C, \gamma_C, \psi_C$	天文导航系统输出的姿态角	
λ	地心经度	
μ	地球引力常数	
ρ^m	相对距离观测值	
$\rho_t^{i,j}$	t 时刻卫星 i 与卫星 j 之间的伪距	
ρ	大气密度	
ϕ_x, ϕ_y, ϕ_z	平台误差角	
φ	地心纬度	
$\boldsymbol{\Phi}$	状态转移矩阵	
ψ	偏航角	

Ω	升交点赤经
$\omega_{bx}, \omega_{by}, \omega_{bz}$	姿态角速度
ω_g	陀螺随机白噪声
ω_a	加速度计随机白噪声
ω_{ib}^{b}	陀螺测得角速度信息，即本体系相对惯性系的角速度在本体系的投影
ω	近地点幅角

内 容 简 介

本书系统地介绍了面向椭圆轨道单星、双星以及多星任务所涉及的导航、制导与控制技术,全书内容共 8 章。第 1 章主要介绍椭圆轨道的特点、应用发展前景以及值得研究的控制系统关键问题。第 2、3 章主要介绍针对不同任务需求的大椭圆轨道设计方法,以及椭圆轨道下编队飞行的构型设计方法。第 4~6 章主要介绍椭圆轨道上单个航天器的自主导航方法、区域星座的自主导航方法以及星间相对导航方法。第 7、8 章主要介绍椭圆轨道编队构型维持和交会对接的控制方法。

本书可作为相关专业的高年级本科生和研究生的参考教材,也可为从事航天器 GNC 系统开发的研究人员和工程技术人员提供必要的专业知识和工程借鉴。

This book introduces the navigation, guidance and control technology which is involved in single spacecraft, double spacecraft, and multiple spacecraft tasks on the elliptical orbit. This book is divided into eight chapters. The first chapter introduces the characteristics of elliptical orbit, application and development, and the key problem of control system that is worthy of study. The second and third chapters introduce elliptical orbit design method for different mission requirements, and formation configuration design method of elliptical orbit. The fourth to sixth chapters introduce autonomous navigation method for single spacecraft, autonomous navigation method of regional constellation, and relative navigation method between satellites. The seventh and eighth chapters introduce the method of formation configuration maintenance, and control method of autonomous rendezvous on elliptical orbit.

This book can serve as reference teaching material for senior undergraduates and postgraduates with related majors, and can also provide necessary professional knowledge and engineering advice for researchers and engineers that are engaged in the development of GNC system for spacecraft.